爆炸测试技术（第二版）

王树有 蒋建伟 李 梅 刘 瀚 编著

国防工业出版社
·北京·

内 容 简 介

《爆炸测试技术》是爆炸与冲击领域实验研究过程中常用的综合测试技术，主要包括电测技术、光测技术和虚拟测试技术三个方面，电测部分包括电探极法、压阻法、应变法和压电法，光测部分包括可见光高速摄影、脉冲 X 光高速摄影和激光干涉测速法、虚拟测试部分包括虚拟现实、虚拟仪器和虚拟实验。本书重点介绍捕捉爆炸与冲击过程高速动态信息的测试系统组成、测试原理、测试误差分析及其在相关领域的典型应用。

本书是弹药工程与爆炸技术、特种能源工程与烟火技术、安全工程等专业本科生的必修课教材，也可作为相关学科和专业研究生、工程技术人员的参考书。

图书在版编目（CIP）数据

爆炸测试技术 / 王树有等编著. —2 版. —北京：
国防工业出版社，2024.1
ISBN 978-7-118-13097-3

Ⅰ. ①爆⋯　Ⅱ. ①王⋯　Ⅲ. ①爆炸－测试技术
Ⅳ. ①TB41

中国国家版本馆 CIP 数据核字（2024）第 014449 号

※

国防工业出版社出版发行
（北京市海淀区紫竹院南路 23 号　邮政编码 100048）
北京虎彩文化传播有限公司印刷
新华书店经售

*

开本 787×1092　1/16　印张 17¼　字数 426 千字
2024 年 1 月第 2 版第 1 次印刷　印数 1—1200 册　定价 128.00 元

（本书如有印装错误，我社负责调换）

国防书店：（010）88540777	书店传真：（010）88540776
发行业务：（010）88540717	发行传真：（010）88540762

前　言

本书第一版于 2008 年 7 月由兵器工业出版社出版（李国新、蒋建伟、王树有编著），并作为弹药工程与爆炸技术、特种能源与烟火技术等本科专业教材十余年，取得了良好的教学效果。随着爆炸测试技术的发展，先进测试仪器的快速更新，原教材中部分内容需要更新，特对原教材进行修订和补充。

本书主要涉及爆炸、冲击、燃烧等高温、高压、高速测试环境下，速度、加速度、压力、位移、温度等动态参量的测试，是面向弹药工程与爆炸技术、特种能源与烟火技术等本科生专业教学的一本基础和通用教材。

本书包括测试系统组成与设计、测试原理和方法、误差分析、使用注意事项、数据处理方法和应用实例等主要内容，主要涉及电探针、压电、压阻、应变等电测方法，可见光高速摄影、脉冲 X 光高速摄影、激光干涉测速等光测方法和虚拟测试方法，可作为研究生或科研人员开展兵器领域动态测试实验的指导书。

《爆炸测试技术（第二版）》主要在以下几个方面进行了修订和补充：

（1）增加了数字式高速摄影、存储式测试、光纤测速、温度测量、扫描成像等技术，以及误差分析与数据处理方法，删减了电磁测试技术和部分应用实例；

（2）紧密结合弹药工程与爆炸技术领域的相关测试技术成果，更新了光纤测速、压电测试、高速摄影、脉冲 X 光摄影、虚拟测试、DISAR 测速、温度测量等应用实例及爆炸测试技术实验；

（3）更新了教材整体和各章节的结构，以及部分图、表、公式。

本书由王树有、蒋建伟、李梅和刘瀚共同完成。其中，王树有负责第 2～第 5、第 9、第 10 章编写，蒋建伟负责修订方案制定、全书统稿和第 1、第 11 章编写，李梅负责第 6～第 8、第 12 章的编写，刘瀚参与第 8、第 12 章编写工作。

本书编写过程中，李国新、门建兵教授给予了细致指导，在校稿方面提供了支持和帮助，在此表示诚挚的感谢。本书参考并引用了国内外许多专家学者的论著、教材、期刊，在此表示衷心的感谢。编者课题组的周鑫、李召婷、刘贞娴、陈国军、李海峰等研究生参与了书稿中图形绘制、排版等工作，在此表示感谢。

由于编者知识水平有限，书中不妥之处在所难免，恳请广大读者批评指正。

编著者

2023.8

目 录

第1章 概论···1
  1.1 爆炸测试技术的地位和应用···1
  1.2 爆炸测试技术的特点··1
  1.3 爆炸信号特征··3
  1.4 爆炸测试技术的发展趋势···6

第2章 测试系统···8
  2.1 测试系统组成··8
  2.2 线性系统特性··9
  2.3 系统的静态特性··10
  2.4 系统的动态特性··13
    2.4.1 传递函数···14
    2.4.2 一阶时间响应··15
    2.4.3 一阶频率响应··15
    2.4.4 二阶时间响应··16
    2.4.5 二阶频率响应··17
    2.4.6 确定测试系统传递函数的实验方法··18
  2.5 爆炸测试信号的传输··20
    2.5.1 均匀传输线一般原理··21
    2.5.2 同轴电缆···23
    2.5.3 传输线的匹配··24
  2.6 测试系统设计··25
  2.7 常用测量仪器··26
    2.7.1 万用表···26
    2.7.2 示波器···27
    2.7.3 时间测量仪··29
    2.7.4 瞬态记录仪··30

第3章 测量误差与数据处理··32
  3.1 测量误差的基本概念··32
    3.1.1 误差的定义··32
    3.1.2 误差来源···32

	3.1.3	误差的分类	33
	3.1.4	精度	34
	3.1.5	测量不确定度	34
3.2	随机误差		35
3.3	系统误差		37
	3.3.1	系统误差的分类	37
	3.3.2	系统误差的发现	37
	3.3.3	系统误差的消除	39
	3.3.4	系统误差已消除的准则	40
3.4	误差传递		41
3.5	测量数据处理方法		42
3.6	一元线性与非线性回归		44
	3.6.1	直线拟合——一元线性回归	44
	3.6.2	曲线拟合——一元非线性回归	47

第 4 章　探极法　50

- 4.1 概述　50
- 4.2 电探针测试原理　51
- 4.3 电探针种类与结构　53
  - 4.3.1 电探针结构　53
  - 4.3.2 靶网、箔靶和靶线　57
- 4.4 脉冲形成网络　59
  - 4.4.1 RLC 脉冲形成网络　59
  - 4.4.2 晶体管脉冲形成网络　61
  - 4.4.3 电缆元件脉冲形成网络　62
  - 4.4.4 断靶脉冲网络　63
  - 4.4.5 脉冲形成网络单通道和多通道输出　63
- 4.5 电探针的应用　65
  - 4.5.1 电探针测量药柱爆速　65
  - 4.5.2 雷管底部飞片速度的测定　69
  - 4.5.3 火工品作用时间测量　70
  - 4.5.4 弹丸破片速度的测量　71
  - 4.5.5 其他应用　73
- 4.6 光纤探头测试系统及应用　73
  - 4.6.1 有源光纤探头测速系统　73
  - 4.6.2 无源光纤-光纤探头测速系统　74

第 5 章　压阻法和应变法　76

- 5.1 概述　76
- 5.2 压阻和应变传感器的工作原理　77

>　　5.2.1　锰铜压阻传感器工作原理 ··· 77
>　　5.2.2　应变传感器的工作原理 ··· 79
> 5.3　压阻和应变计结构 ··· 80
>　　5.3.1　锰铜压阻计结构 ·· 80
>　　5.3.2　电阻应变计结构 ·· 82
> 5.4　压力传感器 ··· 83
> 5.5　压阻法和应变法压力测试系统 ··· 85
>　　5.5.1　高、低压测试分类 ·· 85
>　　5.5.2　低压测试系统 ··· 85
>　　5.5.3　高压测试系统 ··· 88
> 5.6　应用 ·· 92
>　　5.6.1　电阻应变法测量 p–t 曲线 ··· 92
>　　5.6.2　锰铜压阻法测量雷管输出压力 ·· 94
>　　5.6.3　压阻法和应变法同时测量雷管输出压力 ··· 97

第6章　压电法 ··· 100
> 6.1　概述 ·· 100
> 6.2　压电效应 ··· 100
>　　6.2.1　压电晶体 ·· 101
>　　6.2.2　压电陶瓷 ·· 102
>　　6.2.3　有机压电材料 ··· 103
> 6.3　典型压电传感器结构与工作原理 ··· 104
>　　6.3.1　压电式压力传感器 ··· 104
>　　6.3.2　压电式加速度传感器 ·· 109
> 6.4　压电测试系统组成与工作原理 ·· 111
>　　6.4.1　压电电压测试系统 ··· 111
>　　6.4.2　弹载存储测试系统 ··· 115
> 6.5　压力测试系统的标定 ··· 117
>　　6.5.1　压力测量系统的标定 ·· 117
>　　6.5.2　加速度测量系统的标定 ·· 122
> 6.6　压电法测试技术应用 ··· 123
>　　6.6.1　压电法测量火工品压力–时间曲线 ·· 123
>　　6.6.2　空气中冲击波压力和速度测量 ··· 126
>　　6.6.3　水中冲击波压力的测量 ·· 129
>　　6.6.4　弹丸全弹道过载存储测试 ··· 131

第7章　高速摄影技术 ··· 135
> 7.1　概述 ·· 135
> 7.2　高速摄影及分类 ··· 136
>　　7.2.1　高速摄影的描述 ·· 136

		7.2.2 高速摄影分类	138
7.3	光机式高速摄影机		139
	7.3.1	间歇式高速摄影机	139
	7.3.2	补偿式高速摄影机	139
	7.3.3	鼓轮式高速摄影机	140
	7.3.4	转镜式高速摄影机	141
	7.3.5	转镜式高速扫描摄影仪	142
	7.3.6	转镜式高速分幅摄影仪	148
	7.3.7	可控与等待工作方式	151
7.4	光电式高速摄影机		152
	7.4.1	变像管式高速摄影机	152
	7.4.2	数字式高速摄影机	155
7.5	高速摄影相关技术		160
	7.5.1	光源	160
	7.5.2	采光技术	161
	7.5.3	胶片	161
	7.5.4	图像处理	161
7.6	高速摄影技术应用		163
	7.6.1	电雷管爆炸初始冲击波拍摄	163
	7.6.2	传爆药柱爆速增长过程拍摄	165
	7.6.3	桥丝的爆炸过程测试	166
	7.6.4	近水面水下爆炸气泡和水幕形成过程拍摄	167
	7.6.5	间隙发光法测量飞片冲击速度	169
	7.6.6	杆式侵彻体穿靶形态和破片速度拍摄	171

第8章 脉冲X射线高速摄影

8.1	概述		173
8.2	脉冲X射线的产生及其物理特性		174
	8.2.1	脉冲X射线的产生	174
	8.2.2	X射线的物理特性	174
	8.2.3	X射线特征参量	175
8.3	脉冲X射线摄影系统组成及工作原理		178
8.4	控制系统		179
8.5	X射线管		180
8.6	高压脉冲发生器		183
	8.6.1	Marx高压脉冲发生器	184
	8.6.2	传输线型高压脉冲发生器	186
8.7	成像系统		187
	8.7.1	传统X射线成像系统	188
	8.7.2	计算机X射线成像系统	191

8.8 脉冲 X 射线摄影相关技术 ·· 192
　　8.8.1 摄影方式 ·· 192
　　8.8.2 图像质量 ·· 193
　　8.8.3 速度计算 ·· 197
8.9 脉冲 X 射线高速摄影技术应用 ··· 198
　　8.9.1 预制破片弹静爆实验 ··· 198
　　8.9.2 射流形成过程测量 ··· 199
　　8.9.3 EFP 成型与引爆反应装甲实验 ·· 200

第 9 章 激光干涉测速技术 ·· 203

9.1 概述 ·· 203
9.2 激光干涉测速基本原理 ·· 203
　　9.2.1 光学多普勒频移 ··· 204
　　9.2.2 光学混频原理 ·· 205
9.3 位移干涉仪 ··· 205
　　9.3.1 迈克尔逊干涉仪 ·· 205
　　9.3.2 差分混频位移干涉仪 ·· 206
　　9.3.3 任意反射表面位移干涉仪（DISAR） ··· 207
9.4 速度干涉仪 ··· 208
　　9.4.1 外差激光干涉测速仪 ·· 208
　　9.4.2 任意反射表面速度干涉仪（VISAR） ··· 209
　　9.4.3 四探头 VISAR ··· 210
　　9.4.4 全光纤 VISAR ··· 211
9.5 激光干涉测速技术的应用 ··· 212
　　9.5.1 圆筒实验 ·· 212
　　9.5.2 膨胀环测试实验 ·· 214
　　9.5.3 炸药驱动平板实验 ··· 215

第 10 章 温度测量 ··· 218

10.1 概述 ··· 218
10.2 热电偶测温 ·· 219
　　10.2.1 热电偶工作原理 ··· 219
　　10.2.2 热电偶的结构 ·· 222
　　10.2.3 热电偶测量的连接方式 ··· 224
10.3 热辐射测温法 ··· 226
　　10.3.1 全辐射温度计 ·· 226
　　10.3.2 比色温度计 ··· 227
　　10.3.3 红外测温计 ··· 229
10.4 温度测量实例 ··· 230
　　10.4.1 热电偶测量火箭燃气射流温度分布 ··· 230

10.4.2　比色法测量燃料空气炸药爆炸温度 ·················230

第 11 章　虚拟实验测试技术 ·················234
11.1　概述 ·················234
11.2　虚拟实验技术分类及其特点 ·················234
11.3　爆炸虚拟实验技术 ·················236
　　11.3.1　爆炸虚拟实验特点 ·················236
　　11.3.2　爆炸虚拟实验原理 ·················238
11.4　典型爆炸虚拟实验应用案例分析 ·················240
　　11.4.1　空气中爆炸冲击波超压传播测试 ·················240
　　11.4.2　破片飞散测试 ·················241
　　11.4.3　聚能射流成型及侵彻测试 ·················241
　　11.4.4　室内爆炸冲击波传播与绕射虚拟实验 ·················243

第 12 章　爆炸测试技术实验 ·················245
12.1　雷管输出压力测试实验 ·················245
　　12.1.1　实验目的 ·················245
　　12.1.2　实验原理 ·················245
　　12.1.3　实验准备 ·················246
　　12.1.4　实验步骤 ·················247
　　12.1.5　实验记录 ·················248
12.2　脉冲 X 射线辐射摄影技术实验 ·················248
　　12.2.1　实验目的 ·················248
　　12.2.2　实验原理 ·················249
　　12.2.3　实验准备 ·················251
　　12.2.4　实验步骤 ·················252
　　12.2.5　实验记录 ·················252
12.3　压电压力传感器动态标定实验 ·················253
　　12.3.1　实验目的 ·················253
　　12.3.2　实验原理 ·················253
　　12.3.3　实验准备 ·················254
　　12.3.4　实验步骤 ·················255
　　12.3.5　实验记录 ·················256
12.4　爆炸冲击波超压测试实验 ·················256
　　12.4.1　实验目的 ·················256
　　12.4.2　实验原理 ·················256
　　12.4.3　实验准备 ·················257
　　12.4.4　实验步骤 ·················258
　　12.4.5　实验记录 ·················258
12.5　破片速度计衰减系数测量实验 ·················258

12.5.1 实验目的 ··· 258
　　12.5.2 实验原理 ··· 258
　　12.5.3 实验准备 ··· 259
　　12.5.4 实验步骤 ··· 259
　　12.5.5 实验记录 ··· 260
12.6 导爆索和导爆管爆速测量实验 ··· 260
　　12.6.1 实验目的 ··· 260
　　12.6.2 实验原理 ··· 260
　　12.6.3 实验准备 ··· 261
　　12.6.4 实验步骤 ··· 262
　　12.6.5 实验记录 ··· 263
12.7 爆炸冲击波反射及绕射虚拟实验 ·· 263
　　12.7.1 实验目的 ··· 263
　　12.7.2 实验原理 ··· 263
　　12.7.3 实验步骤 ··· 264
　　12.7.4 实验记录 ··· 264

参考文献 ·· 265

第1章 概　　论

1.1　爆炸测试技术的地位和应用

动态测试技术已经广泛融入人类的生产活动、科学实验与日常生活等各个领域，它能够实时或非实时地测量、输出被测目标的有关信息，提高生产效率、科研水平和生活质量。例如，生产活动中常采用 X 光断层扫描技术判断产品是否合格，科学实验中常采用高速摄影技术拍摄物体的运动、碰撞等过程，日常生活中常采用雷达测速技术判定汽车是否超速。随着科学技术水平的进步，我国科研、生产等正逐步向"智能化、信息化、微小型、超高速"等方向发展，能够快速、实时、准确获取被测目标信息的动态测试技术地位越来越高，在军事、民用、工业等领域的应用越来越广泛，已经成为推进科学技术发展的重要方法。

爆炸测试技术是一门专用于兵器科学与技术领域的动态测试技术，主要用于捕捉和处理起爆、传爆、燃烧、爆炸、冲击等过程中的动态信息，通过测量温度、压力、密度分布等热力学参数，燃速、爆速、加速度、位移等运动学参数，随时间和空间的变化关系，为武器装备、爆破器材的研究和设计提供可靠的实验数据。由于爆炸测试过程具有高速、高压、高温、瞬时性和破坏性等特征，其测试难度高于一般动态测试技术。

爆炸测试技术在兵器科学与技术研究领域具有十分重要的地位，它全面贯穿于武器装备预先研究、基础研究、方案设计、工程研制、设计定型、质量检验、产品验收、故障诊断等全寿命过程的各个阶段，是高校、科研院所、生产单位从事科研、生产等活动的重要手段。爆炸测试技术已经广泛应用于兵器科学与技术领域的生产活动和科学实验中，如 X 光高速摄影技术，在生产活动中常用于检验弹丸装药质量，在科学实验中常用于研究新型 EFP 成型过程研究等。

本书主要介绍爆炸测试系统功能、测试方法、测试原理、测试系统的特性和误差、现代虚拟测试技术及爆炸测试技术在相关领域的应用。测试的物理量主要有压力、冲量、速度、加速度、密度、时间、位移、光强变化、作用过程等。选用的测试方法包括电测和光测两大类。电测部分侧重于压力、速度、时间、冲量等的测量，常用的电测方法有电探针法、电磁法、压阻法、压电法、应变法和靶网法等。光测部分侧重于姿态、形态、位移、速度等的测量，常用的光测方法有扫描高速摄影、分幅高速摄影、多脉冲激光高速摄影、数字式高速摄像、脉冲 X 光摄影和激光干涉测速等。

1.2　爆炸测试技术的特点

爆炸测试技术的覆盖面很宽，其测试对象、测试要求、测试条件差别很大。针对燃烧、爆炸的特殊性，爆炸测试技术的特点主要表现在下列几方面。

1. 单次性

实验过程具有单次特性，即一次实验后，所选用的样品也随实验而遭到破坏。例如，炸药爆炸、雷管起爆、发动机点火、火炮射击和导弹发射等，其性能参数是在瞬间作用过程中测试而获得的，一旦过程结束，样品也彻底毁坏。如果还需要重新测试，只能再从同类产品中另选一发样品，但要找到性能完全相同的样品是很困难的。由于无法对单个样品进行重复性实验，对一批产品的动态参数也无法做到百分之百检验，通常采用的办法是在一批产品中抽取一定数量的样品进行性能测试，其测试过程的误差、总体分布服从统计规律。

希望测试的样品尽量少，而获得的信息又尽可能反映该批产品的整体特性，因此在测试中，除考虑测试方法、手段外，还要选择一种最佳的数据处理与可靠性评定方法，即以数理统计和概率论为依据，对样品测试性能的分布类型、上下限指标及误差等做出正确的估算和判断，这种方法既可以获得可信的数据，也很大程度减少了测试样品数量。

2. 高速

爆轰波沿爆炸物传播的速度是爆炸测试中的重要参量。弹丸的初速一般为 300～2000m/s，聚能装药破甲弹作用形成的金属射流，其头部速度为 7000～10000m/s。常用密度条件下，炸药的爆速为 6000～10000m/s，塑料导爆管的爆速大于 1700m/s，普通导爆索的传爆速度在 6500m/s 以上。点火和起爆药中斯蒂芬酸铅从燃烧到爆轰成长，速度可达 2000m/s，氮化铅爆速为 2500～5000m/s。聚能材料爆轰冲击波、自由表面速度为 6000～10000m/s。

3. 高压

压力突变是爆炸破坏作用的关键性能指标。高膛压反坦克火炮峰值压力可达 700MPa，爆炸与冲击过程产生的压力高达数十万个大气压，相当 10^{10}Pa。爆炸使爆炸点周围介质发生急剧的压力突变，以达到做功和毁伤的目的，因此瞬间压力越高，破坏效果越显著。

4. 高温

爆温是炸药爆炸瞬间释放出的热量将爆炸产物加热到的最高温度，它是爆炸性能的重要参数。战斗部内炸药装药在爆炸时温度可达 3000～5000℃，弹箭发射时，推进剂燃烧温度也可达 3000℃，火药燃烧温度为 2000～3000℃。

5. 瞬时性

由于燃烧-爆炸使用的材料为含能材料，它们具有燃烧爆炸释放能量的特点。从系统接受外界刺激能量到爆炸，中间经历了极为迅速的物理和化学的能量反应，即炸药的燃烧转爆轰过程（Deflagration to Detonation Translation），是多阶段不定常的物理-化学反应过程，从燃烧到爆轰，反应传播速度从 10^{-1}cm/s 上升到 10^6cm/s，压力从 10^{-3} 个大气压跳变到 10^5 个大气压。在此过程中，被测系统的内能转变为机械能、光能和热能等，原有的高压气体或爆炸瞬间形成的高温高压气体迅速膨胀。在测试时，从开始采集到信号消失，整个的作用过程在很短的时间就完成了。弹丸在膛内 10ms 可发射完毕；10m 长导爆索，爆轰波从一端传到另一端，只需要 0.15ms；爆轰与冲击过程从启动到结束所用的时间为 10^{-8}～10^{-6}s；燃烧过程比爆燃和爆轰过程要长得多，一般在毫秒数量级。

6. 破坏性与安全操作

燃烧与爆炸产生破坏作用，不仅样品自身毁坏，测试用的模具、传感器和辅助工具也受到不同程度的破坏。如果实验考虑不周，还可以引起仪器设备受损和人员受伤。例如，用电探针采集触发信号或用电磁、电容和压阻传感器采集时间、压力等参数时，电探针和各种传感器都会随着燃烧和爆炸过程被损坏。这一特点使实验费用明显增加，为了减少开支，测试人员往往采用结构简单、成本低的传感器，同时尽量采用间接测量方法，以便减小爆炸造成的损失。

进行实验时，一定要按安全操作规程执行，每一个实验环节、操作步骤都不能麻痹。例如，一般操作是先安装调试好仪器、装上炸药样品，在起爆电路短路或断开的情况下，再连接起爆元件。起爆或点火元件一旦接入测试系统，必须关闭防爆门或防爆箱，待操作人员离开爆炸现场后，才可以接通起爆线路，进行爆炸性实验。

综上所述，由于测试过程具备高压、高速和瞬时性等特征，在设计实验时，为了能准确捕捉信号并使其具有真实性，对测试系统的时间响应、频率响应及干扰等因素必须做全面的考虑。

1.3 爆炸信号特征

信号是信息的一种物理体现，一般是随时间或位置变化的物理量，如电信号可以通过幅度、频率、相位的变化来表示不同的信息。按照所具有的时间特性，信号分为确定性信号和随机性信号两大类，确定性信号又可分为周期信号和非周期信号，如图 1.1 所示。

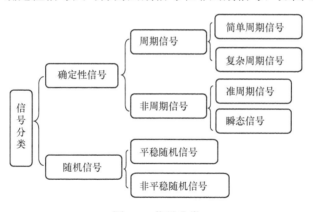

图 1.1 信号分类

爆炸测试技术所接触的大部分信号是瞬态信号，信号持续时间短，随时间连续快速变化，可以用明确的数学关系式描述，但不具有周期性。信号按物理属性分为电信号和非电信号。它们可以相互转换，电信号容易产生，便于控制，易于处理，因此实际爆炸测试过程中常采用各种传感器将非电信号转换为电信号进行传输、放大、存储等。描述信号的常用方法有两种，一是随时间或位置变化的波形，二是以时间或位置为自变量的函数表达式。

下面列举一些具有代表性的燃烧、爆炸和冲击测试信号波形。破片分布曲线如图 1.2 所示，战斗部内部炸药爆炸时，金属壳体膨胀破碎，形成具有一定质量和速度的破片，破片的飞散方向和密度的关系，近似高斯函数分布。燃烧气体推动活塞压力曲线如图 1.3 所示，起爆药或烟火药爆燃或低速爆轰，产生燃烧气体推动活塞做功，形成瞬间的压力。

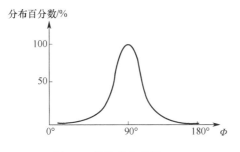
图 1.2 破片分布曲线

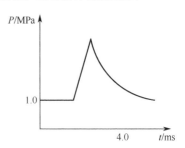
图 1.3 燃烧气体推动活塞压力曲线

图 1.4 所示为冲击波的压力-时间曲线，冲击波阵面上的压力为峰值压力，其后的压力按指数衰减，P-t 曲线包围的面积为正相作用冲量 I；负压区为稀疏区，冲击波对目标的破坏程度取决于该区的参数指标。激波管内压力分布曲线如图 1.5 所示，位于激波管上不同点处压力传感器测量的压力波形，反映了激波的特点。

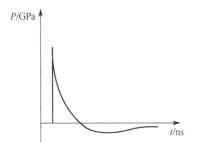
图 1.4 介质中冲击波曲线

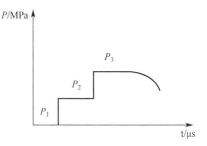
图 1.5 激波管内压力分布

平面一维冲击波的衰减曲线如图 1.6 所示，冲击波自由传播，即无外界能量不断补充的情况下，波的强度随传播距离的增加而逐渐衰减。这一波形与式（1-1）的衰减指数规律相吻合。图 1.7 所示为电雷管中桥丝加热时其温度随时间的变化规律，桥丝材料和输入能量不同，温度曲线的上升速率也不同，起爆药的点火和起爆时间也随之有较大的变化。

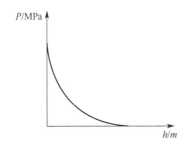
图 1.6 平面一维冲击波衰减曲线

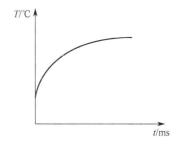
图 1.7 电雷管桥丝温度变化曲线

图 1.8 所示是利用电磁速度传感器测量爆轰波 C-J 面处爆轰产物的质点速度而获得的感应电动势随时间的变化规律。图 1.9 所示是用压电测压弹测得的 155mm 榴弹炮发射时膛内压力随时间的变化规律。

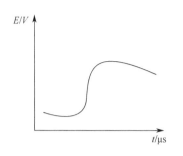
图 1.8 感应电动势随时间的变化规律

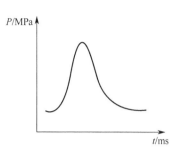
图 1.9 测压弹测试炮压曲线

测试系统震荡曲线如图 1.10 所示，冲击波对传播介质产生的弹性衰减震荡，随着时间和传播距离的增加，震荡波形的幅度迅速减小。图 1.11 所示是二阶线性测试系统的压力信号波形，当测试系统输入阶跃压力信号后，系统自身的时间域动态响应会出现一定的失真。

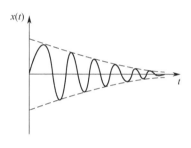
图 1.10 测试系统震荡曲线

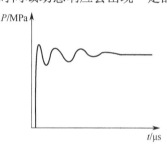
图 1.11 阶跃信号压力曲线

分析图 1.2～图 1.11 中所示波形，爆炸测试信号具有以下共同特点：
（1）具有单次性。
（2）燃烧爆炸反应过程是迅速发生和消失的，曲线普遍有明显的上升沿或下降沿。
（3）反应过程中释放的能量很大，曲线幅值高，如纵坐标表示压力时，压力范围为 MPa 至 GPa。
（4）反应持续时间很短，曲线脉宽窄，如横坐标表示时间时，时间范围为纳秒至毫秒。

以下列出了一些具有代表性的燃烧、爆炸和冲击测试信号函数表达式。

指数信号：

$$x(t) = x_0 e^{at} \tag{1-1}$$

式中：a 是实数，若 $a>0$，信号将随时间增加而增长，若 $a<0$，信号将随时间增加而衰减，a 的绝对值的大小，反映了信号增长和衰减的速率。在燃烧爆炸测试技术中，这是一种常见的信号形式，a 的绝对值一般比较大，即曲线的变化速率很大，如单边衰减指数信号：

$$x(t) = \begin{cases} 0 & (t<0) \\ e^{-\frac{t}{\tau}} & (t \geqslant 0) \end{cases} \tag{1-2}$$

在 $t=0$ 点处，$x(0)=1$；在 $t=\tau$ 处，$x(\tau)=0.368$，其典型实例如图 1.6 所示。

高斯脉冲信号如图 1.2 所示，表示为

$$x(t) = x_0 e^{-\left(\frac{t}{\tau}\right)^2} \tag{1-3}$$

衰减正弦信号是爆炸测试技术中常见的一种震荡衰减曲线，如图 1.10 所示，表示为：

$$x(t)=\begin{cases} 0 & (t<0) \\ X_0 e^{-at}\sin(\omega t) & (t\geqslant 0) \end{cases} \tag{1-4}$$

瞬变信号通过傅里叶级数变换，可得到频域函数：

$$x(t)=\int_{-\infty}^{+\infty}X(f)e^{j2\pi ft}df \tag{1-5}$$

式（1-5）表明，非周期信号可以展开成为一系列正（余）弦信号的叠加，即 $x(t)$ 是由从零到无限大的无穷多的 $X(f)e^{j2\pi ft}df$ 谐波分量叠加而成。爆炸测试装置在测量瞬变信号时，要考虑基波、一次谐波和高次谐波等对测试的影响，因此，用于本领域的测试仪器、传感器和连接元件等，往往具有很宽的频带、较高的固有频率和响应速率。

除瞬变信号外，爆炸释放的能量引起岩层的弹性振动、传感器爆炸特性分析产生的正弦波等则为周期衰减信号。

1.4　爆炸测试技术的发展趋势

随着新型传感器技术、微电子技术、光电技术、计算机技术及网络技术的发展，测试技术和水平也得到了迅猛发展。此外，随着现代战场环境的变化及武器装备的发展，对测试技术和测试仪器也提出了越来越高的要求。目前，爆炸测试技术正逐步向高性能、高可靠性、小型化、集成化、智能化、网络化的方向发展。根据测量方法的不同，爆炸测试技术可分为包括电测、光测技术的实体测试技术和虚拟测试技术，本节分别就电测、光测和虚拟测试技术发展趋势进行介绍。

1. 电测技术发展趋势

传感器及其配套测试仪器是电测技术中的核心组成部分，人们常说"征服了传感器，就等于征服了科学技术"，可见，传感技术在现代科学技术中占据十分重要的地位。测试系统的测试精度高，爆炸响应特性好是保障测试结果可靠的重要条件，传感器及其配套设施的测试精度直接影响测量结果，因此在选用传感器和测试仪器时，要考虑到对信号的不失真采集和放大。随着被测信号特征、测试环境等的变化，传感器和配套测试仪器正在向高灵敏度、高精度、高响应速度、微型化、高可靠性、智能化、网络化方向发展。

为适应现代爆炸测试的高温、高压等极端恶劣环境，传感器的工作温度范围、抗冲击性能、可靠性等也在不断提高。随着材料和加工技术的发展和测试环境的需求，传感器体积正向微小型化发展，MEMS 技术促进了微小型传感器的发展和应用，未来基于 MEMS 工艺的集成多参数传感器、耐高温压力传感器、微惯性传感器、光纤传感器和"非稳态物理器件"（量子、分子器件）将成为传感器的主要发展方向。无线传感器是当前另一主要发展方向，它具有数据处理和无线通信能力，多个微小型无线传感器可协同工作，监测、感知、采集和处理各种信息，并通过无线通信网络输送到用户终端，为测试技术实现智能化、网络化、集成化提供了支撑。

2. 光学测试技术发展趋势

光学测试技术包括可见光高速摄影、脉冲 X 光高速摄影。

可见光高速摄像技术向高速、高分辨率、更小巧、更长时、更智能、更广泛方向发展。目前，国内引进可见光高速摄像机的满屏（70 万像素）拍摄频率 5000000f/s，满屏百万像素拍摄频率在 25000f/s 的水平，未来百万像素拍摄频率将达到 30000～100000f/s；COMS 传感器是当前高速摄像机的主流感光器件，像素为 200 万～1000 万，未来可达 1000 万到亿级；随着科研便携性需求，相机在保证基本性能的基础上，正向小型化发展，目前高速摄像机的体积可小到 100mm×80mm×60mm，未来将采用针孔摄像头技术，机体体积减小到 50mm×30mm×45mm；在不小于百万像素、1000f/s 的拍摄频率下，相机拍摄时长可达到 512s，未来将达到小时量级；目前高速摄像机为半智能设备，可通过外界信号控制相机拍摄，未来将实现图像信息的智能分析、自动跟踪和全自动控制的功能，可以实时处理数据、调整拍摄速率、视场、角度等。

与可见光高速摄影技术相比，脉冲 X 光高速摄影可拍摄有强光、烟雾、物体遮挡下被测目标的信息，但由于闪光时间间隔等限制，一次仅能获得一到几幅图像，不能形成随时间连续的持续爆炸信息。目前，用于爆炸冲击环境测试的脉冲 X 光高速摄影技术常采用 CR 成像技术，可通过 IP 板和电子扫描仪获得被测目标的电子图像，便于存储和后处理，目前国内外正大力发展 DR 和 DDR 成像技术及推广应用，它可实现对被测目标 X 射线影像的实时测试、记录和成像，但其拍摄频率和影像图幅数仍然受限，是未来脉冲 X 光摄影技术发展需要攻克的关键技术。

3. 虚拟测试技术发展趋势

虚拟测试技术包括基于虚拟仪器和软件仿真的测试技术，现正逐步向智能化、网络化、协同、高速、高精度的方向发展。

虚拟仪器发展方向：①以 USB 接口方式的外挂式虚拟仪器系统将成为今后廉价型虚拟仪器测试系统的主流；②PXI 和 PVIB 总线高精度集成虚拟仪器测试系统将成为主流虚拟仪器平台；③网络化虚拟仪器是虚拟仪器的一个重要发展方向；④实现硬件平台和软件的标准化，尤其在触发方式、同步、延时、不同通道共用时基等方面实现标准化；⑤实现虚拟仪器技术硬件的软件化。

虚拟实验技术是通过数值仿真软件进行数值模拟仿真，主要包括前处理、求解计算和后处理 3 个步骤。网格划分是前处理中的主要工作，结构离散后的网格质量直接影响到求解时间及求解结果的正确性，近年来各种前处理软件在网格生成的质量和效率方面都有了很大的提高，自适应网格划分技术和三位实体自动六面体网格划分技术是当前的主流发展方向，未来的网格划分将会更加智能、快速、高效。求解计算从单纯的结构力学计算发展到了多物理场求解计算，从单一坐标体系发展到多种坐标体系。为快速解决大型且复杂的计算问题，当前数值模拟常采用并行计算及分布式处理计算。随着高性能计算机的出现、计算方法的改进、计算速度的提高，未来将向细网格和精细模拟方向发展。

思考题

1. 爆炸测试信号的特征是什么？
2. 爆炸测试技术具有哪些特点？
3. 爆炸测试技术的应用领域及发展趋势？

第2章 测试系统

测试系统的任务是获取和传递被测对象的各种参数。本章主要介绍测试系统的组成、静动态特性，以及测试系统设计原则和常用测量仪器。

2.1 测试系统组成

测试系统由单个或多个单元组成，这些单元包括传感器、放大器、转换器、比较器、记录仪表等。每个单元相互连接，彼此相关，组成一个统一的整体，具有某种测试功能。这些单元在系统中通常称为环节，具备各自的功能和特点，它们可以组成开环系统和闭环系统。测试系统的串、并联开环系统如图 2.1 所示，由 1~n 个环节组成，X 是被测输入量，是时间的函数，也可以用 $X(t)$ 表示，通常称为激励信号。它从第一个环节输入，这个环节一般是传感器。传感器输出信号是 y_1，它同时也是环节 2 的输入信号。第 n 个环节的输入信号是 y_{n-1}，输出信号是 y_n，$y_n=Y$，Y 也可以表示为 $y(t)$，称为响应信号。通常最后一个环节是记录仪器、显示器或计算机系统。中间环节 2~(n-1)的作用是对传感器送出的模拟信号进行放大、转换、比较、传输、修正、运算、滤波、合成等，使采集的数据和波形具有一定的幅度、尽量小的失真和抗外界信号干扰的能力。

图 2.1 中环节 2'的 y_1 信号经处理后直接送入环节 n，作为触发信号。开环系统的输出量不影响输入状态，即系统没有反馈量。本书采用的是开环测试系统。

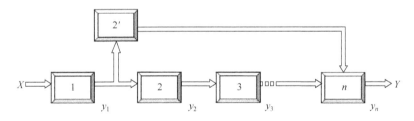

图 2.1 开环测试系统

带反馈的闭环系统如图 2.2 所示，它的输出量 Y 经过反馈环节 F 把反馈量 X_F 送到测试系统的输入端，与输入信号 X 叠加后，形成调节后的参量 X_i 进入环节 K。这种系统主要用于测控系统中。

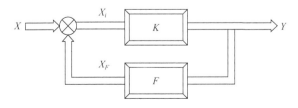

图 2.2 带反馈的闭环系统

常见的爆炸测试系统如图 2.3～图 2.5 所示，它们是串、并联系统。图 2.3 所示系统包含 3+n 个环节，由于燃烧爆炸信号有确定的时序，因此探针 1 至探针 n 依次采得电流脉冲信号 $i_1(t)$～$i_n(t)$，经脉冲形成网络后，产生一连串有时间间隔的电压脉冲信号在示波器中显示。图 2.4 所示是 n 路并行采集、记录测试系统。图 2.5 所示是有 9 个环节、带外触发支路的测试系统。

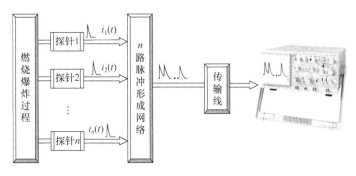

图 2.3　有确定时序的时间间隔测量系统

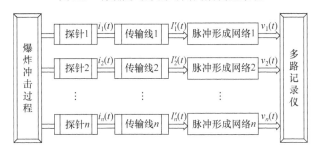

图 2.4　无确定时序的时间间隔测试系统

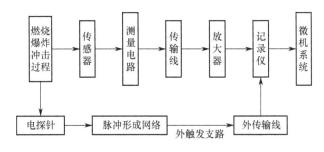

图 2.5　带外触发支路的测量系统

从以上测试系统可以看到，探针、传感器是直接接收被测信号的元器件，其他环节则是对信号进行进一步处理或辅助完成其他功能。

2.2　线性系统特性

测试中最大的愿望是测试系统能不失真地测量燃烧和爆炸过程中的各种物理参量。要做到这一点，测试系统必须为常系数线性时不变（或称定常）系统。输出量 $y(t)$ 与输入量 $x(t)$ 之间满足

$$y(t) = f[x(t)] \tag{2-1}$$

式中：f 表示线性算子，它表明测试系统为线性系统。

线性时不变具有以下性质。

1. 叠加特性

叠加特性指当几个激励信号同时作用于测试系统时，系统总的输出信号等于每个激励单独作用所产生的响应之和。如果

$$y_i(t) = f[x_i(t)] \quad i = 1,\cdots,n$$

则

$$\sum_{i=1}^{n} y_i(t) = f\left[\sum_{i=1}^{n} x_i(t)\right] \tag{2-2}$$

2. 比例特性

比例特性，也称齐次特性或均匀特性，指当输入信号乘以某一常数时，响应也被乘以同样的常数。其数学表达式为

$$cy(t) = f[cx(t)] = cf[x(t)] \tag{2-3}$$

3. 微分特性

线性系统对输入信号微分的响应，等同于原输出信号的微分。其数学表达式为

$$\frac{dy(t)}{dt} = f\left[\frac{dx(t)}{dt}\right] \tag{2-4}$$

4. 积分特性

若线性系统的初始状态为零，则系统对输入信号积分的响应，等同于原输出信号的积分。其数学表达式为

$$\int_0^t y(t) = f\left[\int_0^t x(t)\right] \tag{2-5}$$

5. 频率不变性

系统的输入为某一频率的信号时，则系统的输出将有且只有同频率的信号。如果

$$x(t) = X_0 e^{jwt}$$

则

$$y(t) = Y_0 e^{j(wt+\varphi_0)} \tag{2-6}$$

6. 时不变特性

当输入延迟 t_0 时间后，其响应也延迟 t_0 时间，且输出波形保持不变。其数学表达式为

$$y(t-t_0) = f[x(t-t_0)] \tag{2-7}$$

在实际测试中，对于普遍存在的非线性系统，可以在一定测量范围和条件下用线性系统取近似值。

2.3 系统的静态特性

由于测试系统本身产生误差，因此它不能百分之百反映出激励信号的原型。误差因被测信号与时间的关系而分为两种类型，即静态误差和动态误差，也称为测试系统的静态和动态特性。

被测物理量处于稳定状态时，测试系统的输入-输出误差称为静态误差。稳定状态是指被测量不随时间变化或变化十分缓慢。

静态误差的主要指标有以下几种。

1. 线性度（非线性误差）

希望输出-输入关系为一条直线，即 $y=ax$，但实际很多测试仪器的输出-输入关系是非线性的。在静态情况下，如果不考虑滞后和蠕变效应，一般输出-输入特性可表示为

$$y = f(x) = a_0 + a_1 x + a_2 x^2 + \cdots + a_n x^n \tag{2-8}$$

式中：y 为系统输出信号；x 为系统输入信号；a_0 为零位输出；a_1 为测试系统灵敏度；$a_2 \sim a_n$ 为非线性系数。

如果 $a_0 = a_2 = a_3 = \cdots = a_n = 0$，测试系统输出-输入特性为线性关系，测量的数据和波形无失真。若方程中仅有奇次项：

$$y = a_1 x + a_3 x^3 + a_5 x^5 + \cdots$$

具有这种特性的测试装置，在 x 变化的一段范围内，多项式的非线性特性接近理想直线，如图2.6（a）所示。在接近直线范围内使用的仪器，可以认为具有较好的线性度。

如果测试系统输出-输入关系式为偶次方程，其线性范围窄，测试误差大，如图 2.6（b）所示。当奇次和偶次项都存在时，系统的线性度较差。在实际应用中，如果非线性方程 x 的幂次不高，则在输入量变化范围不大的条件下，可以把实际曲线的某一段用其切线或割线来代替，这种做法称为静态特性的线性化。

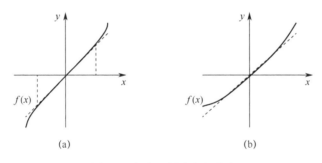

图 2.6 奇次和偶次方程曲线
（a）奇次；（b）偶次。

使用非线性测试器件时，先做标定，然后确定其线性度。标定时，从输入端由小到大输入数据，同时记录器件的输出值，从而得到一系列数据点，它们反映了输出与输入的函数关系，把这些点连接起来，形成标定曲线。然后用数学方法做一条拟合直线去逼近这些数据点，称为拟合直线。

拟合直线与标定曲线之间的偏差称为非线性误差，其表达式为

$$l = \frac{\Delta l}{y_m} \times 100\% \tag{2-9}$$

式中：l 为线性度；Δl 为标定曲线与拟合直线之间的最大偏差；y_m 为测量系统满量程输出。

满量程是指系统允许测量的上限值。由于拟合直线的方法不同，因此所得的直线之间也有较大的差别，导致对应的线性度也各不相同，建议用最小二乘法做数值拟合。

2. 灵敏度

灵敏度是测试仪器输出增量与输入增量之比，用 K 表示为

$$K = \frac{\Delta y}{\Delta x} = \frac{dy}{dx} \tag{2-10}$$

式中：Δy 为输出变化量；Δx 为输入变化量。

特性曲线是直线的测量仪器，其灵敏度为一常数，对于具有明显非线性的测量仪器，利用 dy/dx 表示某一工作点的灵敏度，或用输入量的某一较小区间内的拟合直线表示斜率。

3. 迟滞性

当测试系统的输入信号一定时，系统正（输入量增大）、反（输入量减小）行程的输出-输入曲线会出现不重合情况，如图 2.7 所示。曲线 1 为正行程、曲线 2 为反行程操作时的输出-输入特性曲线，两条曲线出现偏差，称为迟滞误差，表示为

$$\delta = \frac{\Delta h}{y_m} \times 100\% \tag{2-11}$$

式中：Δh 为正、反行程输出最大误差；y_m 为仪器满量程输出。

4. 重复性

当测试系统按同一方向（单调增大或单调减小）连续做全量程多次测量时，所得的特性曲线往往不能完全重合，如图 2.8 所示。表征特性曲线不重叠程度的静态特性即为重复性误差，表示为

$$r = \pm \frac{\Delta m}{y_m} \times 100\% \tag{2-12}$$

式中：Δm 为同一行程多次测量所得输出量间的最大偏差；y_m 为仪器满量程输出。

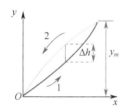
图 2.7　迟滞性误差

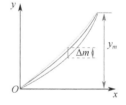
图 2.8　重复性误差

由于重复性误差具有随机性，Δm 值与重复次数有关，因此式（2-12）计算出的数据有时不够准确，可采用下式求得精度高的误差分析值。

$$r_n = \pm \frac{(2 \sim 3)\sigma}{y_m} \times 100\% \tag{2-13}$$

式中：σ 为标准偏差，由贝塞耳公式计算。

$$\sigma = \sqrt{\sum_{i=1}^{n}(y_i - \bar{y})^2 / (n-1)} \tag{2-14}$$

式中：y_i 为第 i 次测量值；$\bar{y}$ 为测量值的平均值；n 为单量程测试次数。

当置信系数取 2 时，对应的置信度为 95%，当置信系数取 3 时，置信度为 99.73%。

产生迟滞误差和重复性误差的主要原因是检测器件的机械部分存在缺陷，如机械传动件、轴承、弹簧等产生间隙、松动和磨损所致。

以上静态参数可以通过静态标定获得。当传感器或测量仪器销售前，生产单位会对产品的性能指标进行标定和测量，并将标定参数提供给用户。例如，某型号压力传感器提供的参

数如下：

　　压力范围：$0\sim100\times10^5$ Pa；
　　过载能力：120%；
　　参考灵敏度：0.366pC/kPa；
　　自振频率：>200 kHz；
　　非线性：<1.5 % FS；
　　工作温度：$-10\sim80$℃。

　　当传感器经多次使用后，其静态性能指标会发生变化，为了减小测试误差，可对其静态特性进行重新标定。

2.4　系统的动态特性

　　测试系统的动态特性指系统对随时间变化的输入量的响应特性。它与静态特性的区别是，输出量与输入量的关系不是一个定值，而是时间的函数。动态响应包括时间响应和频率响应。

　　考虑测试系统的动态性能时，为避免数学上的麻烦，通常忽略了系统的非线性和随机变化等因素，把系统看成线性系统。为了便于分析测试系统的动态特性，必须先对系统建立数学模型。线性系统的数学模型为一常系数线性微分方程，对线性系统动态特性的研究，其方法之一是分析数学模型的输入量和输出量之间的关系。

　　式（2-15）为 n 阶微分方程。

$$a_n\frac{\mathrm{d}^n y}{\mathrm{d}t^n}+a_{n-1}\frac{\mathrm{d}^{n-1}y}{\mathrm{d}t^{n-1}}+\cdots+a_1\frac{\mathrm{d}y}{\mathrm{d}t}+a_0 y=b_m\frac{\mathrm{d}^m x}{\mathrm{d}t^m}+b_{m-1}\frac{\mathrm{d}^{m-1}x}{\mathrm{d}t^{m-1}}+\cdots+b_1\frac{\mathrm{d}x}{\mathrm{d}t}+b_0 x \quad (2\text{-}15)$$

　　$x=x(t)$ 是输入信号，$y=y(t)$ 是输出信号，a_i 和 b_j 取决于系统的固有物理参数，对一般传感器和测试装置而言，系数 $b_0\neq 0$，其他高次项系数 $b_1\sim b_m=0$。方程的阶数取决于微分方程输出量的系数，当 $a_0\neq 0$，其他系数均为零时，微分方程为零阶方程。当 $a_0,a_1\neq 0$，其他系数为零时，称为一阶方程。$a_2\neq 0$ 为二阶微分方程，以此类推，通常阶数越高，系统的动态特性越复杂。

　　例如，电位器传感器是零阶响应元件，是一种理想测试环节，表示为

$$a_0 y=b_0 x$$

　　热敏传感器是一阶响应器件，微分方程表示为

$$\frac{mc}{hs}\times\frac{\mathrm{d}T_2}{\mathrm{d}t}=T_1-T_2$$

式中：m 为质量；c 为比热；h 为传热系数；s 为物体表面积；T_1-T_2 为温度差。

　　加速度传感器的动态响应可以用二阶方程式表达为

$$m\frac{\mathrm{d}^2 y}{\mathrm{d}t^2}+\mu\frac{\mathrm{d}y}{\mathrm{d}t}+ky=f(t)$$

式中：m 为质量；μ 为阻尼；k 为弹性力。

　　以上 3 种传感器的通用微分表达式为

$$a_0 y=b_0 x \quad (2\text{-}16)$$

$$a_1 \frac{\mathrm{d}y}{\mathrm{d}t} + a_0 y = b_0 x \qquad (2\text{-}17)$$

$$a_2 \frac{\mathrm{d}^2 y}{\mathrm{d}t^2} + a_1 \frac{\mathrm{d}y}{\mathrm{d}t} + a_0 y = b_0 x \qquad (2\text{-}18)$$

建立了测试系统各环节的数学模型,如果已知输入信号 $x = x(t)$,则可代入微分方程中求出 $y = y(t)$。然后比较 $x(t)$ 和 $y(t)$ 的特性,可知误差大小。这种计算方法在实行过程中有一定的难度,一是被测量 $x(t)$ 的值往往是未知量,二是 $x(t)$ 的变化种类很多,如果都代入方程计算,工作量很大。为了简化对测试系统动态特性的评价,可以从计算方法和简化输入信号 $x(t)$ 两方面入手:即用代数形式表征的传递函数简化微分方程求解;用阶跃和正弦标准信号代替一般输入信号,评价测试系统的时域和频域特性。

2.4.1 传递函数

测试系统动态特性规律的微分方程与其传递函数的描述是对应的,采用传递函数可以简化计算,这种方法是以代数式的形式表征系统本身的传输、传递特性,它与激励和系统的初始状态无关,同一个传递函数可以表征两个完全不同的物理系统,但它们具有相似的传递特性。

传递函数是描述线性定常系统的输入–输出关系的一种函数,因此它也能表示系统的动态特性。对于式(2-15)的常系数线性微分方程,当其初始值为零,即系统原来处于静止状态,其拉普拉斯变换式为

$$(a_n S^n + a_{n-1} S^{n-1} + \cdots + a_1 S + a_0) y(s) = (b_m S^m + b_{m-1} S^{m-1} + \cdots + b_m S + b_0) x(s)$$

式中:S 为拉普拉斯变换式自变量,是个复数;$y(s)$ 为系统输出量的拉普拉斯变换式;$x(s)$ 为系统输入量的拉普拉斯变换式。

用传递函数 $H(S)$ 表示为

$$H(S) = \frac{Y(S)}{X(S)} = \frac{b_m S^m + b_{m-1} S^{m-1} + \cdots + b_1 S + b_0}{a_n S^n + a_{n-1} S^{n-1} + \cdots + a_1 S + a_0} \qquad (2\text{-}19)$$

S 的幂次 n 代表系统的微分方程的阶数,对一定常系统,已知微分方程,只要把方程中各阶导数用相应的 S 变量代替,即可求系统的传递函数。其计算步骤如下:

(1) 分析传感器和仪器的工作原理,建立其物理模型。
(2) 根据物理模型列出测试系统的微分方程式。
(3) 假设全部初始条件为零,对微分方程取拉普拉斯变换。
(4) 求输出量与输入量拉普拉斯变换的比值,确定传递函数。

传递函数以代数形式表征了测试系统的动态特性,一旦掌握了系统的传递函数,就可以由输入求出对应的输出,经代数运算,可以列出系统的时间和频率响应函数、幅频和相频特性式,从而进一步分析输出、输入间的差异,以找到减小动态误差的途径。

传递函数有以下特点:
(1) $H(S)$ 和输入无关,它只反映测试系统的特性。
(2) $H(S)$ 虽然和输入无关,但它所描述的系统对任一具体的输入 $x(t)$ 都确定地给出了相应的 $y(t)$。而且由于 $y(t)$ 和 $x(t)$ 常具有不同的量纲,传递函数是通过系数 a_i、b_j 反映的。

2.4.2 一阶时间响应

前面提到的第二种简化测试系统动态特性分析的方法是简化输入信号。动态特性包括时间响应和频率响应两项指标,采用典型的阶跃信号为输入量,评价系统的瞬态响应特性;用有代表性的正弦波作为输入信号,评价系统的频率响应特性。本节讨论一阶系统的时间响应。

设输入信号为单位阶跃函数:

$$x(t) = u(t), u(t) = \begin{cases} 0 & t < 0 \\ 1 & t \geq 0 \end{cases}$$

一阶系统一般方程式为

$$a_1 \frac{dy}{dt} + a_0 y = b_0 x$$

两边同除以 a_0 得

$$\frac{a_1}{a_0} \times \frac{dy}{dt} + y = \frac{b_0}{a_0} x$$

或者写成

$$\tau \frac{dy}{dt} + y = kx$$

式中:$\tau = a_1/a_0$(时间常数);$k = b_0/a_0$(静态灵敏度)。

$$(\tau S + 1) y(S) = k x(S)$$

将式(2-19)用传递函数表示为

$$H(S) = \frac{k}{\tau S + 1} \tag{2-20}$$

求解后得

$$y = k(1 - e^{\frac{-t}{\tau}}) \tag{2-21}$$

式中:τ 为时间常数,它是决定响应速率的重要参数。

图 2.9 所示为一阶时间响应曲线,稳态响应值是输入阶跃值的 k 倍,瞬态响应是指数函数,总的响应在 $t \to \infty$ 时才能达到最终的稳态值。当 $t=\tau$ 时,$y = k(1-e^{-1}) = 0.632k$,即达到稳态值的 63.2%。τ 越小,响应曲线越接近阶跃曲线。

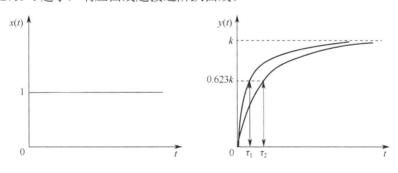

图 2.9 一阶时间响应曲线

2.4.3 一阶频率响应

引用 2.4.2 节求得的传递函数式(2-20),当输入量为一正弦波 $x(t) = \sin(\omega t)$ 时,可得一阶的频率响应函数为

$$H(\mathrm{j}\omega) = \frac{k}{j\omega\tau + 1} \tag{2-22}$$

式中：ω 为输入前一节信号频率；k 为系统直流放大倍数，是常数，它不影响系统的动态特性。为分析方便起见，令 $k=1$，由此求得系统幅频特性为

$$A(\omega) = \frac{1}{\sqrt{1+(\omega\tau)^2}} \tag{2-23}$$

相频特性为

$$\varphi(\omega) = -\arctan(\omega\tau) \tag{2-24}$$

图 2.10 所示为一阶幅频和相频特性。

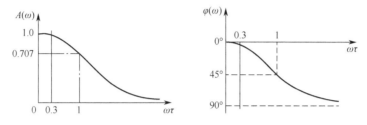

图 2.10 一阶幅频和相频特性

响应幅度随 ω 增大而减小，同时也受 τ 的影响，当 $\omega\tau$ 的值小于 0.3 时，幅度失真很小。系统的时间常数 τ 越小，ω 可增加的范围越大；反之，τ 越大，ω 的频率值越小，系统工作频率范围越窄。

相位差随 ω 增大而增大，当 $\omega\tau$ 的值小于 0.3 时，相位变化较小。τ 越小，系统工作频率越宽。

2.4.4 二阶时间响应

对于振动或压力测试系统，一般包括运动质量块 m，弹性元件 k，阻尼器 δ，如图 2.11 所示，是一个二阶系统的模型图。

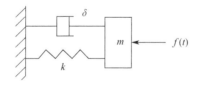

图 2.11 二阶系统模型

当质量块受外界力 $f(t)$ 作用时，系统的受力平衡方程为

$$m\frac{\mathrm{d}^2 y}{\mathrm{d}t^2} + \delta\frac{\mathrm{d}y}{\mathrm{d}t} + ky = f(t)$$

式中：m 为质量；y 为位移；δ 为阻尼系数；k 为弹性刚度；$f(t)$ 为作用力。

其中，$m\dfrac{\mathrm{d}^2 y}{\mathrm{d}t^2}$ 表示惯性力，$\delta\dfrac{\mathrm{d}y}{\mathrm{d}t}$ 表示阻尼力，ky 表示弹性力。

方程两边同除 m，方程改写为

$$\frac{\mathrm{d}^2 y}{\mathrm{d}t^2} + 2\xi\omega_0\frac{\mathrm{d}y}{\mathrm{d}t} + \omega_0^2 y = k_1 w_0^2 f(t)$$

式中：$\xi = \dfrac{\delta}{2\sqrt{km}}$，$\omega_0 = \sqrt{k/m}$，$k_1 = \dfrac{1}{k}$ 分别表示阻尼比系数、固有角频率和静态灵敏度。阻尼指能量损耗，阻尼比是实际阻尼与临界阻尼之比。

其传递函数为

$$H(S) = \dfrac{k_1 \omega_0^2}{S^2 + 2\xi\omega_0 S + \omega_0^2} \tag{2-25}$$

解方程后得其特征方程为 $S^2 + 2\xi\omega_0 S + \omega_0^2 = 0$

解得特征方程的两个根为

$$r_1 = (-\xi + \sqrt{\xi^2 - 1}) \cdot \omega_0, \quad r_2 = (-\xi - \sqrt{\xi^2 - 1}) \cdot \omega_0 \tag{2-26}$$

$\xi > 1$ 时，方程有不相等的两个实根，过阻尼；

$\xi = 1$ 时，有相等的两个实根，临界阻尼；

$\xi < 1$ 时，虚根，欠阻尼。

当输入信号是阶跃信号时，ξ 的三种不同情况形成的响应曲线如图 2.12 所示。固有角频率 ω_0 和阻尼比系数 ξ 是二阶测试系统的重要特性参数。固有角频率 ω_0 越高，响应曲线上升速率越快。阻尼比系数 ξ 越大，曲线过冲现象越弱。一般取 ξ 在 0.6～0.8 时，稳态响应上下误差在 10%以内。

二阶阶跃时间响应的性能指标用图 2.13 所示的参数表示，t_r 是上升时间，表示响应值上升到稳定值的 90%（或 95%）所需要的时间；t_p 是峰值时间，表示响应从零上升到第一个峰值所用时间；t_s 是响应时间，表示阶跃数值达到并保持在响应曲线允许的误差范围内所需要的时间，该误差范围可以是稳定值的±2%（或±5%）等；M 是超调量，表示 $y(t)$ 的最大值与阶跃曲线最终值的差值之比的百分数：

$$M = \dfrac{y_m - y(\infty)}{y(\infty)} \times 100\%$$

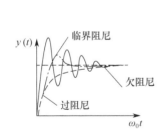

图 2.12　二阶时间响应曲线

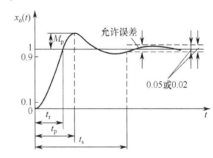

图 2.13　二阶时间阶跃响应参数

2.4.5　二阶频率响应

对于一个二阶测试系统，在输入端输入 $x(t) = \sin(\omega t)$ 的正弦波信号，其响应应该为 $y(t) = A\sin(\omega t + \varphi)$。由于系统动态特性的影响，输出信号在幅度和相位上都会出现偏差。

在分析系统二阶时间响应时，设 $k_1 = 1$，可得其传递函数为

$$\dfrac{Y}{X}(S) = \dfrac{k_1 \omega_0^2}{S^2 + 2\zeta\omega_0 S + \omega_0^2}$$

将 $j\omega$ 代入传递函数方程式中,以求得系统的幅频特性 $A(\omega)$ 和相频特性 $\varphi(\omega)$。

$$A(\omega) = \frac{1}{\sqrt{\left(1-\frac{\omega^2}{\omega_0^2}\right)^2 + \left(2\xi\frac{\omega}{\omega_0}\right)^2}} \tag{2-27}$$

$$\varphi(\omega) = \arctan\left(\frac{2\xi\omega\omega_0}{\omega^2 - \omega_0^2}\right) = \arctan\frac{2\xi\frac{\omega}{\omega_0}}{\left(\frac{\omega}{\omega_0}\right)^2 - 1} \tag{2-28}$$

式中:ω_0 为系统固有频率;ω 为信号频率;ξ 为阻尼比。

根据 $A(\omega)$ 和 $\varphi(\omega)$ 绘制出二阶频率响应图形,如图 2.14 和图 2.15 所示。

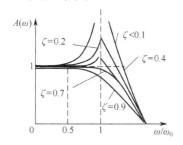
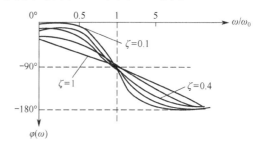

图 2.14 二阶响应幅频特性　　　　图 2.15 二阶响应相频特性

从幅频和相频曲线来分析以下几种情况:

(1) $\omega/\omega_0 \ll 1$ 时,$A(\omega)=1$,$\varphi(\omega)=0$。

要使工作频带加宽,关键提高固有频率 ω_0。

(2) $\omega/\omega_0 \to 1$ 时,幅频和相频都与阻尼比 ξ 有明显关系。

这种关系分三种情况:

① $\xi<0.4$(欠阻尼)时,在 $\omega/\omega_0=1.0$ 附近 A 出现极大值,即共振现象,$\varPhi$ 趋近于 $-90°$,一般在 $\omega \ll \omega_0/10$ 的区域作为传感器的通频带。

② 在 $\xi=0.7$(最佳阻尼)附近,$A(\omega)$ 曲线平坦段最宽,$\varPhi(\omega)$ 接近于一条斜直线,若取 $\omega=\omega_0/2$ 为通频带,其失真率不超过 2.5%。

③ $\xi>0.9$(过阻尼)时,曲线 $A(\omega)$ 小于 1,不出现共振,但曲线下降太快,平坦段变小。

(3) $\omega/\omega_0 \gg 1$ 时,幅频特性趋于零,无响应。

传感器的阻尼比 $\xi=(0.7\sim0.8)$,固有频率 $\omega_0 > (3\sim5)\omega$ 比较理想。

例如,当 $\xi=0.1$,$\omega/\omega_0=0.2$ 时,$A(\omega)=1.04$,$\varphi(\omega)=-2.38°$

当 $\xi=0.1$,$\omega/\omega_0=0.8$ 时,$A(\omega)=2.54$,$\varphi(\omega)=-23.96°$。

由系统的动态特性造成的误差称为动态误差。系统的动态误差可通过动态标定来确定,即用一个已知的标准来校准测试系统。一些传感器在使用前都经过标定,有数据或曲线可对照。

2.4.6 确定测试系统传递函数的实验方法

由传递函数的基本概念可知,如果能求得系统的时间常数 τ,阻尼比 ξ 和固有频率 ω_0,

则一阶、二阶系统的传递函数就可以确定了。在系统的基本参数已知的情况下，根据式（2-19）、式（2-20），τ、ξ 和 ω_0 可以通过计算得到：

$$\tau = \frac{a_1}{a_0}, \quad \xi = \frac{a_1}{2\sqrt{a_0 a_2}}, \quad \omega_0 = \sqrt{\frac{a_0}{a_2}}$$

然而对于许多测试系统，它的基本参数往往是未知数，这时要得到 τ、ξ 和 ω_0 就需要采用实验方法测定。

1. 一阶系统 τ 的阶跃测定

根据一阶系统的阶跃响应曲线（图 2.9）可知，在输出 $y(t) = 0.632k$ 时，其所对应的时间 $t = \tau$。因此，可先测定阶跃响应的稳定值 k，然后计算出稳定值的 0.632 倍的值，再找出 $0.632k$ 对应的时间 t，该时间就等于 τ。用这种方法测得的时间常数，未考虑阶跃响应全过程的影响，误差较大。

可以采取另一种方法，得到更准确一些的测量结果。

由式（2-21）可知，$y = k(1 - e^{\frac{-t}{\tau}})$，把此式变为

$$1 - \frac{y}{k} = e^{\frac{-t}{\tau}}$$

设

$$Z = \ln\left(1 - \frac{y}{k}\right) \tag{2-29}$$

则得到

$$Z = -\frac{t}{\tau} \tag{2-30}$$

首先由阶跃响应曲线测得稳定值 k，并取若干对 t 和 y 的对应值，然后代入式（2-30）计算出 Z 值，再按图 2.16 做 Z-t 关系曲线，由式（2-31）可计算出 τ 值为

$$\tau = \frac{\Delta t}{\Delta Z} \tag{2-31}$$

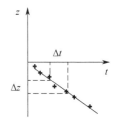

图 2.16 一阶系统 Z-t 曲线

若系统为典型的一阶系统，则应满足 $Z = -\frac{t}{\tau}$，一阶系统 Z-t 曲线为一条严格的直线，说明系统为一阶系统。如果在描点时发现所有的点并不在一条直线上，则说明使用的系统不是一阶系统。由所描点接近直线的程度，可以判断被测系统接近一阶系统的程度。

2. 二阶系统 ξ 和 ω_0 的测定

二阶系统一般设计成 $\xi = (0.7 \sim 0.8)$，实验时让系统处于略欠阻尼状态，此时响应振荡角频率 ω_d 为

$$\omega_d = \omega_0 \sqrt{1 - \xi^2} \tag{2-32}$$

振荡周期 T_d 为

$$T_d = \frac{2\pi}{\omega_d} \tag{2-33}$$

最大超调量 M_1 出现的时间为半周期，即

$$t = \frac{T_d}{2} = \frac{\pi}{\omega_d} \tag{2-34}$$

将式（2-34）代入式（2-21）得到

$$\frac{y}{k} = 1 - \frac{e^{-\xi\omega_0 t}}{\sqrt{1-\xi^2}} \sin(\sqrt{1-\xi^2}\omega_0 t + \theta) \tag{2-35}$$

式中：$\theta = \arcsin\sqrt{1-\xi^2}$。

得到最大超调量为

$$M_1 = e^{-\left(\frac{\xi\pi}{\sqrt{1-\xi^2}}\right)} \tag{2-36}$$

求得

$$\xi = \frac{1}{\sqrt{\left(\frac{\pi}{\ln M_1}\right)^2 + 1}} \tag{2-37}$$

因此只要由二阶系统阶跃响应曲线得到最大超调量 M_1，代入式（2-33）就可以求出阻尼比 ξ。

把 $\omega_d = \omega_0\sqrt{1-\xi^2}$ 和 $t = T_d/2 = \pi/\omega_d$ 综合整理后，得

$$\omega_0 = \frac{2\pi}{\sqrt{1-\xi^2} \cdot T_d} \tag{2-38}$$

通过实验的方法获得二阶系统阶跃响应曲线，从曲线测得稳定值 k、最大超调量 M_1 和振荡周期 T_d，就可以得到二阶系统参数 ξ 和 ω_0。

2.5 爆炸测试信号的传输

测试系统各个环节之间靠电缆连接传输信号，电缆和元件、电路、仪器的连接又要靠接插件耦合，实践表明，测试系统的噪声干扰很多是来自传输环节。

燃烧、爆炸实验多在爆炸洞、爆炸罐、轻气炮或旷野中进行，为了安全起见，测试仪器和测试人员离爆炸现场都比较远，使用的传输线也比较长，有些可达几百米。传感器采集的瞬态信号经过长距离传输，会出现以下现象：

（1）幅度下降。

（2）波形畸变。

（3）外界干扰信号耦合到电缆线中，与被测信号叠加。

现象（1）和现象（2）是由于传输线本身的高频特性引起的失真，现象（3）是由外界噪声耦合到传输线上引起的干扰。为了观察传输线自身传输特性对信号的影响，选用特性阻抗 $Z_c = 50\Omega$，长度分别为 0.2m 和 10m 的传输线进行实验，由脉冲信号发生器产生一个阶跃电压信号，它经过传输线存储到数字示波器内，示波器的上限频率是 150MHz，实验结果如图 2.17 所示。

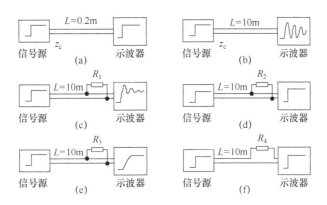

图 2.17 传输线匹配实验波形

图 2.17（a）所示的导线较短，只有 0.2m，脉冲信号的波形没有发生畸变和幅度下降现象。图 2.17（b）所示是导线加长到 10m 后，由于分布参数的影响，在示波器上显示一个振荡幅度较大并逐渐衰减的振荡信号，振荡周期约 200ns，传输的波形严重失真。图 2.17（c）所示的传输线终端外接并联电阻 R_1，且 $R_1 > Z_c$，示波器上出现一个衰减振荡信号，但振荡幅度已明显减小。图 2.17（d）所示的传输线终端外接电阻 R_2，且 $R_2 = Z_c$，显示屏出现无振荡的阶跃波形。图 2.17（e）所示的传输线终端并联电阻 R_3，且 $R_3 < Z_c$，示波器显示波形上升沿按阶梯形状逐渐升高至稳定值，时间响应比较长。图 2.17（f）所示为在传输线终端串接了电阻 R_4，且 $R_4 = Z_c$，示波器显示无失真的阶跃信号波形。

从上述实验可知，当传输线很长时，其外接电阻 R_2 和 R_4 的阻值与电缆特性阻抗 Z_c 相匹配，传输信号不失真。当传输线比较短时，传输的信号也不失真。如果传输线很长，而电缆又处于阻抗失配状态，示波器上出现振荡信号或阶梯波形，表明脉冲信号在电缆两端有反射。

不管是信号失真还是传输线受到外界信号干扰，都会严重影响测试结果的可信度、稳定性和精度，因此必须引起重视。

2.5.1 均匀传输线一般原理

凡是能传输信号的导线都可以称为传输线，传输线应能最大效率地传递能量，而热损耗和辐射损耗越小越好。在低频信号测试中，引线的结构和长度对测试结果的影响不会太大，可以把导线等效成为纯电阻，如果导线不长，电阻值可以忽略。但当导线上传输的是高频瞬态信号时，传输线上有高频电流流过，导线变成分布参数电路，导线的每一小段都等效成分布电容、电感、电阻和漏电导，如图 2.18 所示。

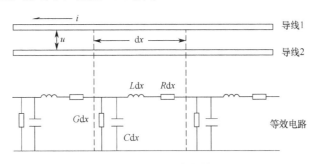

图 2.18 均匀传输线高频等效电路

在导线 1 和导线 2 上，有高频电流 i 流过时，在传输线周围产生磁场，此时每一小段的导线可以等效为电感量的分布参数 $L\mathrm{d}x$（H/m）；两根传输线间有电位差 u，沿导线分布着电场，可用电容量 $C\mathrm{d}x$（F/m）表示每一段的分布参数；分布电阻 $R\mathrm{d}x$（Ω/m）和分布漏电导 $G\mathrm{d}x$（S/m）则表示两传输线对信息的传输损耗。当不考虑电磁波的频散，如高频电流的聚肤效应、频率对分布阻抗等的影响，则图 2.18 中的 4 个分布参数 L、C、R、G 都是常系数。由基尔霍夫定律可得到均匀传输线的微分方程组：

$$\begin{cases} -\dfrac{\partial i}{\partial x} = Gu + C\dfrac{\partial u}{\partial t} \\ -\dfrac{\partial u}{\partial x} = Ri + L\dfrac{\partial i}{\partial t} \end{cases} \quad (2\text{-}39)$$

式中：u 和 i 分别表示 $\mathrm{d}x$ 位置上的电压和电流，电流方向与 x 轴正向方向相反。若将式（2-39）两边同时乘以 $\mathrm{d}x$，得到

$$-\dfrac{\partial i}{\partial x}\mathrm{d}x = (G\mathrm{d}x)u + \dfrac{\partial u}{\partial t}(C\mathrm{d}x) \quad (2\text{-}40)$$

$$-\dfrac{\partial u}{\partial x}\mathrm{d}x = (R\mathrm{d}x)i + \dfrac{\partial i}{\partial t}(L\mathrm{d}x) \quad (2\text{-}41)$$

式（2-40）表明传输线中经过 $\mathrm{d}x$ 微元后的电流增量是由 $\mathrm{d}x$ 微元的漏电导产生的漏电流和电容产生的位移电流组成；式（2-41）表明传输线中经过 $\mathrm{d}x$ 微元后的电压增量是由电阻微元 $R\mathrm{d}x$ 上的电压增量和电感微元 $L\mathrm{d}x$ 上的电压增量组成。

燃烧、爆炸和冲击过程中传输线上传递的信号主要是瞬态信号，为了便于分析，我们把导线近似为理想传输线，进而分析它对瞬态信号的响应。

理想传输线必须具备以下两个条件：

（1）$Gu \ll C\dfrac{\partial u}{\partial t}$，即漏电流远远小于位移电流。

（2）$Ri \ll L\dfrac{\partial i}{\partial t}$，即微分电阻 $R\mathrm{d}x$ 上的压降远远小于电感 $L\mathrm{d}x$ 上的压降。

如果满足这两个条件，方程（2-39）可简化为

$$\begin{cases} -\dfrac{\partial i}{\partial x} = C\dfrac{\partial u}{\partial t} \\ -\dfrac{\partial u}{\partial x} = L\dfrac{\partial i}{\partial t} \end{cases} \quad (2\text{-}42)$$

这就是理想传输线的微分方程。通过解微分方程可得到

$$Z_\mathrm{c} = \sqrt{\dfrac{L}{C}} \quad (2\text{-}43)$$

式中：Z_c 为无损（理想）传输线的特性阻抗。

$$\begin{cases} \dfrac{\mathrm{d}x}{\mathrm{d}t} = \dfrac{1}{\sqrt{LC}} = \pm\dfrac{1}{\sqrt{\mu\varepsilon}} \\ x - x_0 = \pm v(t - t_0) \end{cases} \quad (2\text{-}44)$$

式中：$\mathrm{d}x/\mathrm{d}t$ 为电缆中信号的传播速度，对于理想传输线，波速仅与绝缘材料的磁导率 μ 和介电常数 ε 相关，即 $v = 1/(\mu\varepsilon)^{1/2}$，$x_0$、$t_0$ 为初始位置和时间，"+" 号表示向前波，"−" 号表示向后波。该式可描绘出 x–t 平面上的特征线。

$$\begin{cases} du = \pm Z_c\, di \\ \Delta u = \mp Z_c\, \Delta i \end{cases} \tag{2-45}$$

该式描述 u-i 平面上的特征线，可以把此式理解为微分形式的欧姆定律。Δu 和 Δi 是阶跃波前后的电压变化和电流变化，是两个跨过波阵面的增量，"−"表示向前阶跃波，"+"表示向后阶跃波。

2.5.2 同轴电缆

测量瞬态信号时，一般采用同轴电缆或低阻抗传输线，它具有高带宽和极好的噪声抑制特性。同轴电缆是屏蔽线中质量较好、性能指标较高、价格比普通导线贵的一种屏蔽线，它具有较小的分布电容，可用在高频测试电路中。其工作频率在 100MHz 以上，有时可达 1GHz，随着频率的增加，电缆的损耗也增大。同轴电缆结构如图 2.19 所示。

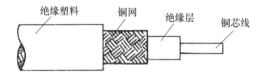

图 2.19 同轴电缆结构

常用的同轴电缆，芯线和铜网各为一个电极，它们之间用聚乙烯、聚四氟乙烯或氟橡胶做绝缘层，在铜网的外层包有绝缘塑料保护套，材料通常为聚氯乙烯。

同轴电缆的分布电容为

$$C = \frac{2\pi\varepsilon_0\varepsilon_r}{\ln(D/d)} \tag{2-46}$$

式中：D 为屏蔽内径，mm；d 为芯线的外径，mm；ε_0 为真空中介电常数，8.85×10^{-12}F/m；ε_r 为绝缘层相对介电常数。

同轴电缆的分布电感为

$$L = \frac{1}{2\pi}\mu_0\mu_r \ln\frac{D}{d} \tag{2-47}$$

式中：μ_0 为真空中的磁导系数，$4\pi\times10^{-7}$H/m；μ_r 为绝缘层相对磁导率。

常见国内同轴电缆参数如表 2.1 所列。

表 2.1 国内同轴电缆参数

型 号	特性阻抗/Ω	45MHz 衰减/（dB/m）	电晕电压/kV	绝缘电阻/（MΩ/kV）
SYV-50-2-1	50	≤0.26	1	10^4
SYV-50-2-2	50	≤0.156	1	10^4
SYV-50-5	50	≤0.082	3	10^4
SYV-75-2	75	≤0.28	6.9	10^4
SYV-75-5-1	75	≤0.082	2	10^4
SYV-75-7	75	≤0.061	4.5	10^4
SYV-100-7	100	≤0.066	3	10^4
SWY-50-2	50	≤0.160	3.5	10^4
SWY-50-7-2	50	≤0.065	4	10^4

表 2.1 中电缆型号组成：
第一个字母 S 表示同轴射频电缆；
第二个字母 Y 表示以聚乙烯作绝缘，W 表示以稳定聚乙烯作绝缘；
第三个字母 V 表示以聚氯乙烯为绝缘塑料保护套，Y 表示保护套为聚乙烯；
第四部分数字表示同轴电缆的特性阻抗；
第五部分数字表示芯线绝缘外径；
第六部分数字表示结构序号。
除上述电缆外，常用的 50Ω 同轴电缆还有 RG-8、RG-11 和 RG-58 等。
引用理想传输线的特性阻抗公式（2-43），结合式（2-46）、式（2-47），同轴电缆的特性阻抗可通过其结构和尺寸表示：

$$Z_c = \frac{60}{\sqrt{\varepsilon_r}} \ln \frac{D}{d} \tag{2-48}$$

$\frac{D}{d}$ 的比值越大，分布电容越小，而分布电感和阻抗越大。

从同轴电缆结构也可以求出截止波长（或频率）：

$$\lambda = \frac{\pi}{2}\sqrt{\varepsilon_r}(D+d) \tag{2-49}$$

除特性阻抗外，同轴线还有小的电抗存在，以 14mm 镀银同轴电缆为例，f=1MHz 时，R_0=50.4Ω，X_0=0.4Ω；f=10GHz 时，R_0=50Ω，X_0=0.02Ω。测量冲击波速度采用 SYV-50-2 或其他型号 50Ω 同轴电缆，当长度达 400 米时，电缆终端的信号前沿不大于 50ns，延时不大于 2μs。

2.5.3 传输线的匹配

燃烧爆炸参数测量中常用的同轴电缆阻抗为 50Ω，由于大多数示波器都具有 50Ω 输入阻抗，因此可以把 50Ω 电缆直接与测量仪器连接而不必外接匹配电阻。如果测量信号的波长远大于传输线的长度，则不必考虑传输线两端反射的影响和传输线的阻抗匹配问题。前面图 2.17 已经介绍了外接单电阻方法，这种方法很简单，若要和 75Ω 一端匹配，在 50Ω 传输线上串一个 25Ω 电阻就可以了。下面再介绍几种常用方法。

1．双电阻匹配法

这是仪器设备常用的匹配方法，两台仪器的阻抗不匹配，它们分别是 50Ω 和 75Ω，通过电阻 R_1 和 R_2 使它们匹配，其等效原理如图 2.20 所示。

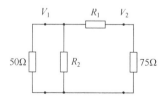

图 2.20 双电阻转换器

从 V_1 端看进去：

$$\frac{R_2(R_1+75)}{R_2+R_1+75} = 50(\Omega) \tag{2-50}$$

从 V_2 端看进去：

$$\frac{50R_2}{50+R_2} + R_1 = 75(\Omega) \quad (2\text{-}51)$$

可解出 $R_1=43.3\Omega$，$R_2=86.6\Omega$。

2．不同参数电缆的连接

两种特性阻抗不同的传输线的连接方法如图 2.21 所示，这种方法也是双电阻法。图 2.21（a）所示是不同阻抗传输线的连接，图 2.21（b）所示是这种连接的等效电路。匹配使用的电阻 R_1 和 R_2 由下式得到。

$$\begin{cases} R_1 = Z_{c1}\sqrt{\dfrac{Z_{c1}-Z_{c2}}{Z_{c1}}} \\ R_2 = Z_{c2}\sqrt{\dfrac{Z_{c1}}{Z_{c1}-Z_{c2}}} \end{cases} \quad Z_{c1} > Z_{c2} \quad (2\text{-}52)$$

式中：Z_{c1} 和 Z_{c2} 分别表示两条电缆的特性阻抗。

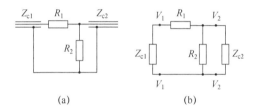

图 2.21 不同阻抗传输线连接

3．同种电缆的匹配

同一种电缆进行多通道连接时的电路如图 2.22（a）所示，图 2.22（b）所示是其等效电路。对于简单波，电缆的特性阻抗 Z_c 相当一个电阻，在画等效电路时，可以把 n 条电缆处理为 n 个电阻。为了保证每一条电缆都是匹配的，必须使相对于每一条电缆的外接电阻值都等于特性阻抗 Z_c，也就是图 2.22（b）所示虚线框内的电阻值 $R+(R+Z_c)/(n-1)$ 应等于 Z_c。匹配电阻的计算公式为

$$R = Z_c(n-2)/2 \quad n \geqslant 2 \quad (2\text{-}53)$$

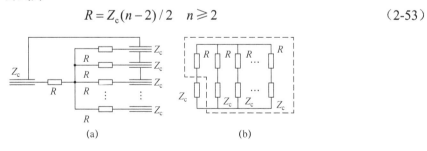

图 2.22 同阻抗电缆匹配

2.6 测试系统设计

任何一个测试系统都是为了完成某个特定的测试任务而设计的，因此设计要充分考虑实验被测信号特征、仪器使用实验环境等因素进行系统设计。

一般情况下，在开始设计之前要对以下有关的使用要求进行了解和分析：①了解实验对象和被测量的特点，持续时间。②测试要求的精度。③安装条件，安装方法及要求。④测试环境，温度、湿度、气压等。⑤了解现有同类测试产品的类型、原理、技术水平和特点。

测试系统设计方法如下。

1. 测量方法选择

对于不同的物理量（如压力、速度等）可选择的测试方法不尽相同。为了设计一个符合要求的测试系统，要在大量调查的基础上从上述几个方面综合分析，进行测试方案论证，选择比较理想的测试方法（主要是转换原理）构建测试方案。

2. 组建系统

在确定测试方法后，将传感器、调理电路、数据采集记录系统组建为一个测试系统的基本原则是使测量系统的基本参数、静态性能和动态性能均能达到预先规定的要求。

组建的系统要达到预先规定的精度要求，重要的工作就是对已经选定的测量方法正确地进行各环节的灵敏度分配和误差分配。

由于测试系统的各个环节属于串联形式，各个环节的灵敏度对系统总的灵敏度影响都是一样的，因此在设计时一般都在满足总的灵敏度要求下，对于易于提高灵敏度、易于制造的环节适当提高灵敏度，使其中一些难于提高灵敏度的环节降低要求。

对于开环系统的误差分配问题，每个环节的误差都将会影响总的输出，总输出端引起的误差。为了降低总误差，应当改进所有环节当中误差最大的环节，因为其对总误差起着决定作用。

3. 调试与性能考核

系统组建完成后进行联调，一般要与模拟被测对象相联系调试，对设计不合理、器件不匹配问题进行修改。

在完成所有修改调试工作以后，就可以对仪器进行基本性能测试，包括精度分析，基本误差测定，外界使用条件的性能实验，尤其考虑爆炸环境的电磁干扰与抑制，设备与电缆的安全防护。通过测试分析给出各种误差的大小。

经过上述工作，基本完成了测试系统的设计工作。

2.7 常用测量仪器

本节主要介绍通用记录仪器，包括万用表、示波器、时间测量仪和瞬态记录仪。对于其他采集、转换、放大、触发、标定和起爆仪器等将放在各章中叙述。

2.7.1 万用表

万用表作为电子测量中最常用的工具，具有用途广、量程广、使用方便等优点，集电压表、电流表和欧姆表于一体，可用于测量交、直流电压，直流电流及电阻。万用表在爆炸测试技术中主要用以测量信号线、触发线、电源线等回路的电流、电压、电阻以及通断等状况，是爆炸测试技术中一项基本电测技能以及确保安全的重要环节。常用的万用表有模拟指针式和数字式两种。两种基本结构和使用方法基本相同。

指针式万用表是以表头为核心部件的多功能测量仪表,通过表头上的指针对被测量进行连续无跳跃式的测量。其测量结果一般表现为指针沿刻度标尺的位移(直线位移或角位移)。显示直观,易于显示信号变化的倾向,易于判断信号与满意度之差等。

数字万用表又称数字多用表(Digital Multimeter, DMM)采用数字化测量技术,将被测电量均转换成电压信号,并以不连续、离散的数字形式显示,克服了模拟指针式万用表人为引起的测量误差。其电路结构可分为模拟电路、数字电路和供电电源三部分,通过各种变换器实现多种电参量的测量,图2.23所示为数字万用表的工作原理图。

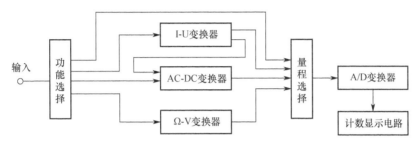

图 2.23　数字万用表工作原理图

数字电压表是数字万用表的核心。除直流电压是由数字电压表直接测量外,各种被测量参数的大小均是通过相应物理量的变换器将被测参量转换为直流电压的大小,再由直流电压表加以显示。当被测参量为电阻时,则通过"Ω–V"变换器将被测电阻的大小转变为直流电压的大小,然后再由直流数字电压表检测后显示出测量结果。当被测参量为电流时,则由"I-U"变换器将被测量电流的大小转换为直流电压的大小,经过变换后的模拟电压信号再经过 A/D 转换器变成数字信号,最后经过译码驱动电路传给 LCD 显示模块显示结果。

使用万用表进行爆炸实验测试时应注意以下几点:

(1) 使用前须核对量程转换开关是否符合待测的内容,切勿用电流、电阻挡测量电压,以免烧坏万用表。同时注意调节量程使测量值在满度值的 1/3~1/2 之间为宜,若被测电流、电压大小不清楚时,应将量程置于最高挡进行粗测,然后根据其大小选取合适的量程,由大往小变换。

(2) 切勿用万用表直接测量雷管的双角线。当触发信号线缠绕或固定在待测模拟弹上时,切勿用万用表对其通断进行测量。

(3) 测量高电压或大电流时,不能带电旋转量程开关,以防止触点产生火花,损伤或烧坏转换开关。

(4) 严禁带电测量电阻。进行电阻测量时,应手持两表笔的绝缘杆,以防人体电阻接入,引起测量误差。

(5) 不用时应将量程开关置于最高电压挡。长期不用的万用表,应取出电池,以免电池漏液而腐蚀内部电路板。

2.7.2　示波器

示波器是一种图示测量仪器,它可以把电压(电流)的变化作为一个时间函数描绘出来,具有直观和真实显示被测信号的功能,是研究含能材料燃烧爆炸作用过程随时间变化规律的必不可少的工具。它可以对脉冲电压的上升时间、脉冲宽度、重复周期、峰值电压等参数进行测量。示波器具有灵敏度高、响应速度快、工作频率范围宽和输入阻抗高等优点,因此已成为各个领域使用最多的电子仪器。

1. 示波器的种类

（1）通用示波器：采用单束示波管组成的示波器，包括单踪型和多踪型。

（2）多线示波器：采用多束示波管组成的示波器，在屏幕上显示的每个波形都是由单独的电子束所产生的。

（3）取样示波器：将高频信号以取样的方式转换成低频信号，然后再用通用示波器的方式进行显示。用于观察 300MHz 以上的高频信号及脉宽为几纳秒的窄脉冲。

（4）记忆和存储示波器：是一种具有存储信息功能的示波器，可将信息长时间保留在屏幕上或存储于电路中。一般把利用记忆示波管实现存储称为记忆示波器，利用半导体数字存储器存储的称为数字存储示波器（DSO）。数字存储示波器以数字形式表示波形信息，存储的是二进制序列，其优点是可以捕捉单次瞬态事件；带宽可达几 GHz；采样速率在 S/s～GS/s（采集样点数/秒）方便切换；可得到触发前的信号；备有多种电压探头；丰富的菜单选择；规范化的数据传送、波形存储、拷贝和打印；连接计算机功能等。

（5）特殊示波器：指能满足特殊用途或具有特殊装置的专用示波器，如高压示波器等。

2. 示波器一般结构

示波器的基本组成如图 2.24 所示。示波管是示波器的重要部分，目前多采用阴极射线管作为示波器的显示器件。被测信号通过 y 输入端进入衰减器，经衰减后使信号的幅度在示波器的测量范围内。y 放大器用来放大信号电压幅度，以驱动示波管的电子束做垂直偏转。延迟线可把加到垂直偏转板上的脉冲信号延迟一定时间，使信号出现的时间滞后于扫描开始时间，这样可以显示信号出现前后的瞬间状态。扫描发生器产生线性变化的锯齿波电压，这个电压经 x 放大器后加到示波管的水平偏转板，使电子束产生水平扫描，从而把屏幕上的水平坐标转变成时间坐标。触发电路产生周期与被测信号有关的触发脉冲，使锯齿波扫描电压、被测信号和外加触发信号同步。

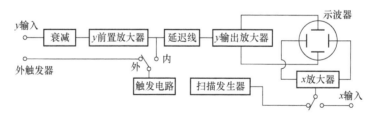

图 2.24 示波器的基本组成

数字存储示波器的输入耦合方式可以设置为 DC、AC 或地线 3 种。DC 耦合会显示所有输入信号；AC 耦合去除信号中的直流分量，显示的波形始终以零电压为中心；地线设置不需要输入信号与垂直系统相连，就可以知道屏幕中零电压的位置。

数字示波器有 1MΩ 和 50Ω 两种输入阻抗供选择，测试时最好采用仪器提供的连接探头，不同的连接探头对应不同的输入阻抗。

3. 数字存储示波器的参数选择

由于爆炸测量过程大多数是非周期单次信号，为了防止出现重复记录丢失信息的情况，必须选择带有单次触发的示波器，多数数字存储示波器都具有这种功能。下面列出示波器的主要选择参数。

（1）频带宽度。频带宽度决定示波器可以观察周期性连续信号的最高频率和脉冲信号的最小宽度。在力学量动态测试中，接触较多的是单次脉冲信号，信号中含有多次谐波成分，欲真实地显示脉冲波形，示波器必须具有足够的频带宽度。通常，要想得到在幅度上基本不衰减的显示，选择示波器的频带宽度要等于被测信号中最高频率的 3 倍以上。

常用的数字存储示波器的频带宽度在 100～500MHz，上升时间不大于 3ns。测爆轰参数时，最低频宽不要小于 50MHz。对于燃烧、爆燃和弹丸运动速度等信号，频宽可低一些，仪器上升时间可选在 μs 和 ns 级之间。一般电子仪器的上升时间 τ 可用下式粗略估算：

$$\tau \approx \frac{1}{4f_{up}} \tag{2-54}$$

式中：f_{up} 为测量仪器的上限频率。

（2）垂直灵敏度。垂直灵敏度指垂直放大器对微弱信号的放大程度，通常用每刻度多少毫伏表示。一般选择 5mV/div～5V/div 的垂直灵敏度，就可以满足爆炸测试要求。火工品的种类很多，对应的特性参数值相差很大，因此希望示波器在 y 轴方向对被测信号具有较强的展开能力。一般取灵敏度范围在 5mV/div（或 cm）数量级，可满足常规爆炸元件的测试要求。

（3）采样速率。采用速率指数字示波器对信号采样的频率，表示为每秒采集样点数。示波器采样速率越快，所显示波形的分辨率和清晰度越高，重要信息和事件丢失的概率就越小。采样速率在 10～2000MS/s 时，对应的采样时间是 0.5～100ns，采样频率在 10MHz 以上。

（4）记录长度。记录长度表示一个完整波形可被示波器采集记录的点数，最大记录长度取决于示波器的存储容量。由于示波器仅能存储有限数目的波形采样，因此波形的持续时间和示波器的采样速率成反比。可选择 1～20k 点记录长度。

2.7.3 时间测量仪

时间测量仪用于测量爆轰波、爆炸粒子、飞片等到达某些空间位置的时间间隔、速度等；也可测量周期相位差、脉冲宽度、上升时间、下降时间和频率等。时间测量仪主要组件有：晶振、时标发生器、主门、计数器、控制电路和放大器等，如图 2.25 所示。

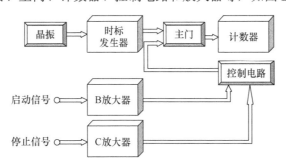

图 2.25　时间测量仪基本原理

晶振产生基准频率，爆炸与冲击过程时间测量一般选用高于 1MHz 的标准频率。时标发生器用来产生一系列时间基准频率，供计时使用，如提供 0.1μs～1ms、1ms～1s 等测时量程。为了使计时仪的测量准确，这部分电路必须具有极高的精确性和稳定性，主门是一个标准的双输入逻辑门，它的开、关由控制电路操纵，只有当控制电路送出信号后，主门才打开，使时标脉冲信号送到十进制计数器。计数器由十进制计数单元、存储器、BCD（十进制译码器）、数字显示驱动器和数字显示器组成，它是时间测量仪的核心部分。控制电路的主要功能是：对主门进行控制、为十进制计数器及时标发生器产生复位脉冲、控制主门的信号灯、控制显示时间、产生存储单元的传送脉冲及产生动态显示所需的时钟脉冲。

启动信号一般是在给爆炸元件施加能量时给出，停止信号是在爆炸元件作用时（如爆炸、燃烧和冲击等）给出。启动和停止信号经放大器放大后，送入控制电路，由控制电路控制计数器开始计时和停止计时。计数器停止计时后，显示器显示出记录的时间。一台时间测量仪往往包含很多通道，如 6 通道、8 通道、10 通道等，每个通道都有独立的数码计时显示，直接指示记录的时间值。当需要测量爆炸场或传爆网络中多个位置处的相关爆炸时间参数时，可采用同一触发信号作时间参考点，依次记录其他各点爆轰到达的时间差值；如果采样点的时间跨度超过测量仪器的时间范围，可采用逐级触发的方式，分段记录每两个采样点爆轰波到达的时间。

时间测量仪的主要技术指标有：时间分辨率、输入阻抗、测时范围、触发灵敏度、最大测量幅度、触发电平等。爆炸测试实验通常使用时间分辨率小于 1μs，测量范围在 0.1μs～9999ms，输入 I 阻抗 50Ω，输入 II 阻抗 150Ω，正脉冲宽度不窄于 50ns，测量电压幅度小于 15V（多数为 5V）的时间测量仪。

2.7.4 瞬态记录仪

用于对非周期瞬态过程的测量，通过测量数据和波形，可求得幅度和时间等参数。这种仪器在爆炸、冲击振动、超声波等作用过程中曾得到广泛应用。由于宽带存储示波器的普及和价格调整，逐渐取代了瞬态记录仪。

瞬态记录仪的基本工作原理如图 2.26 所示。输入信号经放大和阻抗变换后，在 A/D 器件中将模拟信号转换成数字信号，并送存储器存储。存储器的容量有 32k、64k 等，在采集速率确定的前提下，内存量越大，采样周期越长，采集的信息越多。信息的读取有两种方式，一种是模拟量读出，即存储器的数据经 D/A 器件转换后以模拟电压的形式送普通示波器显示。另一种读出方式是存储数据经插在微机扩展槽上的专用接口 IEEE-488（Institute of Electrical and Electronic Engineers-Standard-488），把数据读到微机的 RAM 中，再由计算机进行显示、打印或数据处理。瞬态记录仪的整个工作过程是在控制器的操纵下，按工作时钟提供的时序进行的。

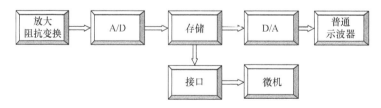

图 2.26　瞬态记录仪工作原理

瞬态记录仪的主要技术指标有：输入电压量程、输入阻抗、输入带宽、A/D 分辨率、D/A 转换速率、通道数、内存容量、读数速度和触发方式等。

在采集数据前，应选择测试通道、设定采样速率、输入电平、触发方式和触发电平等。

在燃烧、爆炸作用过程测试中，因为被测信号往往是一个非周期的脉冲信号，在采样中，为了不丢失峰值电压信息，同时又尽可能多地记录爆炸全过程，采样速率的选择是关键。

思考题

1. 如何判断线性系统?
2. 某温度传感器时间常数为 2.5s，求传感器指示出温度范围的 50%和 90%所需的时间。
3. 已知传感器的阻尼比是 0.76，固有频率为 10，静态灵敏度是 1.2，求二阶传感器的质量、阻尼和弹性刚度。
4. 有一个二阶特性的压阻传感器，其固有频率为 5000Hz，当输入压力谐振频率为 2000Hz 时，求阻尼比为 0.7 和 0.3 时的幅值和相位。
5. 系统的静态指标有哪些？含义是什么？
6. 系统的动态指标有哪些？含义是什么？
7. 如何用实验的方法求 τ、ξ、ω_0?
8. 有两种尺寸不同的同轴电缆：①D=5.2mm，d=2mm；②D=2.5mm，d=1mm，都用聚乙烯做绝缘层，其相对介电常数为 2.3。若采集信号的频率在 30GHz 左右，选择哪种同轴电缆更合适？
9. 在长距离传输瞬态脉冲信号时，传输线会对信号产生什么影响，为什么？
10. 在测量爆炸参数时，应如何选择示波器？
11. 测得仪器的上升时间为 0.5ns，估算仪器的上限频率。

第3章 测量误差与数据处理

真值，即真实值，是指在一定条件下，被测量客观存在的实际值。大量实践证明误差存在的必然性和普遍性。对实验和测量过程中的误差进行研究，正确认识误差的性质，分析误差产生的原因，以消除或减小误差。

3.1 测量误差的基本概念

3.1.1 误差的定义

误差根据表示方法不同，有绝对误差和相对误差。

1．绝对误差

绝对误差是测得值与被测量真值之差，通常简称为误差。

$$绝对误差=测得值-真值$$

用符号表示，即

$$\delta = x - A \tag{3-1}$$

2．相对误差

相对误差是指绝对误差与被测真值之比值，通常用百分数表示，即

$$相对误差=\frac{绝对误差}{真值}\times100\%$$

用符号表示，即

$$\rho = \frac{\sigma}{A}\times100\% \tag{3-2}$$

当被测真值为未知数时，可用更高等级测量仪器的测得值(或测得值的算术平均值)代替被测真值计算。对于不同的被测量值，用测量的绝对误差往往很难评定其测量精度的高低通常都用相对误差来评定。

3.1.2 误差来源

在任何测量过程中，误差产生的原因可归纳为以下4个方面

1．工具误差

它包括实验装置、测量仪器带来的误差，如实验装置加工粗糙，安装调整不准确或间隙过大等；仪器仪表的线性度、迟滞、刻度不准，以及运动元件之间的摩擦和间隙等带来的误差。

2．环境误差

在测量过程中，因环境条件的变化而产生的误差称为环境误差。环境条件主要指环境的

温度、湿度、气压、电场、磁场以及振动、气流、辐射等。如温度的变化会引起传感器的零点漂移和灵敏度漂移，微小的振动或电信号干扰都会对高灵敏磁电式仪表和光线示波器的振子产生扰动。

3. 方法误差

测量方法不完善、不正确而引起的误差称为方法误差。测量仪表安装和使用方法不正确，如压力表在水平位置读数时引起的误差（按规定应垂直安放读数）。测量方法误差还包括测量时所依据的原理不正确而产生的误差，如航空用高度表，它是根据气压随高度改变的规律而确定高度的，但气压并不只受高度影响，还受温度、气体密度的影响，如不进行修正就会引起误差，这种误差亦称为原理误差或理论误差。

4. 人员误差

测量者生理特性和操作熟练程度差异引起的误差称为人员误差。如测量者的感觉器官不正常，视觉的近视、斜视、色盲，听觉不良等。测量者的习惯和精神状态的变化也都会带来误差。

在计算测量结果精度时，对上述 4 个方面的误差来源，必须进行全面的分析，力求不遗漏、不重复，特别要注意对误差影响较大的那些因素。

3.1.3 误差的分类

为了便于对测量误差进行分析和处理，按照误差的性质进行分类。

1. 随机误差

在实际测量条件下，多次测量同一量值时，误差的绝对值和符号以不可预定的方式变化着。也就是说，产生误差的原因及误差数值的大小、正负都是不固定的，也没有确定的规律性，它的出现具有随机性，或者说带有偶然性，这样的误差就称为随机误差（或偶然误差）。随机误差就个体而言，从单次测量结果来看是没有规律的，它有时大，有时小，有时正，有时负，即大小和正负都不确定。但就其总体来说，即对一个量进行等精度的多次测量后就会发现，随机误差服从一定的统计规律，即符合概率论的一般法则，可通过理论公式计算它对测量结果影响的大小。

2. 系统误差

在同一条件下，多次测量同一量值时，误差的数值大小和正负在测量过程中恒定不变，或在条件改变时，按一定规律变化的误差称为系统误差。系统误差又可分为已定系统误差和未定系统误差。已定系统误差是指误差的数值和符号已经确定的系统误差；未定系统误差是指误差数值或符号变化不定或按一定规律变化的误差，未定系统误差也称为变值系统误差。未定系统误差根据不同的变化规律，有线性变化的、周期性变化的，也有按复杂规律变化的，等等。

系统误差由于数值恒定或具有一定的规律性，因此可通过实验的方法找出，并予以消除，或加修正值对测量结果予以修正。

3. 粗大误差

粗大误差也称为粗差，是指那些误差数值特别大，超出在规定条件下预计的误差。出现粗大误差的原因包括测量时仪器操作错误或使用有缺陷的仪器等。例如，测量者粗心大意读数读错，记数记错，或计算出现明显的错误等，所以粗大误差也称为疏失误差。

粗大误差由于误差数值特别大，容易从测量结果中发现，一经发现有粗大误差，可认为该次测量无效，测量数据作废，即可消除它对测量结果的影响。

上面虽对误差分为 3 类，但必须注意各类误差之间在一定条件下可以相互转化。对某项具体误差，在此条件下系为系统误差，而在另一条件下可为随机误差，反之亦然。掌握误差转化的特点，可将系统误差转化为随机误差，用数据统计处理方法减小误差的影响；或将随机误差转化为系统误差，用修正方法减小其影响。总之，系统误差和随机误差之间并不存在绝对的界限，随着对误差性质认识的深化和测试技术的发展，有可能把过去作为随机误差的某些误差分离出来作为系统误差处理，或把某些系统误差当作随机误差来处理。

3.1.4 精度

精度是反映测量结果与真值接近程度的量，它与误差的大小相对应，因此可用误差大小来表示精度的高低，误差小则精度高，误差大则精度低。

误差按其性质有系统误差和随机误差，因此精度也有不同的表示方法，在实际应用中，采用精密度和准确度（精确度）这两种表述较普遍。

1. 精密度

精密度表示测量结果中随机误差大小的程度。它是指在一定条件下，进行多次重复测量时，所得测量结果彼此间重复的程度，或称为测量结果彼此之间的分散性，随机误差越小，测量结果越精密。

2. 准确度

准确度表示测量结果中系统误差与随机误差综合大小的程度。它综合反映了测量结果与被测真值偏离的程度，综合误差越小，测量结果越准确。准确度是一个定性的概念，它表示测量结果与被测量真值之间的一致程度。如某压力表准确度为 0.5 级，不要说该压力表准确度为 0.5%。

对上述有关精度名词的定义，目前尚不完全统一，有的把准确度称为精确度，或简称精度。有的把精密度简称为精度。还有的把系统误差影响测量结果的程度称为正确度。尽管在名词的称谓上有所差异，但其所包含的内容（系统误差、随机误差、系统误差与随机误差综合对测量结果影响的程度）是完全一致的。

3.1.5 测量不确定度

测量不确定度定义为表征合理地赋予被测量之值的分散性，与测量结果相联系的参数。不确定度可以是标准差或其倍数，或是说明了置信水准的区间的半宽度。

以标准差表示的不确定度称为标准不确定度，以标准差的倍数表示的不确定度称为扩展不确定度。标准不确定度依据其评定方法的不同，分为 A、B 两类。用统计分析的方法来评定观测值的标准不确定度称为 A 类不确定度评定，简称 A 类不确定度；用非统计分析的其他方法来评定观测值的标准不确定度称为 B 类不确定度评定，简称 B 类不确定度。

3.2 随机误差

3.1.3 节已经简要介绍了随机误差,其由很多暂时未能掌握或不便掌握的微小因素所构成。多数测量中的随机误差服从正态分布,一般具有以下几个特征:

(1) 绝对值相等的正误差与负误差出现的次数相等,这称为随机误差的对称性。
(2) 绝对值小的误差比绝对值大的误差出现的次数多,这称为误差的单峰性。
(3) 在一定的测量条件下,随机误差的绝对值不会超过一定界限,这称为误差的有界性。
(4) 随着测量次数的增加,随机误差的算术平均值趋向于零,这称为误差的抵偿性。

$$\lim_{n\to\infty}\frac{\sum_{i=1}^{n}\delta_i}{n}=0 \tag{3-3}$$

式中:δ 为各测量值的误差;n 为测量次数。

评定测量随机误差大小的计算方法有标准偏差、或然误差和算术平均误差。国内外广泛采用标准偏差法。标准偏差 σ 定义为各个误差平方和的平均值的平方根,也称均方根偏差,用公式表示为

$$\sigma=\sqrt{\frac{\sum_{i=1}^{n}\delta_i^2}{n}} \tag{3-4}$$

标准偏差 σ 的大小取决于具体的测量条件,不同的 σ 值,其正态分布曲线各不相同,如图 3.1 所示。图中 $\sigma_1<\sigma_2<\sigma_3$,可见 σ 值越小,分布曲线越陡,即小误差出现的概率大,大误差出现的概率小。σ 值增大,则与此相反。因此,常用标准偏差 σ 值来表征测量的精密度,σ 值越小,说明测量的精密度越高。

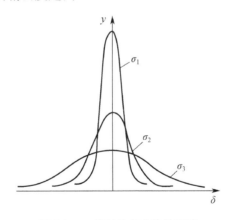

图 3.1 σ 值对分布曲线的影响

误差分布曲线可表达为误差 δ 的函数 $y=f(\delta)$,并可用解析方法推导出正态分布曲线的解析方程式为

$$y=\frac{1}{\sigma\sqrt{2\pi}}e^{-\frac{\delta^2}{2\sigma^2}} \tag{3-5}$$

由分布函数可知，随机误差落在 dδ 区间中的概率为 $f(\delta)\mathrm{d}\delta$。若设误差落在 $[-\delta,+\delta]$ 之间的概率为 $P[-\delta,+\delta]$，则

$$P[-\delta,+\delta] = \int_{-\delta}^{+\delta} \frac{1}{\sqrt{2\pi}\sigma} \mathrm{e}^{-\frac{\delta^2}{2\sigma^2}} \mathrm{d}\delta \tag{3-6}$$

令 $t = \dfrac{\delta}{\sqrt{2}\sigma}$，并代入式（3-6），将其变成一般概率积分的形式，即置信概率或置信度 P 表示为

$$P = \frac{1}{\sqrt{\pi}} \int_{-\delta}^{+\delta} \mathrm{e}^{-t^2} \mathrm{d}t \tag{3-7}$$

对于 $t = \delta/\sqrt{2}\sigma$，误差 δ 介于 $\pm C\sigma$ 区间的概率可按式（3-8）计算：

$$t = \frac{\delta}{\sqrt{2}\sigma} = \frac{C\sigma}{\sqrt{2}\sigma} = \frac{C}{\sqrt{2}} \tag{3-8}$$

式中：C 为置信系数；$C\sigma$ 为置信限，$\pm C\sigma$ 为置信区间。

将式（3-8）代入式（3-7），可得表 3.1。

表 3.1　不同置信系数的置信概率表

C	1	1.96	2	2.58	3
P	0.6827	0.95	0.9545	0.99	0.9973

从上述概率积分可得，当一组测得值其标准偏差为 σ 时，对任一测得值的误差 δ 落在 $\pm 1.96\sigma$ 中的概率为 95%，误差 δ 落在 $\pm 3\sigma$ 中的概率为 99.73%，这意味着在 370 次测量中只有一次测量的误差其绝对值超出了 3σ 范围。在通常的测量中，测量次数超过几十次的都很少，因此测量误差大于 3σ 的情况几乎是没有的，所以通常把 3σ 称为单次测量的极限误差。

在实际测量中，真值是未知量，则误差 δ 也无法得知，标准偏差 σ 就无法计算。但是，对同一被测量，经一系列等精度测量以后，有测得值，就可先求得该列测量值的算术平均值，即

$$\overline{X} = \frac{X_1 + X_2 + X_3 + \cdots + X_n}{n} = \frac{\sum_{i=1}^{n} X_i}{n} \tag{3-9}$$

然后计算出各个测量值 x_i 与算术平均值 $\overline{x}$ 之差，并用符号 v_i 表示，称为残余误差或残差。

$$v_i = x_i - \overline{x}$$

可得到贝塞尔公式，即

$$\sigma = \sqrt{\frac{\sum v_i^2}{n-1}} \tag{3-10}$$

它是有限次重复测量条件下，单次测量的总体标准偏差的估计值，称为实验标准差或样本标准差。

对于算术平均值的标准偏差可表示为

$$\sigma_{\overline{x}} = \frac{\sigma}{\sqrt{n}} = \sqrt{\frac{\sum v_i^2}{n(n-1)}} \tag{3-11}$$

3.3 系统误差

在任一测量结果中，一般都含有随机误差和系统误差，为了提高测量系统的准确度，必须设法消除或减小随机误差和系统误差。以上对随机误差的分析表明，随机误差是不可能从测量中消除的，但可以通过多次重复测量，以减小它对测量结果的影响，并可用系统分析的方法估算出它存在的大小范围。对于系统误差，虽然它的存在是固定不变的或按一定规律变化的，但常常不能从测量结果中发现它的存在和认识它的规律，也不可能像对待随机误差那样，用统计分析的方法找出它的存在和影响，因此，对系统误差，只能是具体问题具体分析，在很大程度上取决于测量者的知识水平、经验和技巧。但研究系统误差的性质及其对测量结果的影响可得出一些一般原则，以便了解在存在典型系统误差的情况下，如何去发现和消除它。

3.3.1 系统误差的分类

系统误差按其性质可分为已定系统误差和未定系统误差两大类。

1. 已定系统误差

已定系统误差是指在测量过程中误差出现的数值大小和符号都不变的系统误差。

例如，称量天平的砝码或直接标定荷重传感器的砝码，由于制作好的砝码质量偏差是固定不变的，它会给测量结果带来固定的系统误差。又如，用三等标准测力计来校准力传感器时，室温超过了规定的使用温度（20±5）℃，如果在校准过程中始终保持在 30℃，又没有进行温度修正，这就会出现因环境条件的改变而带来的固定系统误差。

2. 未定系统误差

未定系统误差是指在测量过程中误差的大小或符号是变化不定的，或按一定规律变化的，或按一定变化规律变化的。按其变化规律的不同可分为：

1）线性变化（或累进变化）系统误差

线性变化系统误差是指在测量过程中，随着时间或测量次数的增加，按一定比例不断增大或不断减小的误差。例如，用来测量热电偶输出毫伏值的电位差计，只有当回路的工作电流保持恒定时，所测毫伏值才是正确的。工作电流的大小与电池工作电压有关，而工作电压是随工作时间的增长而逐渐下降的，这就给测量结果带来随时间而变化的线性系统误差。

2）周期性变化的系统误差

周期性变化的系统误差是指系统误差的数值和符号按周期性规律变化。例如，圆盘式仪表中的秒表、百分表、压力表等，由于指针安装与表盘不同心，指针指示读数误差是周期变化的，并具有正弦函数的性质。

3）复杂规律变化的系统误差

这类系统误差不是简单的随时间线性变化或周期性变化，而是比较复杂的变化规律，如按对数曲线或指数曲线变化，或按某种形式的多项式变化等。

3.3.2 系统误差的发现

以上分析了系统误差的存在及其对测量结果的影响，为了消除变化的系统误差的影响，首先要设法发现系统误差的存在,然后再根据不同性质的系统误差采取相应的措施予以消除。因此首要的问题是如何发现系统误差的存在,下面介绍几种一般采用的方法。

1. 残余误差观察法

残余误差观察法是将一系列等精度测量,按测量的先后顺序把测得值及其残差值列表,观察其残差数值及符号的规律变化,若残差数值有规律地递增或递减,并且在测量的开始和结束时符号相反,则可判断该测量列含有线性系统误差;若残差的符号有规律由正变负,再由负变正,或循环交替变化多次,则可判断该测量列含有周期性系统误差。

2. 残余误差核算法

如果在测量过程中出现的随机误差比较大,仍用上述残余误差观察法往往检查不出来系统误差的存在,而用残差核算发比残差观察法灵敏。含有未定系统误差的残余误差为

$$v_{0i} = v_i + (\varepsilon_i - \overline{\varepsilon}) \tag{3-12}$$

若测量列有 n 个残差,将其分为前半组 k 个和后半组 k 个(n 为偶数时, $k = n/2$;n 为奇数时,$k = (n+1)/2$),两者相减得

$$\Delta = \sum_{i=1}^{k} v_{0i} - \sum_{i=k+1}^{k} v_{0i} = \sum_{i=1}^{k} v_i + \sum_{i=1}^{k}(\varepsilon_i - \overline{\varepsilon}) - \sum_{i=k+1}^{k} v_i - \sum_{i=k+1}^{k}(\varepsilon_i - \overline{\varepsilon})$$

当测量次数足够多时有

$$\sum_{i=1}^{k} v_i \approx \sum_{i=k+1}^{k} v_i \approx 0$$

则

$$\Delta = \sum_{i=1}^{k} v_{0i} - \sum_{i=k+1}^{k} v_{0i} \approx \sum_{i=1}^{k}(\varepsilon_i - \overline{\varepsilon}) - \sum_{i=k+1}^{k}(\varepsilon_i - \overline{\varepsilon}) \tag{3-13}$$

式(3-13)表明:前后两部分残差和的差值取决于系统误差,因线性误差前后两组的符号相反,故 Δ 值将随 n 值的增大而增大。因此,用该法判断,若 Δ 值显著不为零,则说明测量列中含有系统误差。

把测量列分为前后数目相同的两组,核算这两组残余误差和之差是否为零,以此来判断该测量列是否有系统误差存在,这种判断方法称为马利可夫判据。它适用于检查测量列中是否有线性系统误差存在。

3. 阿贝-赫梅特判据

如果有等精度测量数据列,按测量先后顺序计算残余误差 $v_1, v_2, \cdots, v_n$,如果存在周期性变化的系统误差,则相邻两个残余误差的差值 $(v_i - v_{i+1})$ 符号也将出现周期性的正负号变化,因此有差值 $(v_i - v_{i+1})$ 可以判断是否存在周期性系统误差。但是这种方法只有当周期性系统误差是整个测量误差的主要成分时,才有实用效果。否则,差值 $(v_i - v_{i+1})$ 符号的变化将主要取决于随机误差,以致不能判断出周期性系统误差。在此情况下,可用阿贝-赫梅特判据进行判断,令

$$u = \left| \sum_{i=1}^{n-1} v_i v_{i+1} \right| = \left| v_1 v_2 + v_2 v_3 + \cdots + v_{n-1} v_n \right|$$

若

$$u > \sqrt{n-1}\sigma^2$$

$$\left|\sum_{i=1}^{n-1} v_i v_{i+1}\right| > \sqrt{n-1}\sigma^2 \tag{3-14}$$

则认为该测量列中含有周期性系统误差。

3.3.3 系统误差的消除

1. 已定系统误差的消除方法

1）代替法

在对未知量进行测量以后，选择与未知量大小适当的可调的已知量重新进行一次测量，若保持测量结果不变，则可认为被测的未知量就等于这个已知量。

例如，用天平秤重物，重物质量 M 应等于天平的砝码质量 m。假定天平两臂不等，即 $l_1 \neq l_2$，则天平所称质量具有固定的系统误差。采用代替法，先测量一次未知物质量，得

$$M_x = \frac{l_1}{l_2}m$$

然后用一标准可调的已知质量来代替未知物质量 M_x，使之达到原先的平衡，如一只标准质量为 M_n，则

$$M_n = \frac{l_1}{l_2}m$$

根据两次测量可得 $M_x = M_n$，即物体质量等于标准质量，这就消除了因天平两臂不等而带来的系统误差。

2）相消法

当我们对测量方法进行适当安排后，可对同一个被测量进行两次读数，使已经固定的系统误差在测量中一次出现为正，另一次出现为负，从而相互抵消。

例如，用螺旋测微仪测量零件长度，由于螺旋测微仪的间隙引起的空行程误差，就可用往返两个方向的两次读数的平均值来消除。

设：没有系统误差的读数为 a，有系统误差的读数为 A，空行程引起的系统误差为 ε_0。第一次测量（正行程）读数为

$$A = a + \varepsilon_0$$

第二次测量（反行程）读数为

$$A' = a - \varepsilon_0$$

两式相加后得

$$A + A' = 2a$$

则

$$a = \frac{A + A'}{2}$$

即正反行程的两次读数的平均值作为测量结果，就可消除这种固定的系统误差。

3）对换法

对换法就是采用交换测量的方法来消除固定的系统误差。例如，用天平秤质量，前面讲的是用代替法消除天平两臂不等而引起的系统误差。也可以采用对换法来消除该系统误差，即在两次测量中交换被测物与砝码的位置，用两次测量的平均值作为被测值，就可消除天平

臂长不等引起的系统误差。

2. 未定系统误差的消除方法

线性系统误差的误差数值随测量时间或测量次数呈线性规律变化，消除这类系统误差的方法是对称测量法。

图 3.2 所示是随随时间按线性规律变化的系统误差示意图。由图可知，在整个测量时间内，t_4 为时间对称的中点，根据误差线性增加的特点，则对称于中点的各对系统误差的算术平均值彼此相等，即

$$\frac{\varepsilon_1 + \varepsilon_7}{2} = \frac{\varepsilon_2 + \varepsilon_6}{2} = \frac{\varepsilon_3 + \varepsilon_5}{2} = \varepsilon_4$$

根据这一特点，可采用对称测量法来消除线性系统误差。

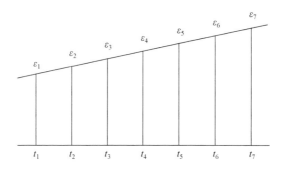

图 3.2 线性变化系统误差

周期性变化系统误差的消除如前所述，周期性变化系统误差的特点是每隔半周期产生的误差大小相等、符号相反，可表示为正弦函数、余弦函数等。

设周期性系统误差规律为

$$\varepsilon = a\sin\varphi$$

当 $\varphi = \varphi_1$ 时，有

$$\varepsilon = a\sin\varphi_1$$

因周期性系统误差 ε 的变化周期为 2π，故当 $\varphi = \varphi_1 + \pi$ 时，则有

$$\varepsilon_2 = a\sin(\varphi_1 + \pi) = -a\sin\varphi_1$$

取 ε_1 和 ε_2 的算术平均值，可得

$$\overline{\varepsilon} = \frac{\varepsilon_1 + \varepsilon_2}{2} = 0$$

从上式可知，对于周期性变化的系统误差，只要取相隔半周期的两次测量值，然后取平均值为测量结果，即可消除。

3.3.4 系统误差已消除的准则

无论采取何种方法，都不可能完全消除系统误差，实际上只能说把系统误差减弱到某种程度，使残余的系统误差对测量结果的影响小到可以忽略不计。在这种情况下，我们就认为已消除了系统误差。

系统误差已消除的准则是：若系统误差或残余系统误差的代数和的绝对值不超出测量结果总误差绝对值最后一位有效数字的一半，就认为系统误差已消除。

测量结果的总误差一般只用一位或两位有效数字来表示，因此可用公式来表述上述准则。设测量结果总误差绝对值为 $|\Delta_x|$，残余系统误差的代数和为 ε_x。

当用两位有效数字表示时有

$$|\varepsilon_x| < \frac{1}{2} \times \frac{|\Delta_x|}{100} = 0.005|\Delta_x| \tag{3-15}$$

当用一位有效数字表示时有

$$|\varepsilon_x| < \frac{1}{2} \times \frac{|\Delta_x|}{10} = 0.05|\Delta_x| \tag{3-16}$$

凡满足上述条件者，就认为其系统误差已消除对测量结果的影响。

3.4 误差传递

前面讨论的是直接测量的有关问题，直接测量的测量误差就是被测量的误差。但在某些情况下，直接测量有困难或无法进行，必须通过测量其他一些量并按一定公式计算而得到需要的被测量，也就是需要的被测量与直接所测得量具有一定的函数关系。例如，要测量圆柱体的体积 V 可通过直接测量圆柱体的直径 D 和高度 H，然后依据公式 $V = \pi D^2 H / 4$ 计算而得，对于体积 V 来说，就是间接测量。

间接测量的测量误差是各个直接测量误差的函数，如要获得上述圆柱体体积 V 的误差 Δ_V（或 σ_V），可通过直接测量直径的误差 Δ_D（或 σ_D）和高度的误差 Δ_H（或 σ_H）按一定的公式计算而得。直接测量的误差以何种形式传递给被测量的误差，这就是误差传递要解决的问题。

设各直接测量参数为 $x_1, x_2, x_3, \cdots x_m$，间接测量值为 y，二者间的函数关系为

$$y = f(x_1, x_2, x_3, \cdots, x_m) \tag{3-17}$$

若各直接测量参数的误差为 $\Delta_{x_1}, \Delta_{x_2}, \Delta_{x_3}, \cdots, \Delta_{x_m}$，间接测量值的误差为 Δ_y，则有

$$y + \Delta_y = f(x_1 + \Delta_{x_1}, x_2 + \Delta_{x_2}, \cdots, x_m + \Delta_{x_m}) \tag{3-18}$$

将式（3-18）等号右边按台劳级数展开得

$$f(x_1 + \Delta_{x_1}, x_2 + \Delta_{x_2}, \cdots, x_m + \Delta_{x_m}) = f(x_1, x_2, x_3, \cdots, x_m) + \frac{\partial f}{\partial x_1} \Delta_{x_1} + \frac{\partial f}{\partial x_2} \Delta_{x_2}$$

$$+ \cdots + \frac{\partial f}{\partial x_m} \Delta_{x_m} + \frac{1}{2} \frac{\partial^2 f}{\partial x_1^2} \Delta_{x_1}^2 + \frac{1}{2} \frac{\partial^2 f}{\partial x_2^2} \Delta_{x_2}^2 + \cdots + \frac{1}{2} \frac{\partial^2 f}{\partial x_1 \partial x_2} \Delta_{x_1 x_2} + \cdots$$

略去上式二阶以上的高阶微量后得

$$y + \Delta_y = f(x_1, x_2, x_3, \cdots, x_m) + \frac{\partial f}{\partial x_1} \Delta_{x_1} + \frac{\partial f}{\partial x_2} \Delta_{x_2} + \cdots + \frac{\partial f}{\partial x_m} \Delta_{x_m}$$

由式（3-17）可得

$$\Delta_y = \frac{\partial f}{\partial x_1} \Delta_{x_1} + \frac{\partial f}{\partial x_2} \Delta_{x_2} + \cdots + \frac{\partial f}{\partial x_m} \Delta_{x_m} \tag{3-19}$$

式（3-19）就是间接测量误差传递的一般表达式，式中的 $\partial f / \partial x_1$ 称为各直接测量误差的传递系数。

设对 m 个直接测量参数都进行了 n 次测量，可得到相应的随机误差为 $\delta x_{1i}, \delta x_{2i}, \cdots,$

δx_{mi} (i=1-n)，可得 y 的随机误差为

$$\begin{cases} \delta_{y1} = \dfrac{\partial f}{\partial x_1}\delta_{11} + \dfrac{\partial f}{\partial x_2}\delta_{21} + \cdots + \dfrac{\partial f}{\partial x_m}\delta_{m1} \\ \delta_{y2} = \dfrac{\partial f}{\partial x_1}\delta_{12} + \dfrac{\partial f}{\partial x_2}\delta_{22} + \cdots + \dfrac{\partial f}{\partial x_m}\delta_{m2} \\ \vdots \end{cases} \quad (3\text{-}20)$$

将方程组（3-20）各式平方后相加得

$$\sum_{i=1}^{n}\delta_{yi}^2 = \left(\frac{\partial f}{\partial x_1}\right)^2 \sum_{i=1}^{n}\delta_{1i}^2 + \left(\frac{\partial f}{\partial x_2}\right)^2 \sum_{i=1}^{n}\delta_{2i}^2 + \cdots + \left(\frac{\partial f}{\partial x_m}\right)^2 \sum_{i=1}^{n}\delta_{xmi}^2 + 2\sum_{k=1}^{n}\sum_{j\neq i=1}^{n}\left(\frac{\partial f}{\partial x_j}\times\frac{\partial f}{\partial x_i}\delta_{jk}\delta_{ik}\right)$$

将上式各项除以 n 得

$$\frac{\sum_{i=1}^{n}\delta_{yi}^2}{n} = \left(\frac{\partial f}{\partial x_1}\right)^2 \frac{\sum_{i=1}^{n}\delta_{1i}^2}{n} + \left(\frac{\partial f}{\partial x_2}\right)^2 \frac{\sum_{i=1}^{n}\delta_{2i}^2}{n} + \cdots + \left(\frac{\partial f}{\partial x_m}\right)^2 \sum_{i=1}^{n}\frac{\delta_{xmi}^2}{n} + 2\sum_{k=1}^{n}\sum_{j\neq i=1}^{n}\left(\frac{\partial f}{\partial x_j}\times\frac{\partial f}{\partial x_i}\times\frac{\delta_{jk}\delta_{ik}}{n}\right)$$

若直接测量参数间的随机误差相互独立，并根据随机误差的对称性，则上式中有

$$\sum_{k=1}^{n}\frac{\delta_{jk}\delta_{ik}}{n} = 0$$

则

$$\frac{\sum_{i=1}^{n}\delta_{yi}^2}{n} = \left(\frac{\partial f}{\partial x_1}\right)^2 \frac{\sum_{i=1}^{n}\delta_{1i}^2}{n} + \left(\frac{\partial f}{\partial x_2}\right)^2 \frac{\sum_{i=1}^{n}\delta_{2i}^2}{n} + \cdots + \left(\frac{\partial f}{\partial x_m}\right)^2 \sum_{i=1}^{n}\frac{\delta_{xmi}^2}{n}$$

由式（3-4）可得

$$\sigma_y = \sqrt{\left(\frac{\partial f}{\partial x_1}\right)^2 \sigma_{x1}^2 + \left(\frac{\partial f}{\partial x_2}\right)^2 \sigma_{x2}^2 + \cdots + \left(\frac{\partial f}{\partial x_m}\right)^2 \sigma_{xm}^2} \quad (3\text{-}21)$$

3.5 测量数据处理方法

通过测量获得一系列数据，如何对这些数据进行深入的分析，以便得到各参数之间的关系，甚至用数学解析的方法，导出各参量之间的函数关系，这就是数据处理的任务。把测量数据处理成一定的函数关系，通常采用的方法有表格法、图示法和经验公式法。

1．表格法

表格法就是把一组实验数据中的自变量和因变量的数值的对应关系依一定顺序用表格的形式列出。用表格法来表示实验数据的优点是：表格简单容易编制，易于对数据进行参考比较，形式紧凑，同一表格可以表示几个变量的变化情况。表格法的缺点是：不够形象，数据是离散的，不便于进一步分析计算。

列表时一般应注意以下几点：①表的名称应当简明扼要，充分反映表的内容。②表内各项应写明名称（尽量用符号表示，以求简明）、单位，如果某一项是通过前面的项目计算而得，可以在项目栏里标出计算公式。③列表时，一般自变量取等间距，间距大小应适当，充分反映变化规律。如果因变量的变化不均匀，在自变量数值小时变化平缓，而自变量数值大时变化急剧（或者相反），也可以在不同数值的自变量区间内取不同的间距。④列表的数据

应遵从有效数字规则。⑤表内没有说清的问题，可以在表后加附注说明。

在实验报告中，表格法的使用极为广泛。由于其简洁便于核查，实验数据处理的一些中间计算过程，通常也采用列表的形式来表示。

2．图示法

实验结果的图示法就是在坐标系中将实验数据用图形（曲线或面积等）的形式表示出来。这种表示方法简明、直观、便于比较，可以非常直观地看出函数的变化规律（递增或递减，极值点等），但是不适宜做进一步的数学分析。

绘制测量数据的曲线时，应以横坐标为自变量，纵坐标为与其对应的函数值，将各测量数据点描绘成曲线时，应该使曲线通过尽可能多的数据点、曲线以外的数据点尽量接近曲线，两侧的数据点数目大致相等，最后得到的应是一条平滑的曲线。

曲线是否反映出函数关系，在很大程度上取决于图形比例尺的选取，即决定于坐标的分度是否适当。坐标的分度是指沿横轴和纵轴规定每根坐标线（坐标刻度）所代表的变量的数值。分度值不一定从零开始，应尽量使曲线占满整个图幅。

坐标的分度不应过细，也不应过粗。应以能正确地判断曲线的大致走向为宜。通过下面例子来说明这个问题。表 3.2 所示为实验测量获得一组数据。将表中所列数据绘制成图，可得两种情况，如图 3.3 所示。

表 3.2　实验测量数据表

x	1.0	2.0	3.0	4.0
y	8.0	8.2	8.3	8.0

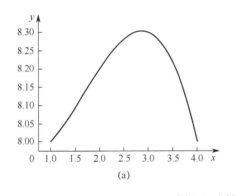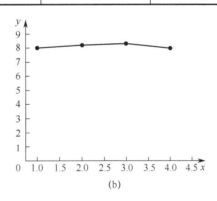

图 3.3　测量数据图示法

(a) 分度过细；(b) 分度过粗。

从图 3.3 中可以看出，对同样的实验数据，在绘制图形时，由于坐标的分度不同，所得曲线的形状完全不同。这是两个极端情况，一个分度过细，一个分度过粗，都是不适当的。

对于数据点的标记，因测量数据都有误差，在绘制数据实验曲线时应有所反映。在绘数据点时，常用正方形、矩形或圆形表示，它们的中心为测量数据的算术平均值，而正方形、矩形的边长或圆的半径则是各测量数据点的误差。

另外，绘制实验曲线常采用线性坐标。针对不同的实验数据，还可以采用半对数坐标和双对数坐标。

3. 经验公式法

测量数据时不仅可用图形表示出函数之间的关系，而且可用与图形对应的一个公式来表示所有的测量数据，当然这个公式不可能完全准确地表达全部数据，因此，常把与曲线对应的公式称为经验公式。把全部测量数据用一个公式来表示，它的优点不仅紧凑扼要，而且可以对公式进行必要的数学运算，以研究各自变量与函数之间的关系。

根据一系列测量数据，如何建立公式，建立什么形式的公式，这就是我们需要解决的问题。建立的公式要能正确表达测量数据的函数关系，这在很大程度上取决于测量人员的经验和判断能力，有时还要经过多次反复才能得到与测量数据接近的公式。

建立经验公式的步骤大致可归纳如下。

（1）描绘曲线，将测量数据以自变量为横坐标，以函数为纵坐标描绘在坐标纸上，并把数据点描绘成测量曲线。

（2）对所描绘的曲线进行分析，确定公式的基本形式。

如果数据点描绘的基本上是直线，则可用一元线性回归方法确定直线方程。

如果数据点描绘的是曲线，则要根据曲线的特点判断曲线属于何种类型。对选取的曲线则按一元非线性回归方法处理。

如果测量曲线很难判断属何种类型，则可按多项式回归处理。

（3）确定公式中的常量。代表测量数据的直线方程或经曲线化直后的直线方程表达式为 $y = a_0 + a_1 x$，可根据一系列测量数据确定方程中的常量 a_0 和 a_1。

（4）检验所确定的公式的准确性，用测量数据中自变量值代入公式计算出函数值，看它与实验测量值是否一致，如果差别很大，说明所确定的公式基本形式可能有错误，则应建立另外形式的公式。

3.6 一元线性与非线性回归

若两个变量 x 和 y 之间存在一定的关系，并通过测量获得 x 和 y 的一系列数据，用数学处理的方法得出这两个变量之间的关系式，这就是工程上所说的拟合问题。这也是回归分析的内容之一。所得关系式称为经验公式，或称拟合方程。

如果两变量之间的关系是线性关系，就称为直线拟合或一元线性回归。如果变量之间的关系是非线性关系，则称为曲线拟合或一元非线性回归。对于典型的曲线方程通过曲线化直法转换为直线方程，接下来还是直线拟合问题。

3.6.1 直线拟合——一元线性回归

设两变量之间的关系为 $y = f(x)$，并有一系列测量数据为

$$x_1, x_2, x_3, \cdots, x_n$$
$$y_1, y_2, y_3, \cdots, y_n$$

若上列测量数据相互间基本上是线性关系，则可用一个线性方程来表示，即

$$y = a_0 + a_1 x \tag{3-22}$$

式（3-22）直线方程就称为上述测量数据的拟合方程。所谓直线拟合，实际上就是根据一系列测量数据通过数学处理确定相应的直线方程，更确切地说是要求得直线方程中的两个

常量 a_0 和 a_1。拟合方法通常有以下几种。

1. 端值法

将上述测量数据中的两个端点值，即起点和终点测量值 (x_1, y_1) 和 (x_n, y_n) 代入式（3-22）求常数 a_0 和 a_1，也就是用两个端点连成的直线来代表所有测量数据，代入式（3-22）后得

$$y_1 = a_0 + a_1 x_1$$
$$y_n = a_0 + a_1 x_n$$

解得

$$a_1 = \frac{y_n - y_1}{x_n - x_1} \tag{3-23}$$

$$a_0 = y_n - a_1 x_n \tag{3-24}$$

将所求得的 a_0 和 a_1 代入式（3-22），即得用端值法拟合的线性方程。

2. 平均法

将全部测量数据分别代入 $y = a_0 + a_1 x_n$ 中，得

$$\begin{cases} y_1 = a_0 + a_1 x_1 \\ y_2 = a_0 + a_1 x_2 \\ \vdots \\ y_n = a_0 + a_1 x_n \end{cases}$$

然后将上面 n 个方程分成两组，前半组 k 个和后半组 k 个，即 n 为偶数时，$k=n/2$；n 为奇数时，$k_1=(n+1)/2$，$k_2=(n-1)/2$，分别相加后得

$$\sum_{i=1}^{k} y_i = ka_0 + a_1 \sum_{i=1}^{k} x_i$$

$$\sum_{i=k+1}^{n} y_i = ka_0 + a_1 \sum_{i=k+1}^{n} x_i$$

变换形式后得

$$\frac{\sum_{i=1}^{k} y_i}{k} = ka_0 + a_1 \frac{\sum_{i=1}^{k} x_i}{k}$$

$$\frac{\sum_{i=k+1}^{n} y_i}{k} = ka_0 + a_1 \frac{\sum_{i=k+1}^{n} x_i}{k}$$

令

$$\bar{y}_{k1} = \frac{\sum_{i=1}^{k} y_i}{k}, \quad \bar{x}_{k1} = \frac{\sum_{i=1}^{k} x_i}{k}$$

$$\bar{y}_{k2} = \frac{\sum_{i=k+1}^{n} y_i}{k}, \quad \bar{x}_{k2} = \frac{\sum_{i=k+1}^{n} x_i}{k}$$

$$\begin{cases} \bar{y}_{k1} = a_0 + a_1 \bar{x}_{k1} \\ \bar{y}_{k2} = a_0 + a_1 \bar{x}_{k2} \end{cases} \tag{3-25}$$

对式（3-25）联立求解得

$$a_1 = \frac{\overline{y}_{k2} - \overline{y}_{k1}}{\overline{x}_{k2} - \overline{x}_{k1}} \tag{3-26}$$

$$a_0 = \overline{y}_{k1} - a_1 \overline{x}_{k1} \tag{3-27}$$

将式（3-26）和式（3-27）代入式（3-22）即得用平均法拟合的线性方程。

从以上计算可以看出，平均法就是将全部测量数据分成前后两组，分别计算各组的平均值，所得（$\overline{y}_{k1}$, $\overline{x}_{k1}$）和（$\overline{y}_{k2}$, $\overline{x}_{k2}$）称为各组测量点的"点系中心"，这两个点系中心连成的直线方程，即为用平均法拟合的线性方程。

3．最小二乘法

最小二乘法在误差理论中的基本含义是：在具有等精度的多次测量中，求最可靠（最可信赖）值时，是当各测量值的残差平方和为最小时所求得的值。

根据上述原理，对测量数据的最小二乘法线性拟合时，是把所有测量数据点都标在坐标图上，用最小二乘法拟合的直线，其各数据点与拟合直线之间的残差平方和为最小。用教学表达式可写为

$$\sum_{i=1}^{n} v_i^2 = \min \tag{3-28}$$

最小二乘法的几何意义如图 3.4 所示。图中实心圆点代表测量数据点，实线为最小二乘法拟合的直线，实心圆点与拟合直线之间在 y 方向的距离代表残差。根据式（3-28）和最小二乘法拟合原理，图形中以残差为边长的各个正方形面积的总和应为最小。反之，用其他方法拟合的直线所得面积总和都会比它大。

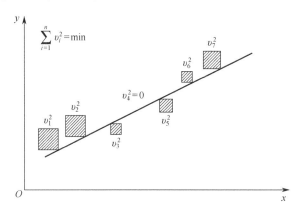

图 3.4 最小二乘法的几何意义

对线性方程 $y = a_0 + a_1 x$，按式（3-28）残差平方和为最小，根据所有测量数据可得

$$u = \sum [y_i + (a_0 + a_1 x_i)]^2 = \min \tag{3-29}$$

将式（3-29）分别对 a_0 和 a_1 取偏导数得

$$\frac{\partial u}{\partial a_0} = -2(y_1 - a_0 - a_1 x_1) - 2(y_2 - a_0 - a_1 x_2) - \cdots - 2(y_n - a_0 - a_1 x_n)$$

$$\frac{\partial u}{\partial a_1} = -2x_1(y_1 - a_0 - a_1 x_1) - 2x_2(y_2 - a_0 - a_1 x_2) - \cdots - 2x_n(y_n - a_0 - a_1 x_n)$$

为了满足式（3-29），其必要条件是

$$\frac{\partial u}{\partial a_0} = 0, \quad \frac{\partial u}{\partial a_1} = 0$$

则有

$$2(y_1 - a_0 - a_1 x_1) + 2(y_2 - a_0 - a_1 x_2) + \cdots + 2(y_n - a_0 - a_1 x_n) = 0$$
$$2x_1(y_1 - a_0 - a_1 x_1) + 2x_2(y_2 - a_0 - a_1 x_2) + \cdots + 2x_n(y_n - a_0 - a_1 x_n) = 0$$

整理后得

$$\begin{aligned} na_0 + \left(\sum x_i\right)a_1 &= \sum y_i \\ \left(\sum x_i\right)a_0 + \left(\sum x_i^2\right)a_1 &= \sum x_i y_i \end{aligned} \quad (3\text{-}30)$$

式（3-30）称为正规方程组，联立求解得

$$a_0 = \frac{\sum y_i \sum x_i^2 - \sum x_i \sum x_i y_i}{n \sum x_i^2 - \left(\sum x_i\right)^2} \quad (3\text{-}31)$$

$$a_1 = \frac{n \sum x_i y_i - \sum x_i \sum y_i}{n \sum x_i^2 - \left(\sum x_i\right)^2} \quad (3\text{-}32)$$

将式（3-31）和式（3-32）代入式（3-22）即得用最小二乘法拟合的线性方程。

对以上三种方法所拟合的线性方程与测量数据之间的偏差，是用拟合方程的精密度（即拟合方程的标准偏差）来衡量，根据贝塞尔公式其标准偏差为

$$\sigma = \sqrt{\frac{\sum v_i^2}{n-m}} \quad (3\text{-}33)$$

式中：m 为拟合方程未知量的个数，对于直线方程 $m=2$。

3.6.2 曲线拟合 —— 一元非线性回归

在实际问题中，两个变量之间的关系除一般常见的线性关系外，有时也呈现非线性关系，即两变量之间是某种曲线关系。对这种非线性的回归即曲线的拟合问题，可根据前面已经讲过的原则来处理，这里再简要给出一般处理的方法步骤。

（1）根据测量数据 (x_i, y_i) 绘制图形。

（2）由绘制的曲线分析确定其属于何种函数类型。图 3.5 给出了几种常用的数学曲线。这些曲线通过坐标变换很容易转化为直线。

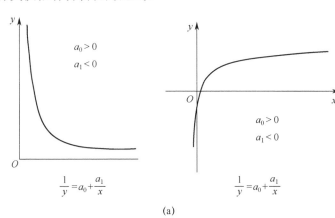

(a)

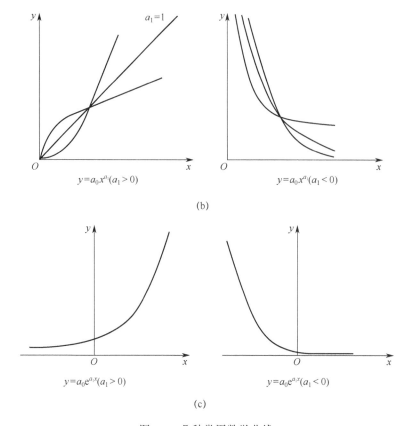

图 3.5 几种常用数学曲线

(a) 双曲线形式；(b) 幂函数形式；(c) 指数形式。

如果是图 3.5(a) 所示的双曲线形式 $\dfrac{1}{y} = a_0 + \dfrac{a_1}{x}$，变换坐标时令 $y' = \dfrac{1}{y}$，$x' = \dfrac{1}{x}$，即取 $\dfrac{1}{y}$ 为纵坐标，$\dfrac{1}{x}$ 为横坐标，曲线就变成直线，所得线性方程为 $y' = a_0 + a_1 x'$。

如果是图 3.5(b) 所示的幂函数形式 $y = a_0 x^{a_1}$，对等号两边取对数后可得 $\log y = \log a_0 + a_1 \log x$，令 $y' = \log y$，$x' = \log x$，$a_0' = \log a_0$，坐标变换为 $(\log y, \log x)$，所得线性方程为 $y' = a_0' + a_1 x'$。

如果是图 3.5(c) 所示的指数形式 $y = a_0 e^{a_1 x}$，则对等号两边取自然对数，可得 $\ln y = \ln a_0 + a_1 x$，令 $y' = \ln y$，$a_0' = \ln a_0$，坐标变换为 $(\ln y, x)$，则得线性方程为 $y' = a_0' + a_1 x$。

其他形式的曲线也可按类似的办法变为直线。

(3) 将已确定的函数类型变换坐标，使曲线方程变为直线方程，称为曲线化直。

(4) 根据变换后的直线方程，采用某种拟合方法确定直线方程中的未知量。

(5) 求得直线方程的未知量后，将该直线方程反变换为原先的曲线方程，即为最后所得的与曲线图形对应的曲线方程式。

思考题

1. 说明随机误差与系统误差的性质，及其对测量结果的影响。

2．简述误差的分类。

3．某种变压器油的黏度 y 随温度 x 升高而降低，经测量不同温度下的黏度值数据如表 3.3 所列，试求黏度 y 与温度 x 之间的经验公式。

表 3.3　变压器油黏度随温度变化数据

x	10	15	20	25	30	35	40	45	50	55	60	65	70	75	80
y	4.24	3.51	2.92	2.52	2.20	2.00	1.81	1.70	1.60	1.50	1.43	1.37	1.32	1.29	1.25

4．对量程为 10MPa 的压力传感器，用活塞式压力计进行校准，输出由数字电压表读数，共进行 5 次加压、卸压循环，所得各校准点输出值及平均值列于表 3.4 中。试拟合线性方程 $y = a_0 + a_1 x$，并计算压力传感器的非线性误差。

表 3.4　静态标定数据表

压力 x_i/MPa	输出/mV	正行程	反行程
2	1	10.1	10.5
2	2	10.4	10.6
2	3	10.5	10.9
4	1	20.5	21.0
4	2	20.5	21.2
4	3	20.0	21.0
6	1	31.4	32.6
6	2	31.9	32.3
6	3	31.7	32.1
8	1	40.7	41.7
8	2	41.1	41.5
8	3	41.3	41.5
10	1	52.3	
10	2	52.8	
10	3	52.4	

第4章 探 极 法

探极法，也称为探针法（probe），包括电探针和光纤探头两类。本章主要介绍电探针类型、结构和功能，脉冲形成网络以及光纤探头测试系统的配置与应用。

4.1 概　　述

电探针是爆炸测试过程中使用较多的一种探测器，它结构简单、响应速度快、使用可靠、成本较低。尽管这种方法已有很长的应用历史，但由于它具备上述诸多优点，特别是现在使用的同轴探针技术，使测试时间分辨率不超过几纳秒，其他电探极的测试精度和时间响应也在不断提高，因此，这种方法仍具有广泛的应用前景。

国外很早就利用电探针方法进行冲击波参数的测量，如 Roberts 和 Nedzed 在 1945 年就用电探针方法测量了钢中的冲击波速度和自由表面速度。1955 年，S. Minshall 利用光杆型电探针测量钢中的弹性波和塑性波波速。1965 年，Richard J. Dick 等人设计了盖帽式电探针，通过对盖帽和绝缘膜的进一步改造，发展成西格玛同轴镀膜探针。这种探针可以在零超压附近的条件下工作，接通时间小于 5ns。1971 年，T. T. Cole 等人将半导体硒作为绝缘膜的镀层材料，研制成硒亚纳秒脉冲开关，进一步改善了探针的上升前沿，使其导通时间小于 1ns，因为硒的导电性突变压力为 12.8 万标准大气压（12.8GPa），因此这种探针只能工作在高于此压力的条件下。电探针作为一种简单而行之有效的测试元件，始终在不停地发展，近代的同轴探针技术，其时间分辨率不超过几纳秒，高密集度的小型组合探针技术进一步提高了实验精度及效率。电探针常用于凝聚炸药的爆轰波速度、自由表面速度、固体介质中的冲击波速度、飞片速度、发射和抛体运动速度等的动态测量。在快速燃烧阵面速度和飞片速度等的测量中，采用光电测速探头是有利于提高测试系统的可靠性和精度的。

电探针由两个电极组成，这两个电极要么接通，要么断开，借助外电路，在电极接通或断开的同时，产生一个突变的阶跃电压，形成计时信号。当电探针被放置在爆炸反应区内，爆炸产生的物理效应使两电极导通或断开，从而驱动相应的脉冲形成网络输出阶跃脉冲信号。随着爆炸过程的进行，电探针自身被毁坏，无法重复使用。

常用的电子开关从开关特性上分为常开和常闭两种状态，电探针也具有类似的特点。从工作模式分类，一种是由断到通的电极，被称为通靶；另一种是由通到断的电极，称为断靶。在实际中，往往把高速断通（ns）的靶称为电探针，而把断靶（ms）或快速接通（μs）的靶称为靶线、靶网或靶板等。由于这些探测器都是由电极组成，因此也可以把它们称为电探极。

电探针是一次性使用器件，它把感受到的非电量转换成探极的接通或断开，使脉冲形成网络产生一个脉冲电信号，通过传输线送到计时仪或示波器作为启动或停止计时信号。多个电探针可以组合使用，其对应的脉冲形成网络和计时仪也应选择多路通道。

探极法主要用于测量爆炸过程中的时间、速度、加速度等重要参数，也常被当作触发和同步元件使用。如测量固体介质中的冲击波速度，自由表面速度，飞片和抛体速度，粒子速度，各种做功元件的作用时间，延期器件的延迟时间，多点起爆、传爆的同步性，弹丸的初速和弹道上某些点的速度，火工品作用的同步性，燃烧转爆轰的时间和过程等。

4.2 电探针测试原理

炸药、可燃气体或粉尘的爆炸，属于化学爆炸。化学爆炸是通过化学反应将物质内部潜在的化学能，在极短的时间内迅速释放出来，转变为强压缩能，使爆炸产物处于高温、高压状态。炸药爆炸瞬间释放出的巨大能量，其中绝大部分转变成强光光能、高温热能、冲击波及爆炸产物飞速扩散的动能。还有一部分转换成电磁能，电离了爆炸产物与周围空气分子，并将电离向四周扩散推进。炸药药量越大，爆炸释放的电磁能量越高，形成的电离区域也越大。

从爆轰本质上讲，爆轰波是后面带有一个高速化学反应区的强冲击波，在化学反应区和爆炸产物区，产生大量的正离子与电子的混合物。电离不仅由化学反应产生，也可能由物理碰撞或火焰等引起。爆轰产物重新组合形成 CO_2、H_2O、CO、N_2、O_2、C、CH_4、NH_3 等产物。炸药分子和气体分子以原子、分子、基团、离子、电子等多种状态存在，瞬时情况比较复杂。一般在放电、燃烧、爆轰等作用过程中，由于物质分子热运动加剧，相互间的碰撞就会使气体分子产生电离，电离程度与温度、元素种类和炸药药量密切相关。

如果在爆轰区域内放两根靠得很近的金属片或金属丝，通过导线在金属电极两端加上电压，如图 4.1 中的电探针 a，它表示通靶。由于爆轰瞬间释放出强大的电磁能，电离爆炸产物和周围的气体，使金属电极之间短路，所以在电探针引线连接的电路中形成电流。电探针 b 是一根细金属导线，它表示断靶，其初始状态导线中有电流流动。当爆轰波作用在断靶上，使其受到机械性断裂和毁坏，即拉抻或剪切，由导通至断开，切断原电路电流。图 4.1 中 C-J 面是指柴普曼-柔格平面，C-J 面左边是爆炸产物区。D 为爆轰波的传播速度，箭头指明传播方向。在测爆速时，往往采用多组同类型的电探针安装在沿被测物传爆方向的各个位置，以求得到不同空间的时间参数。

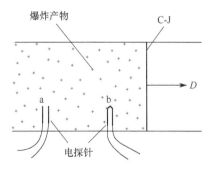

图 4.1　电探针在爆炸区内示意图

引起电探针接通或断开的原因很多，其机理是相当复杂的，可能是一种因素起主导作用，其他因素按时间分布分别对电探针施加影响，也可能是几种因素同时作用在电极上，对其产生综合影响。由于烟火药和炸药燃烧爆炸产生的效应有多种形式，到目前为止，究竟哪种效应使探针以哪种方式接通尚没有定论。但根据国外资料和实验结果分析，电探极导通大致有这样几种原因：①气体或爆炸产物电离引起两电极导通。②两电极间的绝缘介质在高压下变成导体或半导体，使介质的电导率突变。③在强冲击作用下降低了两电极间的绝缘强度，导致电压放电击穿。④冲击作用使两电极机械接触或脱离。在爆燃、爆轰作用过程中，由于爆轰和燃烧波阵面是一个高温高压反应区，在这一区域内存在着复杂的物理、化学效应，如热和光的辐射、高压作用和药剂快速分解等，使得处于这一区域的燃烧爆炸产物以极快的速度电离，因而国内外一种普遍的观点认为电探针是通过爆轰波或燃烧波中的离子导电接通的。当探针处在低燃速区时，由于燃烧反应缓慢，燃烧火焰温度低，使得燃烧产物电离不明显，离子态物质很少，电探针电极间阻抗过大，使测试回路无法正常导通，因此回路输出端也不会产生脉冲电压信号。

断靶（靶线等）信号产生的机理不同于电探针。电离、电压击穿对靶线无明显作用，这一点从采样时间上可以证实，因为电离引起电探针动作的时间为几或几十纳秒，而靶线断裂的时间是几百微秒或几毫秒。靶线在爆轰区的作用机理是机械拉抻和剪切造成金属断裂，所需的时间远大于电离时间，多用于低爆速测量。靶网和靶板适合测量弹丸的飞行速度，在外弹道上，弹丸运动速度一般在 200～1800m/s。电探针的作用机理是在多种物理因素的影响下，使电探针的开关状态处于不同的切换方式，从而完成了信号的采集。

常用的电探极测试系统原理框图如图 4.2 所示。通靶电探针一般直接安装在爆炸物的表面或内部，由于测量的爆轰波速度在 10^3～10^4m/s，因此要求电探针、脉冲形成网络和示波器等要具备响应速度快、工作频率高、动态特性好等特点。如果测试对象冲击和运动速度在 10^2～10^3m/s，测试系统对脉冲形成网络和示波器等的指标要求可以适当放宽。传输线在爆炸测试过程中对信号影响较大，因此必须进行很好的屏蔽，尽量采用 50Ω 同轴电缆线并控制传输线的长度。

图 4.2　电探极测试系统原理框图

多组电探针通过传输线与脉冲形成网络连接，电探针的电流和电压取自脉冲形成网络，脉冲形成网络把电探针的开关量转换成脉冲电压送给示波器或计时仪，示波器显示脉冲形成网络的时间波形，计时仪直接给出电探针间的时间差值。

电探针的响应时间（开关时间）与电极材料特性、结构、尺寸和间距等有密切关系。我们把有效冲击到达电探针所在位置，直到探针的内阻减小至与脉冲形成网络的输入阻抗同量级时称为通靶探针的导通时间，或开关时间。把有效冲击到达电探极所在位置，直到电探针的内阻增加至高于脉冲网络输入阻抗数量级时称为断开时间。

电探针连接在计时仪测速系统中，如果只用一个电探极，这个电探针给出的必须是停止计时信号；计时仪还需要有一个启动计时信号，这个信号可通过其他电路给出。如果使用多个电探针时，其中至少有一个用于启动仪器开始计时，其他的用于中止仪器停止计时。当电探针和数字存储示波器连用时，触发和停止计时信号可以出现在示波器屏幕上，通过提取两个脉冲信号间的时间间隔，获得时基参数。

电探针在爆炸和冲击过程测试中经常被作为触发元件使用，如爆炸光源同步触发、爆压测量触发等，这是因为电探针具有响应速度快、使用可靠、成本低等优点。

4.3 电探针种类与结构

4.3.1 电探针结构

通靶电探针结构简单,响应速度快,使用可靠,成本较低。从设计结构上分为杆式、丝式和箔式等类型。

1. 杆式电探针

杆式电探针主要包括光杆探针、盖帽探针、同轴探针和组合探针,如图 4.3 所示。光杆探针的头部做成半球形,一方面是保证绝缘膜在安装过程中不被破坏,另一方面保证导通条件基本相同。图 4.3(a)所示的探针后部用螺纹和支架配合,用以调整电探针与炸药试件接触的程度;在炸药和探针接触面上贴一层绝缘膜,使二者电隔离;探针和炸药各为一个电极,当爆炸过程进行时,绝缘膜击穿,探针与炸药之间很快接通,形成导电回路,产生脉冲信号。光杆电探针只能用在导电炸药的激波速度和自由表面速度等的测量中。由于光杆探针引线的电感量比较大,因此开关时间会略长一些。图 4.3(b)所示也是一种光杆探针,它和图 4.3(a)所示探针的工作原理类似,区别在于两电极间的绝缘膜是涂在光杆探针的外部。绝缘膜是一种高强度漆膜,能够抵挡较强的空气激波,在自由表面速度测量中,可以防止过早被电离的气体导通出现伪信号。探针安装在铜箔板的通孔内,探针和铜箔焊接在一起,作为一个电极,另一个电极仍然是炸药试件本身。这种探针结构简单,体积小,调整方便。

电探针与试样的间距、多个探针安装的一致性等是影响时间测量精度的重要因素。探针和导电炸药可以相互紧压在一起,也可以保持一定的间隙,但间距不能太大,以免造成开关接触不良和不导通现象。比较容易控制装配应力的方法是采用接触式,通过调节螺纹或选择定位台阶保证探针与炸药间的接触应力。当使用多个电探针测量同种爆炸参数时,要注意探针加工结构和安装的一致性,以免因为实验条件的差异,造成测试误差。

由于探针和试样各为一个电极,因此光杆探针法只适用于导电材料冲击波速度和自由表面速度的测量,而不能用于非导电介质的测量。对于非导电炸药等,可采用双电极的探针进行实验。

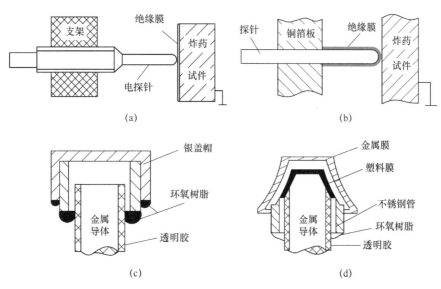

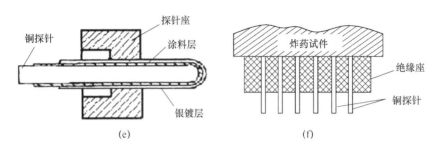

图 4.3 4 种杆式电探针的结构

(a)、(b) 光杆探针；(c)、(d) 盖帽探针；(e) 同轴探针；(f) 组合探针。

图 4.3（c）、图 4.3（d）所示是两种盖帽式通靶电探针，可以测量非导电介质的时间参数。图 4.3（c）所示是顶部加银盖帽的电探针，图 4.3（d）所示是常用的西格玛探针。它们的特点是在一个电极的顶端加上金属"帽子"，构成第二个电极。这类电探针适合于测量非导电介质的冲击波速度和自由表面速度，对测量导电介质的爆炸参数，需注意探针电极间的短路。图中的银盖帽和金属膜是由很薄的金属制成，它代替了光杆探针中导电炸药的作用，组成一个电极。另一个电极仍由位于中心的杆式导体组成。图 4.3（c）所示两电极之间顶部由空气隔开，四周用透明胶涂覆，并用环氧树脂胶把两电极的相对位置固定好，以免造成短路或影响电探针的测试性能。图 4.3（d）所示西格玛探针中两电极顶部是塑料膜和空气绝缘，侧面由透明胶绝缘，环氧树脂起定位和绝缘作用。盖帽使用的金属材料应具有一定的机械强度，这样可以抵抗较强空气激波的冲击，防止测量中出现伪信号。

为了进一步改善电探针的开关特性和提高抗干扰能力，对盖帽电探针的盖帽、绝缘膜和引线方式等进行改造，使其形成同轴电探针。同轴电探针把盖帽改成包覆在探针绝缘层外的金属薄膜，包覆的长度较长，相当于在光杆电探针的绝缘膜上增加一层电极，如图 4.3（e）所示。这种电探针可用于导电和非导电材料的爆炸参数测量，因为它的一个电极被封闭在内部。探针固定在探针座上，铜芯和银镀层各组成一个电极，之间用绝缘胶涂覆。

为了在一次实验中取得尽量多的信息，采用组合探针。它的特点是在一个针座上安装多个探针，可测试多组不同参量，图 4.3（f）所示为其中一种结构。图中，探针座可以由有机玻璃，也可以由绝缘强度高及刚性好的塑料组成，根据测试要求和探针分布的格局，在上面定位加工多组通孔。电探针多采用铜针或高强度漆包线，插入孔内用胶固封，再通过车床、磨床加工等工序，使组合探针和炸药试件的接触面保持水平，以便减小探针间的测试误差。组合探针的另一端与多路高频插座连接，通过连线把数据信号送到脉冲形成网络。每个探针之间的最小间距取决于探针座绝缘介质的耐压程度和机械加工的可能性，也取决于已工作的瞬间导通探针对相邻探针的横波干扰。探针布局方式取决于测试目的、待测物理参量的传播特性等。图 4.4 和图 4.5 所示是两种设计成专门用途的组合电探针，可以测量冲击波在不同介质中的传播速度、飞片速度、自由表面速度等爆炸参数。

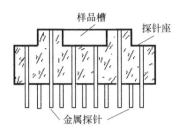
图 4.4 阶梯组合探针

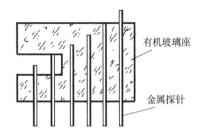
图 4.5 测量多种参数的组合探针

另一种常用的同轴探针如图 4.6 所示,是利用医用针头(8~16 号)作为外电极,在注射针管内插入漆包线,漆包线的一端焊接在 SYV-50-2-1 同轴电缆的芯线上,另一端与针头一起磨平作为采集信号的探头。由于漆包线外面附有一层绝缘漆,因此针管和漆包线之间不导通。同轴电缆的外屏蔽线(铜网)与不锈钢针头连接。这种电探针机械强度较高,测量时,把针头的顶部与被测物接触,但被测介质不能是导电物质。当炸药爆炸时,产生的冲击波和热爆炸效应,破坏绝缘层,电离探针间的气体,产生导电离子,使探针导通。

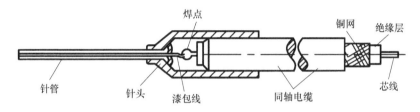

图 4.6 医用针头组装的同轴探针

探针的动态阻抗等于引线阻抗和探针闭合时的阻抗之和。在探针处于正常导通时,探针的闭合阻抗往往很小,此时探针的阻抗接近引线的阻抗。如果减小引线阻抗,就可以使脉冲形成网络输出的脉冲信号前沿明显变陡,有利于提高计时信号的时间分辨率。采用同轴探针,能有效消除引线电感和分布电容,减小引线阻抗。

2. 丝式电探针

常用的丝式电探针有单丝式、双丝式和四线式等。图 4.7(a)所示为单丝式电探针。用一根材料为高强度漆包线作为测量的一个电极,它夹在导电炸药中间,由于漆包线外面有绝缘漆,因此漆包线内芯和炸药在爆炸反应前不形成导电通路。导电介质或炸药构成另一个电极。丝式电探针与光杆探针功能相同,只可用于导电介质的冲击波速度和自由表面速度测量。图 4.7(b)所示为双丝式电探针,由两根高强度漆包线组成,它们之间的距离确定后,平行固定在测试样品上。漆包线引线应尽量短,末端与同轴电缆连接。双丝式电探针近似于盖帽探针,可用于测试非导电材料的试样。这种探针适合于测高压下具有导电性突变的材料,如爆轰波通过炸药时非导电炸药突变为导电反应产物。

图 4.7 单丝和双丝电探针

图 4.8（a）所示是把两根直径 0.2mm 的金属丝平行固定在绝缘柱体内，绝缘柱可以选用通用的点火器的电极塞，金属丝间距 1mm。探针末端与引线焊接，串联在测试回路中。这种探针具有较强的抗冲击性，可以紧贴在爆炸试样表面，也可以固定在雷管底部。图 4.8（b）所示为四线式电探针，其特点是把 4 根漆包线绞在一起，作为双开关使用，等效电路见图 4.8（b）右图所示。这种电探针的 4 根导线中只要有一对接通，就可以在测试回路中形成脉冲信号。也可以把两根漆包线绞在一起做成单开关，这种探针制作方法简单，灵敏度高，但机械强度低。

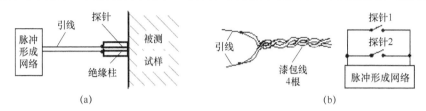

图 4.8　丝式电探针及等效电路

3. 箔式电探针

箔式电探针的两个电极由金属箔组成，电极的敏感有效面积比前面介绍的探针面积大得多。图中 4.9（a）所示的箔式电探针，两片面积比较大的金属箔摞在一起，之间用绝缘膜隔开，两个箔的间隙为 δ，金属箔的外表面覆盖绝缘材料。这种电极主要用于破甲射流的侵彻速度测量，因为射流的侵彻位置是随机的，因此需要较大面积的探极。图 4.9（b）和图 4.9（c）所示的电极是由面积较小的金属箔并列组成，箔表面涂覆一层绝缘胶膜；当爆炸气体电离时，探针沿间隙 δ 导通。这两种探针适合测量小药量炸药和火工品的时间和速度参数，包括冲击波、飞片等的速度。图 4.9（d）所示是离子型探极，它也具有较大的敏感测量面积，这类探极与双丝式电探针的性能类似。

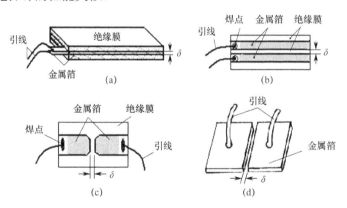

图 4.9　箔式电探针结构

还有一种箔式电探针是以光刻法或溅射法制成的贴片式薄膜探针。光刻的过程是：将探针结构和形状绘制在坐标纸上，然后敷上聚酯薄膜，把图案刻在"底板"上，剥去涂层薄膜后照相，再涂胶、腐蚀或蒸镀。电极厚度只有几微米，宽度在 1～5mm，外层用绝缘膜封装。这种电探针一致性好，测试精度高，但价格比自制探针贵。

在使用电探针时，要特别注意引线的长度和被测信号的波长是否相当。当被测信号的波长远远大于电缆长度时，可以忽略引线的高频失真；但当导线上传输信号的波长近似或小于导线长度时，必须考虑阻抗匹配。实验中探针引线松散分布，引线拉得较长，占据空间也大，增加了分布电感，导致引线阻抗增大。若要求探针的开关时间在纳秒级或亚纳秒级时，相当于研究周期在 1ns，频率为 10^9Hz 的正弦信号，此信号的波长大约为 200mm。一般情况下，电探针的引线长度在十几至上百毫米，引线长度与被测信号的波长相当，不能忽略引线动态特性引起的测试误差，必须采取阻抗匹配措施。除 2.5 节中介绍的使用同轴电缆及匹配方法外，采用同轴探针也能够明显消除引线电感或增加分布电容，减少引线阻抗。

4.3.2 靶网、箔靶和靶线

靶网和箔靶有通靶和断靶两种形式，通靶接通信号的波形上升沿比较陡，响应时间在几至几十微秒，断靶产生信号的上升沿时间较长，接近 1ms。这种靶式电探极适合测高速运动物体的运行速度。

1. 靶网

靶网有两种连接方式。一种是由两根金属丝间隔缠绕，当弹丸穿过靶网时，由于弹丸的导电性，接通相邻两根导线，形成通靶信号。另一种是单根金属丝缠绕在靶框上，在该金属丝两端通入电流。当弹丸穿过靶网时，切断缠绕在靶框上的金属丝，产生断路信号。靶网的体积比较大，适用于弹丸在弹道上某段距离的速度测量，测得速度后，可利用外弹道学理论，推算出弹丸在炮口处的初速和其他位置的速度。

图 4.10 所示为断靶靶网式电探极，由绝缘靶框、铜丝靶网、接线柱和支撑架组成。铜丝直径一般在 0.15~0.25mm，可以在铜丝上镀银或锡，也可以用镍铬丝代替铜丝。靶框是由木制品、橡胶板或塑料等绝缘材料组成，在框架的上下边框中装有两排接线柱，其间距相等。将铜靶线拉紧缠绕在每个接线柱上，每段的松紧要一致，不能有弯曲，铜丝两端接脉冲形成网络。拉线的方向顺序要相同，两线间的距离应小于 1/4 弹径，以保证弹丸都能以弹头部位切断网线，从而使实验条件一致。靶网尺寸根据弹丸口径而定，弹丸口径小于 60mm，靶框长宽为 0.7m×0.7m；弹径 60~152mm，靶框 1.0m×1.0m，弹径大于 152mm，靶框 1.2m×1.2m。

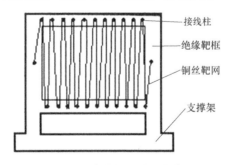

图 4.10 断靶靶网式电探极

靶网与被测物体的距离，取决于第一靶距炮口的距离，因为火药气体喷出炮口后，距离太近会因扰动引起测时误差，各种弹丸靶网距离如表 4.1 所列。

表 4.1 炮口距第一个靶网的参考距离

火炮种类	迫击炮、无坐力炮、火炮筒			加农炮			榴弹炮	
炮径/mm	<100	100~160	>160	≤45	50~130	>130	≤122	>122
炮口距/m	7	10~15	20	15	20~40	50	30	40

靶网使用的误差主要是靶距误差，引起靶距误差的原因，一是两靶间距尺寸测量不准；二是网丝被拉紧的程度不一，两靶网铜丝在被撞断过程中延伸的长度不一；三是靶线分布电容造成的延时误差，即当靶网铜丝突然断开时，由于靶线的分布电容，计时仪输入端的电压不能突然上升，只能按分布电容的充电曲线上升，造成触发波形前沿不陡，延迟触发测时仪器，最大延迟可达 100μs。一般靶网线长 100m 左右，双股塑胶线每百米分布电容 4nF；多芯屏蔽线，每芯截面积 $0.25mm^2$ 以下的 2～14 芯线，每百米分布电容 12～25nF，靶线越长，对计时仪器的测时精度影响越明显。靶网测速的优点是结构简单，工作可靠。

测速时使用多个靶网，靶与靶之间的距离与测试仪器和初速度 V_0 有关，一般取 10～20m。但必须保证每次测出的初速最大误差（相对）不大于 0.3%。

2. 箔靶和靶板

箔靶和靶板的结构近似箔式电探针，但尺寸远大于它们，是一种断-通靶。箔靶是由两张金属箔，如铝箔或铜箔，中间衬以脆性纸、报纸或泡沫聚苯乙烯等绝缘材料制成。两张金属箔构成两个电极，当外壳具有导电性的弹丸穿过靶板时，弹头部位把两张金属箔接通，输出一个开关电量。弹丸通过后，两箔板又被绝缘材料隔开，恢复到原来的断电状态。

箔靶主要用于小口径弹丸速度测量，测速时，只要依次移动靶框不产生重孔，不用补靶，一个靶可重复使用多次，工作可靠。箔靶被弹丸接通时，产生的分布电容很小，因此产生信号的延迟时间小于 1μs（约 0.5μs）。

图 4.11 所示是一种靶板测量方法，图中实验弹和靶板各为一个电极，实验弹尾部有一根多芯导线随弹一起飞行，当弹丸着靶时两电极导通，送出开关变量。这种方法用于火箭弹引信瞬发度测量比较有效。

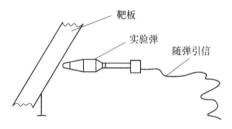

图 4.11 靶板式电探极

3. 靶线

靶线结构最简单，用一根金属丝或漆包线就可以完成测量，导线的直径一般在 0.05～0.5mm。实验时，将靶线固定在被测物上，导线的两端分别接在计时仪器的信号端口和地端口，靶线由接通到断裂，形成断靶信号。这种电探极缠绕在延期雷管和毫秒级雷管上，可测量雷管的作用时间；把靶线横拉在炮口的轴线上，与火炮绝缘固定后可以测弹丸出膛时间和炮口速度。

除以上介绍的几种电探极外，还有一些测速使用的靶，比较常用的是线圈靶和天幕靶。线圈靶是一种非接触靶，把直径 0.2～0.5mm 的漆包线绕制成空心线包，绕组匝数 250～600 匝，固定在绝缘框架上，在线圈中通 12～14V 直流激励电压后在线圈内产生感应电动势。两靶同相串联并与计时仪或示波器连接。当弹丸穿过线圈靶时，改变了线圈内的磁通量，从而输出跳变的感应电压，通过计算两线圈峰值电动势的间隔，求出弹速。天幕靶是自身不带光源的光电靶，在弹丸速度测量中通常依靠探测伴随弹丸飞行的光信号。这种光信号的产生主要有三种途径：一是利用弹丸本身的光源（如光弹、底排弹、火箭增程弹等）；二是在弹丸上配置专门的光源；三是利用自然光作光源。其中第三种应用最多，它是利用日光在大气中的散射光作光源，在空中构成两个楔形光幕，称为天幕靶。平时光学系统接收自然光，当有弹丸或飞片等物体穿过幕靶时，靶的光强发生变化，产生一靶和二靶电压突变信号。

4.4 脉冲形成网络

脉冲形成网络直接与电探针和靶网等连接，其作用是把电探针和靶网等的开关动作变成脉冲输出信号，传输给计时仪或示波器。这个脉冲信号的特点是上升时间很短，一般在几至几十纳秒，具有很高的时间测量精度。本节介绍几种脉冲形成网络的结构和工作原理。

4.4.1 RLC 脉冲形成网络

RLC 脉冲形成网络是由放电电容、电探针引线电感和回路电阻组成的充放电电路，这种网络适用于 4.3.1 节中介绍的电探针，其功能是将探针感受到的瞬间信息变成一个上升时间很短的脉冲信号。测试系统对脉冲形成网络的要求是在信息传递过程中不失真，具有较强的抗干扰能力。

RLC 脉冲形成网络的基本电路原理如图 4.12（a）所示，它是一个单探针脉冲网络。图中 R 为电容 C 的充电电阻，阻值在 $1\sim 5\text{M}\Omega$；充电电压是 $-5\sim -15\text{V}$ 的直流电压；C 为储能电容器，根据所需波形而定，一般在 $50\text{pF}\sim 50\text{nF}$，耐压值 100V。R_0 为晶体二极管 D 的保护电阻，在电容器 C 充电过程中，电阻 R_0 上的分压应小于二极管的最高反向工作电压，其阻值一般取 $30\sim 100\text{k}\Omega$；晶体二极管 D 在放电时导通，其他时间处于开路状态。R_1 为阻尼电阻，电阻值应满足 $(R_1+R_2)>(2L/C)^{1/2}$，一般取值在 $36\sim 75\Omega$。R_2 是网络负载电阻，其阻值与信号传输电缆的特性阻抗 Z_C 有关，一般取 $R_2\geqslant 10Z_C$，阻值在 500Ω 以上。L 是探针引线电感，如果取直径 0.5mm，长 200mm，两线中心距为 13mm 的丝式导线，其分布电感约为 $0.26\mu\text{H}$。Z_C 是 50Ω 同轴电缆，它把从 R_2 上取得的电压信号传送至计时仪或示波器。电探针可以是杆式、丝式或箔式中的任意一种，电探针是没有极性的，它的两个电极可以任意接在电路地端和电容负极上。

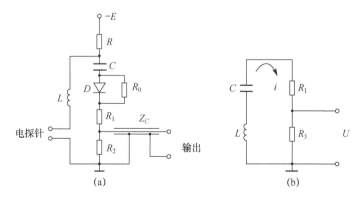

图 4.12 RLC 脉冲形成网络电路及等效电路

当电探针开路时，电源 $-E$ 经 R、R_0、R_1 和 R_2 对电容器 C 充电，充电时间常数 $\tau_0=(R+R_0+R_1+R_2)C$，电容极性上负下正，充电时间大于 $4\sim 5\tau_0$ 后，电阻 R 上不再有电流流过。当探针导通时,电容 C 上的电荷经 D、R_1、R_2 和 L 放电,在电阻 R_2 和 Z_C 并联后的等效输出阻抗端获得正极性脉冲电压 U,这个电压信号直接送计时仪或示波器。从电路中可以看出,充电时间较长,而放电时间很短,这样做的目的是保证在充电完全的情况下,使探针接通的瞬间产生一个上升沿很陡、单次的窄脉冲输出,这样的信号有利于触发时间测量仪和示波器,同时在记录仪器中显示容易读取的信号参数。

由于电路元件参数选择不同,脉冲形成网络输出的脉冲波形也存在区别。图 4.12(b) 所示是 RLC 的等效电路,R_3 是 R_2 和 Z_C 并联后的等效输出阻抗,阻值在 40~90Ω 之间。电路中电流 $i(t)=U(t)/R_2$,可以通过测量得到,也可以通过理论计算确定。$i(t)$ 的理论计算结果如表 4.2 所列。

表 4.2 不同参数组成的 RLC 电路电流计算值

参数	C/pF	R_1/Ω	R_3/Ω	L/μH	t_{max}/ns	t_p/ns	$i(t)$ /10^{-2}A
1	80	36	1000	0.26	3.5	25	$2.6[\exp(-0.15\times10^9 t)-\exp(-0.28\times10^9 t)]$
2	150	36	1000	0.26	2.0	45	$0.9[\exp(-0.55\times10^8 t)-\exp(-7.91\times10^8 t)]$
3	150	36	1000	0.26	3.3	46	$1.1\exp(-0.61\times10^8 t)-1.1\exp(-3.6\times10^9 t)$
4	330	36	1000	0.26	4.0	100	$0.89\exp(-0.25\times10^8 t)-0.9\exp(-3.8\times10^9 t)$
5	680	36	1000	0.26	4.2	205	$0.8\exp(-0.12\times10^8 t)-0.8\exp(-4.12\times10^9 t)$
6	150	62	1000	0.26	3.4	48	$0.8\exp(-0.55\times10^8 t)-0.8\exp(-4.58\times10^9 t)$

表中 C、R_1、R_3 和 L 是 RLC 等效电路元件及参数,t_{max} 表示峰值电流时间,t_p 是时间脉冲宽度。到达峰值电流所用时间最短的是第 2 组参数,时间最长的是第 5 组参数;时间脉冲宽度最窄的是第 1 组,最宽的是第 5 组参数。第 3 组和第 6 组的时间参数比较接近,为了直观起见,表中部分放电电流随时间分布曲线如图 4.13 所示。

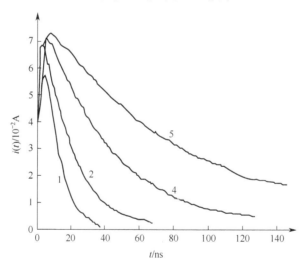

图 4.13 RLC 回路放电电流曲线

影响电流波形的是电路中的两个时间常数 τ_L 和 τ_C,表示为

$$\tau_L = L/(R_1+R_3)$$
$$\tau_C = (R_1+R_3)C \tag{4-1}$$

根据图 4.12 的等效电路列出微分方程为

$$L\frac{\mathrm{d}i(t)}{\mathrm{d}t}+(R_1+R_3)i(t)+\frac{q(t)}{C}=0 \qquad (4\text{-}2)$$

式中：$i(t)$为等效电路中的电流；$q(t)$为电容 C 上的电荷。

利用（4-1）式，微分方程可改写为

$$\tau_L\frac{\mathrm{d}i(t)}{\mathrm{d}t}+i(t)+\frac{q(t)}{\tau_C}=0 \qquad (4\text{-}3)$$

τ_L是控制通过电感 L 的电流变化特性的一个系数，τ_L越小，电感 L 上形成的压降 $L\cdot \mathrm{d}i/\mathrm{d}t$ 越小，维持电流不变的特性能力越小，所以回路中电流上升速率越快，图 4.13 所示曲线 2 就是这种情况。τ_C 是控制电容器上电荷变化特征的一个参数，τ_C 值越大，放电时电容器上损失的电荷 $i(t)\mathrm{d}t$ 所引起的电压降或电流衰减越小，计时信号的脉冲宽度越大，图 4.13 所示中曲线 5 就属于这类情况。

4.4.2 晶体管脉冲形成网络

晶体管开关电路的优点是：导通速度高，大多数在纳秒数量级；接通可靠，无抖动；接通电阻小。由于有这些特点，可以用作脉冲形成网络。

图 4.14（a）所示是半导体二极管 D 和电探针组成的网络电路，其中 L 是探针引线电感；R_1 是引线电阻；R_2 为限流和负载电阻，阻值在几百至几千欧姆之间，它与 Z_c 并联后把电压信号送至记录仪器。电探针不通时，输出端无信号；探针导通瞬间，电源 E 通过探针、引线电感和电阻向开关二极管加正电压，使它迅速导通，在回路中产生电流，在 R_2 上形成脉冲电压。

二极管正向导通时，正向管压降约为 0.7V（硅管），管内电流值一般在毫安数量级。电离使电探针的阻抗由大变小，同时加在二极管 D 上的电压也在由小到大变化。当电探针的阻抗小到足以使二极管正向电压超过死区电压时（硅管为 0.5V），二极管导通，这个过程就是电路的响应时间。

图 4.14（b）所示是半导体三极管 D 和电探针组成的网络电路，基本原理和图 4.14（a）类似。电路是三极管共发射极结构，也是用得较普遍的一种方法。基极是控制极，它和电探针及其引线连接，电探针和引线电阻 R_L 组成基极偏置电阻，控制三极管的开和关。R_2 为集电极电阻，R_3 是负载电阻。探针导通后阻抗不断减小，使三极管基极电流逐渐上升，当升到 240μA 时，集电极电流接近其最大值 12mA，基极电流再继续增大，开关三极管进入饱和区，管压降 V_{CE} 只有 0.3V，负载电阻 R_3 上产生一个脉冲电压信号。这个过程就是脉冲网络的时间响应过程，小功率高速开关管的上升时间在几至几十纳秒。

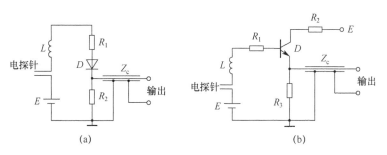

图 4.14 晶体管脉冲电路原理

除上述两种半导体器件外，还可以使用触发器和光电耦合器等组建脉冲形成网络。触发器的输出端有两种状态（0，1）或（1，0），并且有记忆这种信号的功能，如图 4.15（a）所示。当电探针导通后置位端 $\overline{S_d}$ 出现负脉冲，R-S 触发器的输出端 Q 从 0 变为 1，给出一个电压脉冲信号，并维持在高电平，即使电探针断开，对它也没有影响，这就是信号记忆功能。

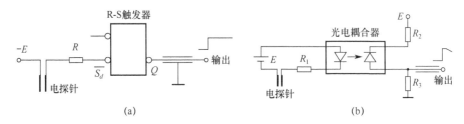

图 4.15　触发器和光电耦合器组成的脉冲网络

图 4.15（b）所示是光电耦合器组成的脉冲形成网络，光电耦合器是以光为媒介传输电信号的一种电-光-电转换器件。它由发光源和受光器两部分组成。把发光源和受光器组装在同一密闭的壳体内，彼此间用透明绝缘体隔离。发光源的引脚为输入端，受光器的引脚为输出端，常见的发光源为发光二极管，受光器为光敏二极管、光敏三极管等。其特点是可以隔离探针与输出信号的电接触，避免输出部分电源变化对输入端的影响，减小系统所受的干扰，提高系统可靠性。当电探针导通后，光电耦合器输入端正电压使发光源发光，光的强度取决于探针回路电流的大小，此光照射到封装在一起的受光器上后，因光电效应而产生了光电流，经负载电阻 R_3 形成脉冲电压。

4.4.3　电缆元件脉冲形成网络

对于输出威力比较大的火炸药和爆炸器件，爆炸一次就可能破坏一个脉冲形成网络元件，如果连续做一批试样，实验成本就很高。为了在实验中不破坏脉冲形成网络，可以把探针用同轴线连接到很远的位置，这样做的好处是保护了网络。但随着导线的增长，会造成布线电感和电路阻抗的增大，使测试精度下降。因此，有人设计了一种以传输线作为电路元件的脉冲形成网络，通过电路对传输线的加长进行补偿，电路板则可以和测量仪器一起放在离爆炸现场比较远的地方。电缆元件脉冲形成网络的原理如图 4.16 所示。

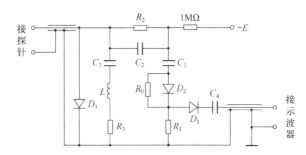

图 4.16　电缆元件脉冲形成网络原理图

这个电路的主要脉冲形成部分（参见图 4.16 右侧电路）和图 4.12 无根本差别，使用的同轴电缆型号是 SYV-50-2-2。电路元件参数：$E = 400\text{V}$，$R_0 = 30\text{k}\Omega$，$R_1 = 1\text{k}\Omega$，$R_2 = 36\Omega$，$R_3 = 110\Omega$，$C_1 = 50\text{pF}$，$C_2 = 1000\text{pF}$，$C_3 = 0.033\text{mF}$，$C_4 = 1500\text{pF}$，D_1、D_2、D_3 是开关

二极管，反向电阻大于1MΩ。当引进较长的传输线后，如 50m 长，由长线理论可知，在测量频率较高信号的情况下，如信号频率为 100MHz，波长为 3m，信号波长远小于传输线长度。导线本身变成具有分布电容、引线电感和阻抗的器件，把这些分布参数等效在电路中，变成 C_3、L 和 R_3 的串联回路（图 4.16 左侧电路），R_3 用来调整引线电缆终端的阻抗匹配，C_3 可隔直流。

电探针接通之前，在直流电源 $-E$ 的作用下使电缆芯线 C_3 上充满负电荷，C_1 和 C_2 也同时充电，D_3 正端电压接近 $-E$，它是由1MΩ 电阻与 3 个开关二极管的反向漏电阻组成的并在分压器上取得。C_2、R_2 和 L 对信号进行补偿，开关二极管和 C_2 对窜入电路的干扰信号进行阻截。当电探针接通后，产生一个正脉冲阶跃信号加在 SYV-50-2-2 传输线起始端，经传输线传输后，到达电缆网络电路中，被电路元件 R_2、C_2、C_1、D_2 和 R_1 的支路微分，在电阻 R_1 上产生正阶跃脉冲电压，其上升幅度时间前沿和脉冲宽度与放电电容 C_1 密切相关。

图 4.16 所示电路的脉冲前沿小于 13ns，幅度大于 63V，脉冲宽度小于 43ns。

4.4.4 断靶脉冲网络

断靶脉冲形成网络结构比较简单，它连接的电探极是靶网和靶线等，这种探极的开关时间比通靶电探针慢，因此对网络电路要求不太高。图 4.17(a)所示为常用的断靶脉冲形成网络及输出波形。

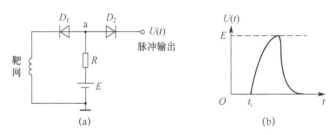

图 4.17 断靶脉冲形成网络及输出波形

靶网接通后，电源 E 通过电阻 R、二极管 D_1 和靶网线圈形成回路。R 的电阻比较大，靶网电阻很小，此时 a 点处于低电平状态，几乎和地线同电位，因此脉冲输出 $U(t)$ 近似为零。当弹丸与靶网产生机械作用而将靶切断时，a 点电位立即从低电平上升到电源电压 E，经二极管 D_2 在输出端产生一个正脉冲信号，如图 4.17（b）所示。图中 t_i 是弹丸穿靶并使靶断开的时间，随着弹头切拉靶网，网线的内阻急剧增大。与此同时，由于靶网和传输线中有分布电容存在，电源 E 同时向靶网和 a 端与地之间的分布电容放电，输出电压 $U(t)$ 随该分布电容充电量的增加而增大，出现波形前沿渐变过程，直到靶网断裂后，分布电容充电结束为止。

4.4.5 脉冲形成网络单通道和多通道输出

脉冲形成网络与示波器或计时仪连接，其脉冲信号输出方式有两种：串联和并联。串联输出时，示波器只使用单通道，脉冲形成网络的信号按时间分布依次送入示波器。并联输出时，示波器使用多通道，脉冲网络的每个输出端对应示波器的不同通道，n 个数据波形显示在荧光屏上 n 个通道，每个通道之间没有关联。图 4.18 所示为这两种连接方式在示波器上得到的波形。图中设置了 n 个电探针，分别用 1,2,…,n 表示。图 4.18（a）所示为单通道串联输出,其脉冲波形在一个通道上连续显示;图 4.18(b)所示为多通道并联输出,其脉冲波形在多个通道上独立显示。

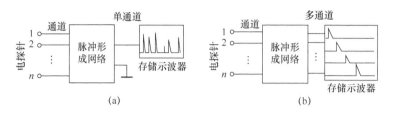

图 4.18 脉冲形成网络单通道和多通道输出

(a) 串联;(b) 并联。

一台数字存储示波器的输入通道一般为 4 通道,在并联测试系统中,如果测试的时间信号比较多,则要用多台示波器,但资源占用多,连接起来比较麻烦,并且要解决同步触发问题。这种测试方法的优点是爆轰区内每个位置安放的电探针的采集信号是确定的,其开关状态清晰地显示在荧光屏上,在计算爆速中不会出现测点位置混乱现象。并联输出的另一种简单测量方法是记录仪器采用计时仪。计时仪输入通道可多达 10~20 个,探针信号可直接接在计时仪的输入端,它内部有脉冲触发电路,直接触发计数器工作,并用数码管指示各探针间的时间增量。

在串联电路中,使用的仪器比较简单,多个探针采集的信号经脉冲形成网络产生出对应的脉冲信号,这些信号依次送入存储示波器,显示出一连串波形。但串联电路中存在一个问题,即探针编号与显示器的信号不易一一对应,特别是当信号交叉在一起的时候。为了解决这个问题,可以对脉冲形成网络的电参数进行调整,调整的方式有三种,第一种是改变脉冲高度,第二种是改变脉冲宽度,最后一种是改变脉冲的极性。通过这种方法,就可以区分出示波器中波形所对应的探针。输出脉冲高度和宽度的变化,可通过改变脉冲形成网络中取样电阻和放电电阻的阻值获得。输出脉冲的极性变化,需要对网络中的电路进行修改,使输出信号有正有负。

当爆轰波达到安装有电探针的区域时,由于爆炸产物的导电性使探针接通,探针开关的状态突变,使脉冲形成网络产生电压脉冲信号,脉冲信号经单路或多路传输线送达计时仪或示波器记录下来,若用 n 个电探针可以得到 $n-1$ 个时间间隔 Δt 的信息;n 个探针的空间距离可以在事先精确地测量到,获得式(4-5)中 $n-1$ 个 Δr;所以一次爆速实验中安装 n 个电探极可以取得 $n-1$ 个爆速信息。在串联电路中,脉冲信号依次送至数字示波器,读出每个相邻脉冲信号之间的时间差,即为爆轰波通过各段爆轰区所用的时间。在串、并联电路中,可从示波器上直接获得相邻通道信号的时间间隔。如果使用的是多路时间间隔记录仪,面板上直接显示爆轰波通过各探针所用的时间。得到爆轰区各段探针间的闭合时间 Δt 后,根据各段探针的距离 Δr 就可以算出对应的平均爆速 $D = \Delta r / \Delta t$ 的值。

单通道输出脉冲形成网络的电路及与爆炸样品的连接方式如图 4.19 所示。图中共使用了 7 个探针,等距离安装在炸药药柱的连接处,探针的两个电极,一个接地,另一个接放电电容的负极。脉冲形成网络中有 8 个独立的放电回路,它们的输出端接在一个 50Ω 的负载电阻上,它是信号电缆的匹配电阻。数字存储示波器从这个电阻和传输电缆上提取电压信号。脉冲形成网络多通道输出电路和图 4.12 类似,在输出电路中,每个放电电路各自接一个负载电阻,图中应该有 8 个 50Ω 电阻和 8 路输出接口。图中 2MΩ 电阻和 1MΩ 电阻是充电电阻，使电容器 C 获得初始电荷 q，$q=EC$，E 为直流电源电压。开关二极管是去耦二极管，堵截负脉冲信号，防止各放电电路之间相互串扰。

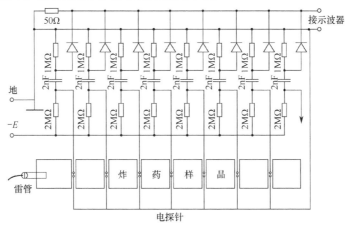

图 4.19　单通道输出脉冲形成网络

4.5　电探针的应用

4.5.1　电探针测量药柱爆速

1. 爆轰波阵面区域的电导率

在爆炸参数测量中，凡采用与爆炸产物直接接触的传感器，都必须考虑产物的导电性。电探针测爆速是利用产物的导电性使探针接通而获得爆轰波到达该位置的时间记录。在爆炸没有产生之前，药剂自身的导电性决定着电探针的结构和安装方式；爆炸反应过程中，反应物和反应区域内物质的电导率，决定了电探针的导通状态。爆炸产物的导电性不如金属材料好，但比半导体材料要高些，其电导率介于石墨和半导体锗的电导率之间。

Hayes 指出，电导率是在冯·诺曼峰之后开始出现，经过若干纳秒之后达到峰值电导率；炸药不同，峰值电导率也不同，有数量级的差异，各种爆炸产物的电导率随时间变化规律也各不相同。图 4.20 列出 3 种炸药的电导率和时间关系曲线，横坐标对应的空间距离为 1mm

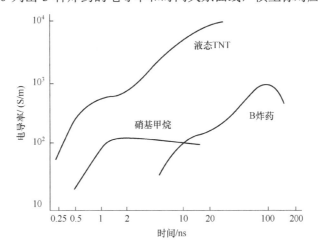

图 4.20　部分炸药爆轰区电导率和时间关系曲线

多一些。3 种炸药中导电率最高的是液态 TNT，可达 10^4S/m，B 炸药的电导率在 10^3S/m 左右，硝基甲烷电导率比较低，约 10^2S/m。迄今为止凡能爆炸的炸药中，TNT 的电导率最高，略低于石墨的室温电导率。有人把反应区导电的爆炸产物视为一种等离子体，或视为一种凝聚相的半导体。

在考察各种炸药的电导率时，Hayes 发现电导率与爆轰产物中固体碳的总数密切相关。国内研究表明，密度为 1.52g/cm^3 的 TNT，电导率为 $1.8×10^4$S/m。当添加 20%铝粉后，其电导率增加到 $1.0×10^7$S/m，随着铝粉的增加，爆温和电子浓度也增加，从而导致爆轰产物电导率增加。

虽然各种爆炸产物的电导率不同，但对同一类炸药，其电导率是不变的，因此对电探针的作用也可以看成是一致的。

2. 定常爆速

根据爆速的定义得

$$D = dx / dt \tag{4-4}$$

式中：x 为爆轰波阵面法向传播距离，m；t 为时间坐标，s；D 为瞬时爆速，m/s。

当 D 为常数时，是定常爆速，则

$$D = \Delta x / \Delta t = C \tag{4-5}$$

由此可知，只要爆轰波在一个确定的法线方向距离上增加 Δx，对应在记录仪器上可得到增量 Δt，相应的爆速就可以根据式（4-5）求出。如果没有标明爆速值是瞬时的还是定常的，习惯上按定常爆速处理。非定常爆轰中用瞬时爆速描述。宏观的一维平面或一维球面爆轰，其定常爆速是研究爆轰波的主要特征参数之一。

测量定常爆速必须在爆轰定常传播区域内进行。从宏观来看，一个密度均匀的炸药从引爆到爆轰均匀传播，爆速的变化是连续的。根据爆轰波简单理论，必须在无限远处才能实现不定常爆轰向定常爆轰的转变；而在实际测量中只要爆速的变化率足够小时就可以认定达到了定常爆速。可以人为规定：从引爆界面至瞬时爆速达到定常爆速的 a%（如 99%）的区域内为"不定常爆轰区"。实验和理论都可以证明：①若高爆速炸药 A 引爆低爆速炸药 B 时，不定常爆轰区域（超压爆轰区）为 b_{AB}；反之，当 B 引爆 A 时，不定常爆轰区域为 b_{BA}；实验证明 $b_{AB} > b_{BA}$，在有些情况下 $b_{AB} \gg b_{BA}$。②两种炸药的爆速差越大，则不定常爆轰区域越宽。实际测量中为了保险起见，对于高爆速炸药在离其引爆端面 20～30mm 处开始测量定常爆速；对于低爆速炸药，在离其引爆端面 50～70mm 处开始测量定常爆速比较理想。

定常爆速的测量除电探极法外，还有微波干涉法、光电法和高速摄影法等。从精度来看，电探针法的测时误差<0.5%，高速摄影的误差在 1%～2%之间。

3. 电探针测量药柱爆速应用

利用炸药爆轰波阵面电离导电特性，用测试仪和电探针测定爆轰波在一定长度炸药柱中传播的时间，通过计算求出试样的爆速。

1）电探针的装配

把合适长度、一端去掉漆的漆包线制成金属丝式电探针；也可以将纯铜箔焊接在一段导线上，制成金属箔式探针。焊接点要牢固，导电性要好。若被测试样为导电性炸药，装配时，需在药柱两端面上各加一层厚度为 0.01mm 的电容器纸后，再安装探针。常用炸药爆速测量时采用的试样与探针的装配方式如图 4.21 所示。将装配好探针的药柱,按密度大小依次排列在木槽内,同一组实验的药柱密度极差应不大于 0.006g/cm³,相邻药柱的密度差应不大于 0.002g/cm³。木槽上的雷管孔应与药柱同轴,记录测距。在药柱最末端放置硬塑料或木柱,然后用木螺钉顶紧硬塑料或木柱。

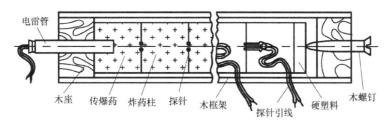

图 4.21 探针与爆炸试样的装配

双丝式电探针安装结构的细节如图 4.22 所示。探针的材料一般采用高强度漆包线,直径为 0.02～0.04mm;也可以采用机械强度较高的镍铬丝,直径约为 0.02mm。前者要格外小心装配,后者容易装配,但开关的内阻较大。因此装配技术稍高的人采用高强度(指耐电压高)漆包线,装配技术稍差的人采用镍铬丝。双丝之间距离 δ 为 0.5～1mm 较好,应使每次实验的 δ 值保持基本不变。在装配之前,对药柱必须严格选择,确保试样两端的不平度在直径范围内不超过 0.02mm。在试样的长度测量中应当注意温度条件,要使爆炸场地的温度等于长度计量室室温,这是因为炸药药柱的线膨胀系数较大。例如,TNT/RDX(40:60)的线胀系数 $\alpha_1 = 7.26 \times 10^{-3}/℃$,所以炸药装药几何尺寸对于温度的反应是敏感的。为了减小测量误差,上紧木螺钉的操作必须反复多次,每次都要使试样之间不留肉眼可见的间隙。

图 4.23 所示为爆速测量中常用的另外两种电探针与炸药试样的安装结构。双丝、双箔和三丝探针都要平整而紧凑地贴在炸药柱的端面,并沿柱面引下来,与同轴电缆焊接。沿柱面方向用胶布或透明胶带把探针和电缆线缠绕固定,电缆打一个"S"形弯后固定,有利于药柱端面探针不受导线拉抻而移位。

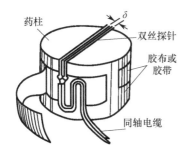

图 4.22 双丝式电探针安装结构

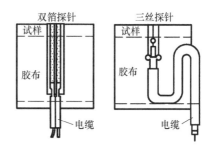

图 4.23 箔式和三丝式探针的安装结构

2)测试步骤

(1)将试件与仪器连接,连接示意图如图 4.24 所示。

(2)测时仪与脉冲形成网络、传输电缆线连接好,测时仪自检正常。

(3)脉冲形成网络的电容对地放电,检查测时仪、传输电缆,确认正常后,断开直流电源。将连接药柱探针多点插头插入电缆线插座内,再进行试样装配漏电实验检查,确认无误,关闭网络电源。

(4)接好雷管脚线,把雷管插入木槽雷管孔内,紧贴药柱。

（5）打开直流电源、测时仪复位。使测时系统处于工作状态。

（6）接通起爆线路安全开关，报警后引爆。

（7）记录爆轰波在相应测距之间的传播时间。

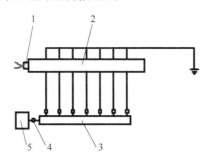

图 4.24 炸药爆速测试系统连接图

1—雷管；2—炸药试件；3—脉冲形成网络；4—传输电缆；5—测试仪。

3）多段定常爆速测量中的数据处理

当药柱从左向右完成爆轰时，在数字存储示波器上依次获得各探针位置上的电压-时间信号，读出电压上升沿对应时间 t_i 与电探针位置 x_i 记录一组实验数据 (x_i, t_i)，$i=0,1,2,\cdots,n$，如图 4.25 所示。

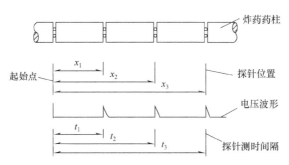

图 4.25 炸药爆速测试中探针位置与时间示意图

采用最小二乘法线性回归获得单次测量爆速为

$$D = \frac{n\sum x_i t_i - \sum x_i \sum t_i}{n\sum t_i^2 - \left(\sum t_i\right)^2} \tag{4-6}$$

式中：D 为单次测量爆速，m/s；x_i 为第 i 段药柱右端到起始点的距离，m；t_i 为爆轰波从起始点传播到第 i 段药柱右端的时间，s；n 为单次实验获得数据点的个数。

若重复做 m 次爆速 D_j 测量，则得到平均爆速值为

$$\overline{D} = \frac{1}{m}\sum_{j=1}^{m} D_j \tag{4-7}$$

式中：$\overline{D}$ 为平均爆速，m/s；D_j 为单次测量爆速，m/s，由式（4-6）计算得出；M 为实验次数。

爆速测量值的标准差：

$$\sigma = \sqrt{\sum_{j=1}^{m} \frac{(D_j - \overline{D})^2}{m-1}} \tag{4-8}$$

4.5.2 雷管底部飞片速度的测定

雷管底部飞片是雷管起爆的形式之一，飞片的速度和能量是决定起爆条件的重要参数。

测试飞片速度的原理框图如图 4.26 所示。图中在雷管底部依次放置 3 个电探针，飞片按顺序撞击Ⅰ、Ⅱ、Ⅲ靶，由脉冲形成网络产生 3 个时序脉冲，在记录仪器上显示出来。由于 x_1 和 x_2 是已知的，所以在 x_1 和 x_2 段内飞片的平均速度为：

$$v_1 = \frac{x_1}{t_1 - t_0}; \quad v_2 = \frac{x_2}{t_2 - t_1}$$

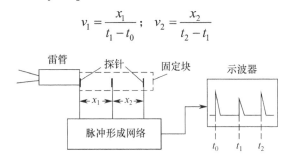

图 4.26 飞片速度测试原理框图

实验中考虑到长度测试误差及飞片速度随距离的变化，x_2 一般取 2~3mm，x_1 可由测试试样的具体要求选择。在距离 x_1 和 x_2 内，飞片的能量为

$$E_f = \frac{1}{2}\rho\pi r^2 \delta v^2 \tag{4-9}$$

式中：ρ 为雷管壳的密度，kg/mm^3；r 为雷管半径，mm；δ 为雷管壳底厚度，mm。

探针由 $\phi 0.1mm$ 的漆包线做成四线式，两线间距 1~2mm。为可靠捕捉第Ⅲ靶信号，可采用盖帽式或箔式探针作为第三个电探针。箔式探针使用两块 0.02mm 的铜箔固定在Ⅲ靶位置上，当受到飞片冲击后铜箔接通。第Ⅰ靶紧贴雷管底部，各靶之间用空心标准块固定。

测试步骤：

（1）调试脉冲形成网络，将每个输入端短路，看是否有信号输出，待三路都正常，调试完毕。

（2）调试存储示波器或瞬态记录仪，电压灵敏度 2V/格，采样速率 5μs/格或 0.1μs/字，正触发。

（3）把 3 个电探针固定在空心标准块上，把固定块安装在防爆箱内，接上探针电缆。将雷管与固定块上的第一个探针对接，确定好位置，关闭爆炸箱门。接通起爆线，给脉冲起爆源充电，15s 后起爆雷管。

（4）读实验数据，根据测量和读出的距离间隔、波形时间间隔，求出飞片在各距离上的平均速度，并计算飞片能量。

例如，对 M55 针刺雷管的 10 发样品进行破片速度实验，测得在 10mm 距离内的平均速度为 2.064mm/μs，求出在 90%置信度的标准偏差为 0.019 mm/μs。

在实际测试中，也可参见 4.3.2 节介绍的方法。例如，测试矿用雷管时，在距雷管底部一定距离处放一个箔靶作为电探极，其结构是把薄锡纸和光滑铝板固定在一起，中间用绝缘膜隔开。当雷管爆炸时，底部飞片击穿绝缘膜使锡-铝接通，输出Ⅱ靶信号。Ⅰ靶信号可由爆炸气体接通探针给出，取信号位置在雷管底部。

4.5.3 火工品作用时间测量

由于火工品的种类很多,因此其作用时间的含义也各不相同。如延期药的延期时间为燃烧从药柱一端传播至另一端所需的时间;火帽的火焰持续时间为火帽被击发发火至火焰熄灭为止的延续时间;雷管作用时间为雷管接受外界能量刺激至底部装药爆炸所用的时间;导爆索传爆时间为爆轰波从索的一端传至另一端所用的时间。

不同类型和不同用途的火工品的作用时间相差很大,一般在 $10^{-6} \sim 10s$ 之间。这样大的时间跨度,其对应的测试方法和仪器设备的差异也很大,微秒级火工品作用时间比较短,适合使用探针法和光电法进行测量。本节以微秒级火工品为测试对象,介绍其测试方法。

火工品测时启动信号可以取自给火工品施加刺激能量的一瞬间,也可取自火工品作用过程中爆轰波到达的某个位置。停止计时信号(或计时信号)可以在火工品输出端采集,也可在火工品作用过程中的某个位置提取。

电火工品起爆方式有电压和电流两种,本实验采用的是电压起爆。利用电容放电引爆电爆装置如图 4.27 所示。示波器的启动信号由取样电阻提供,在电容对雷管放电的同时,取样电阻对地的电压信号输入示波器或计时仪。电探针固定在电爆装置的输出端,当爆轰波到达这个位置时,探针获得计时脉冲信号。该实验记录的是电爆装置从被施加电压到完全爆炸所用的时间,称为火工品作用时间。

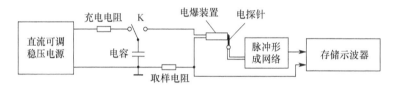

图 4.27 火工品作用时间测量系统

图 4.27 中直流电源在 $0 \sim 300V$ 可调,充电电阻参数是 $1k\Omega/W$,取样电阻的阻值根据电容上的电压、雷管的阻值及示波器的输入电压范围而定,一般取值很小。探针的材料和形状可根据实验情况确定,本实验使用的是直径为 0.2mm 漆包线制成的丝式电探针。

测试步骤如下:

(1) 挑选 $\phi 0.2mm$ 的漆包线,两股绞在一起,一端用剪刀剪齐,作为探针;另一端用砂纸轻轻打磨去掉漆皮,接电缆线。电极间的距离调到 1mm。

(2) 取一发电爆装置,在安全防护罩内用胶或胶布把电探针固定在电爆装置底部的中心线上。如果电爆装置是金属壳体,注意探针与壳体的绝缘。用欧姆表测量探针两电极之间不得导通,否则要重新粘贴。

(3) 接通各仪器和电路的电源,检查工作状态是否正常。将电路开关 K 拨至电容充电位置,取样电阻与示波器第一通道连接,脉冲形成网络输出端与示波器第二通道连接。

(4) 采用 HP54501A 数字存储示波器,其响应频率为 100MHz。调整取样电压灵敏度 1V/div,水平扫描灵敏度为 10μs/div。1 通道作为触发通道,触发电平 800mV。

(5) 把电爆装置放入爆炸箱内,引出探针和样品导线,关闭爆炸箱门。按图 4.26 所示接通电爆装置、电探针的电源和仪器,探针与脉冲形成网络之间用同轴电缆连接。

(6) 将电路中开关 K 拨至放电位置,起爆,示波器上显示出两个脉冲波形。

(7) 读出两个脉冲波形中电压跳变起始点间的时间差值,大约在 18μs,这就是电爆装置的作用时间。多次实验后可获得这类样品的平均作用时间和标准方差。

4.5.4 弹丸破片速度的测量

弹丸装药爆炸时，形成一定质量的许多破片，这些破片以一定速度对目标实现侵彻毁伤。目前在国内战斗部靶场中，测量破片速度主要采用靶网法和光靶法。

靶网法测速使用的靶有通靶和断靶两种。测量破片要求靶网离爆炸中心不能太远，以免漏采信号。断靶的第一靶一般设置在稍远离战斗部的位置，因为如果离爆炸源很近，爆炸产生的空气冲击波在爆源附近很强，容易使靶线断开产生伪信号。同时爆炸生成的高速离子也有切断靶线的能量。鉴于这些原因，在战斗部破片测速中，以使用通靶为宜。

破片测速通靶及测试原理如图 4.28（a）所示。

靶网采用栅状印刷电路靶（也称梳状靶），两栅极之间断路。靶板的大小按战斗部型号设计，也就是按破片分布密度设计。设计原则是每块测速靶板能拦截有效破片数量不小于 1。靶网的栅极如图 4.28（b）所示，栅极的宽度 a 和栅极之间的距离 b 视破片尺寸大小而定，设计原则是两栅之间的距离 b 要小于破片最小尺寸，一般为 1～2mm，两极之间的距离应保证能接收到正常破片，但又避开过小的碎片，排除伪信号的干扰。这种结构的靶网，破片导通状态较好，可以避开爆炸处空气冲击波的影响。

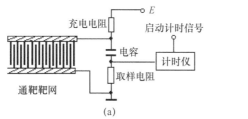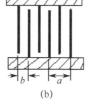

图 4.28　靶网测速原理

测试弹丸破片速度的靶网布局如图 4.29 所示。在以爆心为圆心的 3 个不同半径 R_1、R_2、

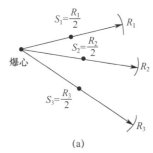

图 4.29　破片测速原理

（a）测速靶距离；（b）破片实验场地布置。

R_3 的圆周上分别布设 2～5 个测速靶网,各圆周上靶网安置前后互不遮挡。靶网经脉冲形成网络连接计时仪。弹丸上缠一匝漆包线作为零时刻信号源。当弹丸爆炸后,计时仪记录破片到达 3 个半径位置靶网的时间 t_{1i}、t_{2i}、t_{3i}。

破片飞至各靶距中点的速度为

$$\begin{cases} V_{1i} = \dfrac{R_1}{t_{1i}} \\ V_{2i} = \dfrac{R_2}{t_{2i}} \\ V_{3i} = \dfrac{R_3}{t_{3i}} \end{cases} \tag{4-10}$$

式中:V_{1i}、V_{2i}、V_{3i} 分别为第 i 个破片飞至各靶距中点处的速度值,m/s;R_1、R_2、R_3 分别为爆心至各靶网的距离,m;t_{1i}、t_{2i}、t_{3i} 分别为第 i 个破片飞至相应靶板的时间,s。

破片飞至各靶距中点处破片速度的平均值为

$$\begin{cases} \bar{V}_1 = \dfrac{1}{n} \sum_{i=1}^{n} V_{1i} \\ \bar{V}_2 = \dfrac{1}{n} \sum_{i=1}^{n} V_{2i} \\ \bar{V}_3 = \dfrac{1}{n} \sum_{i=1}^{n} V_{3i} \end{cases} \tag{4-11}$$

R_1、R_2、R_3 各靶中点分别记为 S_1、S_2、S_3。

$$\begin{cases} S_1 = \dfrac{R_1}{2} \\ S_2 = \dfrac{R_2}{2} \\ S_3 = \dfrac{R_3}{2} \end{cases} \tag{4-12}$$

设破片速度衰减规律为

$$V_s = V_0 e^{-\alpha S} \tag{4-13}$$

式中:V_s 为破片飞离爆心距离 S 对应的速度,m/s;V_0 为破片初速;α 为衰减系数。

采用最小二乘法,将三组数据 $(S_1, \bar{V}_1)$、$(S_2, \bar{V}_2)$、$(S_3, \bar{V}_3)$ 代入式(4-14)、(4-15)可得破片初速和衰减系数。

$$\ln V_0 = \frac{\sum S_i^2 \sum \ln \bar{V}_i - \sum S_i \sum S_i \ln \bar{V}_i}{n \sum S_i^2 - \left(\sum S_i\right)^2} \tag{4-14}$$

$$\alpha = \frac{\sum S_i \sum \bar{V}_i - n \sum S_i \sum \bar{V}_i}{n \sum S_i^2 - \left(\sum S_i\right)^2} \tag{4-15}$$

式中:$n=3$。

破片速度测试步骤如下:

(1) 将被测弹丸放置在实验场水平位置，弹轴位于测速靶中心的水平面内。
(2) 选择靶网数量，测定每个靶网与弹丸的距离，将靶网中心与弹轴重合放置。
(3) 接通每个靶网与脉冲形成电路的连线，开启电路电源和计时仪电源。
(4) 电源 E 向电容充电，使靶网两个栅极之间具有一定的电压。
(5) 接通计时仪的触发和停止计时信号电缆线，计时仪复位。触发由弹丸爆炸引起缠绕的漆包线通断状态改变给出，计时开始。
(6) 启动弹丸。当弹丸破片打到靶网上，利用金属破片的导电性，使相邻两栅极导通，电容通过取样电阻和靶网放电，计时仪采到一个电压跳变信号，停止计时。
(7) 读取各距离处破片着靶时间，按前述计算方法计算破片初速。

4.5.5 其他应用

电探针在爆炸、冲击、爆燃和高速运动中应用比较普遍，图 4.30 所示为另外一些测量材料动高压特性应用实例，这里只做简单介绍。图 4.30（a）所示是一种阻抗匹配测量方法，其中 A、B、C 为被测材料试样；1、3、5 号杆式电探针安装在被测试样端面，2、4 号探针安装在靶板与试样接触面上；飞片和靶板的材料性能是已知的，飞片以速度 v 撞击靶板，经靶板将冲击能量传递给被测材料，经探针 1-2、2-3、4-5 等可测得冲击波在试样中的传播参数。

图 4.30（b）所示是制动法实验装置，飞片以速度 v 运行，首先接触到探针 5 和探针 4，测得飞片速度；探针 1、探针 2 是测量冲击波在靶板中的速度；探针 2、探针 3 是测量自由表面速度。做若干次探针法实验后，可取得一系列速度数据，利用爆炸力学的一些基本关系，可以推算出材料的动态力学性质参数。

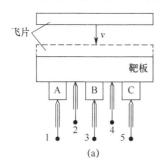
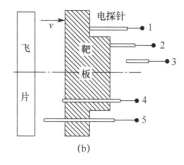

图 4.30 电探针应用中的安装结构

4.6 光纤探头测试系统及应用

用于爆炸与冲击电测技术的光纤探头测速系统分有源和无源两种。

4.6.1 有源光纤探头测速系统

用于飞片测速的有源光纤探头测速系统，由半导体激光光源、高速光纤探头、高速光电开关电路、数字存储示波器和直流电源等组成，其系统配置如图 4.31 所示。

光纤探头飞片测速系统中包含若干个半导体激光光源，并形成相应数量的平行激光束照射到高速光纤探头输入口，使高速光电开关二极管处于导通状态，此时光纤探头放大电路的输出端处在高电平状态,如图 4.32 所示。当飞片快速挡住激光束时,高速光电开关二极管的状态突变,由导通状态突变到断开状态,相应地,光纤探头放大电路的输出端由高电平突变到低电平,即输出一个负极性的脉冲计时信号,最终由数字存储示波器记录。

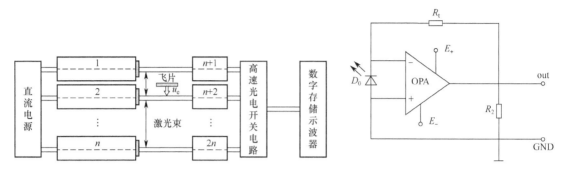

图 4.31　光纤探头飞片测速系统示意图　　　图 4.32　光纤探头放大电路

当飞片先后穿越 n 束激光后,根据数字存储示波记录的 n 个有序脉冲计时信号,可判读得到 $n-1$ 个时间值 t_i(以第一个脉冲信号作为时间零点),再根据光束间距 x_i(以第一光束探头位置为距离零点),利用最小二乘法,线性回归计算得到飞片的平均速度。

4.6.2　无源光纤-光纤探头测速系统

电探针是冲击波速度和爆轰波速度测量中最常用的,但如果把它用于燃烧转爆轰的实验测试,常常给出错误的时间间隔信息,原因如下。

在 DDT 管中,当燃烧爆轰试件被点火后燃烧和压力不断增高。一开始燃速是亚声速的,而压力扰动和位移扰动是以声速传播的。燃烧阵面在没有达到电探针之前,强烈的压力扰动和位移扰动使电探针发生误动作,给出错误的计时信号。在强烈的压力扰动和位移扰动作用下,埋入燃烧爆轰试件中的电探针早已发生了严重变形或被剪断,测点的位置也离开了初始状态。

在 DDT 管中做燃烧爆轰试样的燃烧转爆轰实验中,需要配置光纤-光纤探头测速系统。该系统是由光纤、多路高速光电变送器和数字存储示波器或计时仪等组成,如图 4.33 所示。

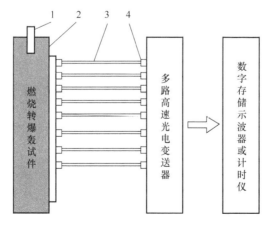

图 4.33　无源光纤-光纤探头测速系统示意图

1—点火器；2—燃烧转爆轰管；3,4—光纤及其连接插件。

无源光纤-光纤探头测速系统适用于在 DDT 管中测量燃烧爆轰试件的燃速和爆轰波速度，原因有：在 DDT 管中，强烈的压力扰动和位移扰动作用下燃烧爆轰试件的升温很小，红外辐射很低，并远小于燃烧阵面的温度和光辐射，从而确保了无源光纤-光纤探头正常工作的可靠性。另外，光纤端面与钢制 DDT 管内壁平齐，光纤测点位置属于欧拉坐标；尽管在压力扰动作用下，DDT 管长度会略微增加，但不影响燃速和爆速的测量精度。

系统中多路高速光电变送器输入输出特性主要取决于光纤探头响应速率；为了使光电变送器输出信号达到纳秒分辨力，必须选配高性能的光纤探头。采用光纤接插件可简化系统的安装与调试。在 DDT 实验中，燃速较慢，爆速较快，因而系统中配置的数字存储示波器或计时仪既要满足燃速测量的需要，又要适用于爆速测量的需要；计时仪的时间分辨力不小于 1ns，数字存储示波器采样速率不低于 500MS/s，记录长度不少于 256K。

每做一次 DDT 实验，光纤就要消耗一段。接到多路高速光电变速器上的光纤较长，每路一盘，有几十至几百米长；光在光纤中的传播速度大约 0.2m/ns，若光纤的长度差 1m，相应的计时差为 5ns，所以为提高时间间隔的测量精度，必须尽可能保证每路的光纤长度相等；如果每路的光纤长度不相等，必须用同一个光脉冲信号来标定全系统。

思考题

1. 电探针有哪些种类，各有何特点？
2. 通靶和断靶区别何在？
3. 分析 RLC 和晶体管脉冲形成网络的工作原理。
4. 电探针的导通原理是什么？为什么用电探针做触发信号？
5. 电探针为什么要和脉冲网络连接使用？
6. 电探极的响应时间指什么？
7. 已知探针距离和对应时间间隔实验数据（表 4.3），用回归法求爆速并计算误差。

表 4.3 探针距离与实践间隔数据表

x_i/mm	6.842	7.215	7.038	7.187	6.993	7.098
t_i/μs	1.011	1.136	1.109	1.054	1.027	1.082

8. 用探针法测速时应如何尽量减少误差？
9. 如何测量火工品作用时间？
10. 采用什么方法测量介质中的冲击波速度？
11. 用电探针法测量烟火药的燃烧参数是否可靠，为什么？

第 5 章　压阻法和应变法

压阻法或应变法是利用金属或半导体材料在受到外界压力或应力作用时，其电阻率发生变化的特点，进行压力测试的一种方法。金属或半导体材料的电阻率随压力或应力变化的这一特征称为压阻或应变效应。

5.1　概　　述

压阻传感器是 20 世纪初开始使用的测静压的传感器，早在 1903 年 Lisell 就采用具有"压阻"效应的锰铜作静压测量传感器，但由于技术中的一些问题，在相当长的一段时间内没有被人们重视。直到 60 年代 Fuller、Price、Brestein 和 Keough 等人把锰铜丝嵌入 C-7 树脂圆盘中制成动高压传感器后，才使锰铜压阻法迅速发展成测量动态压力的传感器。

除锰铜之外，还有很多材料都具有压阻效应，如钙、碳、硅、锂、铟、锶和铌等，它们的灵敏度高，如钙和锂在压力小于 2.8GPa 时与锰铜相比，压阻系数大约高出 10 倍，但温度系数几乎与压阻系数相当。其中有些材料的压阻系数是非线性的，有些材料的化学性能太活泼，仅适合在实验室中应用。锰铜压阻传感器电阻率并不高，但由于它的电阻变化与冲击波压力之间呈线性关系，其压力灵敏系数约为 0.0027kbar（0.027GPa），很适合冲击波和高静水压力的测量。另外，锰铜材料制造压阻传感器，工艺简单，性能稳定，温度系数小，价格适中，因此被广泛应用于冲击波、爆炸力学效应、核爆炸效应等动高压测量领域中。除锰铜外，康铜、半导体、镱和碳材料制成的压阻传感器和应变传感器也有一些应用。

到了 20 世纪 70 年代，出现了采用集成电路制作压阻计和应变计技术，把电阻箔、补偿电路、信号调整电路集成在一块芯片上，甚至将计算处理电路也集成在一起，制成智能压阻计和应变计。这种新型传感器适合于静态、动态低压测量，对于爆炸压力峰值测试，由于破坏作用的影响，目前仍采用最简单结构的压阻计。

选择燃烧、冲击、爆炸参数测量的压阻计和应变计，应具备以下特点：

（1）温度系数尽量低。因为爆炸温度高，影响严重。

（2）电阻变化与冲击波压力之间呈线性关系。

（3）精度高，测量范围广。精度一般在 0.05%～0.1%之间，最高可达 0.01%以上。测压量程在 10^2～10^{10} Pa 之间都有对应的传感器。

（4）使用寿命长，性能稳定可靠。只要压阻和应变计选择恰当，粘贴、防潮、密封可靠，它就能长期保持性能稳定可靠。

（5）金属材料制作的压阻和应变元件结构简单，尺寸小，在测试时对试样的工作状态及应力分布影响小。

(6) 频率响应高,以适应动高压的测量。其固有频率应尽量高,可达 1.5MHz。最高响应时间可达 10^{-8}s,某些半导体应变计可达 10^{-11}s。

(7) 可在高温、高速、高压和强烈振动等恶劣环境下正常工作。

压阻式和应变式传感器被广泛应用于爆破、航天、航空、石油、化工、地质、煤炭和地震等领域,用于测量爆轰波压力、冲击波速度、飞机机翼压力分布、喷气发动机输出性能、火炮膛压、油井气压、天然气在管道内的流速、应力波和地震波毁伤力等。

半导体材料制成的压阻计,受温度影响大,需要加温度补偿电路进行修正。应变传感器的主要缺点是在大应变状态下具有较大的非线性。

5.2 压阻和应变传感器的工作原理

很多金属或半导体材料在受到外界压力或温度变化的影响时,其电阻率将发生变化,变化的程度随不同材料而异。在高速冲击和高温反应状态下,压力和温度往往同时存在。在测试压力时,不希望受到温度的影响,而测量温度时也不希望受到压力的影响。为了消除这两种参数的相互干扰,有必要把它们区分开,如采用密闭腔体测压力分布,可忽略局部温度的影响。如果实在难于区分,则应尽量选用对压力敏感而对温度不敏感的材料。

5.2.1 锰铜压阻传感器工作原理

锰铜压阻传感器为什么至今在爆炸与冲击过程的研究中仍有广泛的应用呢?首先来确定对测量动高压参数传感器的要求:

(1) 由压力引起的电阻率变化比温度引起的电阻率变化大得多,以致可以忽略由温度引起的电阻率变化。

(2) 为了便于测量和分析,在动态压力下,该材料不出现相变。

(3) 为了在长度很短、尺寸很细的金属丝或很薄的金属箔中,得到足够大的电阻值,要求材料要有较高的电阻率,并且随压力的变化,电阻值的变化要大。

实验证明,锰铜是一种符合上述要求的理想材料。第一,锰铜片电阻变化与冲击波压力之间呈线性关系,其压力灵敏系数 0.027/GPa,适用于冲击波压力和高静水压力的测量。第二,其温度系数低,只有 2×10^{-5}/℃,比一般导体的温度系数 5×10^{-3}/℃小两个数量级。第三,无相变。在动态高压测试中,由于爆炸过程反应时间短至几微秒,甚至更短,锰铜与周围介质之间来不及发生充分热交换;即便锰铜与周围介质有足够的时间交换热量,但由于它的温度系数低,对热量变化并不敏感,因此可以认为锰铜压力计受温度的影响可以忽略不计。另外,锰铜压力计很薄,一般为 0.015~0.02mm,当冲击波到达之后,经历了几十纳秒的响应过程,已处在正常工作期间,不需再区分锰铜计内各层运动差异的细节,箔内各处的动力学参数已趋均匀化。在这种情况下,可以认为锰铜压力计的运动是绝热等熵运动,它只与所受压力呈线性关系。锰铜压阻传感器的测压范围可达 GPa 数量级。

把电阻元件置于流体静压或冲击压力下,元件的电阻将随压力和温度等的改变而发生变化,多数元件的电阻随承受压力增加而减小,随温度升高而增加。

片状和丝状锰铜受力状况如图 5.1 所示,当爆轰波压力 p 作用在锰铜材料上,材料的截面积 S 和长度 L 都会发生变化,这些变化改变了锰铜材料的电阻值。

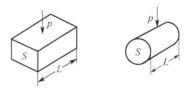

图 5.1 片状和丝状锰铜受力状况

对于横截面均匀的导体,其电阻值 R 为

$$R = \rho \frac{L}{S} \tag{5-1}$$

式中:R 为锰铜片的电阻值,Ω;ρ 为导体的电阻率,$\Omega \cdot m$;L 为导体长度,m;S 为导体截面积,m^2。

当导体材料、长度和截面积一定时,锰铜片的电阻值主要取决于它自身的电阻率。一般说来,电阻率 ρ 会随外界压力和温度的变化而变化,即

$$\rho = \rho_0 + \rho_p + \rho_T = \rho_0(1 + Kp + aT) \tag{5-2}$$

式中:ρ_0 为常温常压下的电阻率,$\Omega \cdot m$;K 为压力灵敏系数,1/GPa;p 为外加压力,GPa;a 为温度系数,1/℃;T 为外界温度,℃。

ρ_p 是由于压力 p 引起的电阻率增量,$\rho_p = \rho_0 K p$;ρ_T 是由于温度引起的电阻率增量,$\rho_T = \rho_0 a T$。对于多数金属来说,由于 K 和 a 在数量上相近,两个因素都不能忽略。温度影响包括温度膨胀效应和电阻率的温度效应;等温压力影响包括压阻效应和应变效应。

从前面叙述的锰铜材料可知,它的温度系数只有 $a = 2 \times 10^{-5}$/℃,和压力灵敏度系数 K 相比,该项可以忽略不计。另外锰铜在动态压力下不发生相变,很短的锰铜丝或箔可具备较大的电阻。这样,锰铜的电阻率可表示为

$$\rho = \rho_0(1 + Kp) \tag{5-3}$$

在严格的一维平面应力情况下,受压缩的锰铜侧向尺寸 L 是不变的,横截面随压力而变化。将式(5-3)代入式(5-1)得

$$R = \rho_0 \frac{L}{S}(1 + Kp) \tag{5-4}$$

用 S_0 和 S 表示压缩前后的截面积,V_0 和 V 表示压缩前后的体积,并且 $S/S_0 = V/V_0$,则

$$\frac{\rho}{\rho_0} = \frac{RS}{R_0 S_0} = \frac{RV}{R_0 V_0} = \frac{V}{V_0}\left(1 + \frac{\Delta R}{R_0}\right) = 1 + Kp \tag{5-5}$$

故

$$\frac{\Delta R}{R_0} = \frac{(1 + Kp)V_0}{V} - 1 \tag{5-6}$$

其中

$$\Delta R = R - R_0$$

从式(5-6)可知,在一维平面压力情况下,锰铜的电阻相对变化值仅仅是压力的函数。通过实验进一步证明式(5-6)可改写为

$$\frac{\Delta R}{R_0} = K_b p \tag{5-7}$$

式中:$\Delta R / R_0$ 为锰铜计电阻相对变化值;K_b 为锰铜计压阻系数,1/GPa;p 为锰铜计所受压力,GPa。

K_b 与传感器材料和形状有关,它可由实验确定。只要知道 $\Delta R / R_0$ 和 K_b,就可以直接得

出被测压力。

在实验中，为了测试方便，可以将测量电阻变化率转化为测量电压变化率，只要采用恒流电源，使通过锰铜传感器的工作电流不变，就可以实现这种转化。

$$\frac{\Delta U}{U} = \frac{\Delta R I}{R_0 I} = \frac{\Delta R}{R_0} \quad (5-8)$$

用示波器测出 $\Delta U/U$，就相当于测出了电阻变化率 $\Delta R/R_0$。

常用锰铜材料的成分为 11%～13% Mn，2%～3%（Ni+Co），0.5%Fe，0.5%Si，其余为 Cu。

式（5-7）也可以表示成压力是电阻率的函数，即

$$p = f(\Delta R / R_0)$$

由于传感器的材料、结构和安装条件的不同，计算压力的公式也略有差异。例如，实验证明，有些压阻传感器的压阻特性满足上式的一阶或 n 阶泰勒展开式，一般 $n=(1\sim4)$。式（5-9）是 Lec 的实验结果，表示为

$$p = a_1 \frac{\Delta R}{R} + a_2 \left(\frac{\Delta R}{R}\right)^2 + a_3 \left(\frac{\Delta R}{R}\right)^3 + a_4 \left(\frac{\Delta R}{R}\right)^4 \quad (5-9)$$

式中：$10\text{GPa} > p > 0$。在加载条件下，$a_1 = 0.4189$，$a_2 = -1.86\times10^{-2}$，$a_3 = 5.828\times10^{-4}$，$a_4 = -9.159\times10^{-4}$；标准差是 0.01GPa。无论是加载还是卸载过程，$a_1 \sim a_4$ 均为锰铜传感器组分、结构、装配条件的函数。这套数据对应的锰铜组分是：84%Cu，12%Mn 和 4%Ni。

5.2.2 应变传感器的工作原理

应变传感器是依据导体或半导体材料的电阻-应变效应制作而成的，所谓应变效应是指金属导体的电阻值随变形（伸长或缩短）而发生改变的一种物理现象。这种物理现象的数学表达式见式（5-10）。

一根圆截面的金属丝拉伸时的变形情况如图 5.2 所示，实线表示导体受力前的形状，直径为 D，长度为 L。虚线表示受轴向拉力 F 作用后，直径变为 $D+\Delta D$，显然 ΔD 是负值；长度变为 $L+\Delta L$。此时它的电阻相对变化可表达为

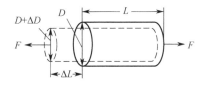

图 5.2 受拉力后的金属丝

$$\frac{\Delta R}{R} = \frac{\Delta \rho}{\rho} + \frac{\Delta L}{L} - \frac{\Delta S}{S} = \frac{\Delta \rho}{\rho} + (1+2\nu)\frac{\Delta L}{L} \quad (5-10)$$

式中：ν 为材料的泊松比。

实验结果表明，对于大多数单根金属丝或金属箔，当它们受到轴向力的作用，其变形和电阻变化之间存在线性关系。

$$\frac{\Delta R}{R} = K_0 \frac{\Delta L}{L} = K_0 \varepsilon \quad (5-11)$$

式中：K_0 为金属材料灵敏系数，在一定变形范围内 K_0 为常数；ε 为金属的轴向应变。

灵敏系数 K_0 是指应变计电阻值的相对变化与其轴向应变的比值。ε 是量纲为 1 的量，它的值通常很小，在应变测量中常用微应变 $\mu\varepsilon$ 表示，$1\mu\varepsilon$ 应变相当于长度为 1m 的金属，其变形为 $1\mu m$ 时的相对变形量。$1\mu\varepsilon = 1 \times 10^{-6}\varepsilon$。由式（5-11）可以看出，金属或半导体材料电阻的变化和应力成一定比例关系，当测得 $\Delta R/R$ 并已知 K_0 后，可求出传感器的应变值。

除灵敏系数外，还要考虑应变计的物理和化学性能，主要包括电阻率、电阻温度系数、线膨胀系数、材料化学性能的稳定性等。应变敏感元件常用金属材料的性能如表 5.1 所列。

表 5.1　应变敏感元件常用金属材料的性能

材料名称	成分/%	灵敏系数 K_0	电阻率/$10^{-6}\mu\Omega\cdot m$	电阻温度系数/($10^{-6}/℃$)	线膨胀系数/($10^{-6}/℃$)
康铜	$Ni_{45}Cu_{55}$	1.9～2.1	0.45～0.52	±20	15
镍铬铝铜合金	$Ni_{75}Cr_{20}Al_3Cu_2$	2.4～2.6	1.24～1.42	±20	13.3
铂	Pt	4～6	0.09～0.11	3900	8.9
铂钨合金	$Pt_{92}W_8$	3.5	0.68	227	8.3～9.2
镍铬合金	$Ni_{80}Cr_{20}$	2.1～2.3	0.90～1.10	110～130	14
铁铬铝合金	$Fe_{70}Cr_{25}Al_5$	2.8	1.3～1.5	30～40	14
镍铬铝铁合金	$Ni_{74}Cr_{20}Al_3Fe_3$	2.4～2.6	1.24～1.42	±20	13.3

从以上分析可知，式（5-7）和式（5-11）是锰铜压阻计和电阻应变计测量压力和应变的理论基础。电阻变化与压力和应力的关系可通过特性曲线表示。图 5.3（a）所示是压阻传感器的特性曲线，通过加载和卸载实验，将实验数据做成回归曲线。图 5.3（b）所示为两种材料应变与电阻变化率间的关系，也是通过实验和回归方式获得。当选用的压阻计和应变计具有特性曲线图，在进行爆炸实验后，可根据测得的记录数据直接从图中查出爆压和应变。

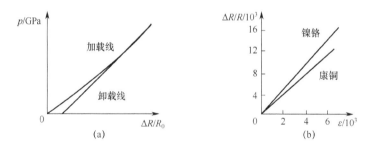

图 5.3　压阻计和应变计特性曲线

（a）压阻计特性曲线；（b）应变计特性曲线。

5.3　压阻和应变计结构

5.3.1　锰铜压阻计结构

锰铜压阻计在设计时应考虑以下因素：

（1）传感器敏感部位尺寸应足够薄，以便使其动态响应快。

（2）敏感部位的面积尽可能小。

（3）传感器的电阻值尽量与电缆阻抗匹配，这样可以满足长导线远距离的传输。

锰铜压阻传感器从结构上可分为丝式和箔式两种，从阻值上又可分为高阻和低阻两类。火工品及爆炸冲击测试中主要采用低阻值的压阻传感器，这样可以将传感器敏感部位做得很小，使压力测试更准确。图 5.4 示出丝式压阻计的几种结构，其中 SE 表示敏感部位。图 5.4（a）、图 5.4（d）所示是二端口网络，引线负责供电和传输信号；图 5.4（b）、图 5.4（c）所示是四端口网络，内引线输出电压信号，外引线提供电流。另外，图 5.4（d）所示的 SE 比较长，属于高阻元件，而图 5.4（a）、图 5.4（b）、图 5.4（c）所示的 SE 比较短，定义为低阻元件。

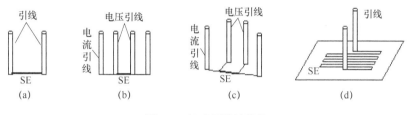

图 5.4 丝式压阻计结构

另外一种箔式锰铜压阻计如图 5.5 所示，这种传感器应用得比较多。图 5.5（a）所示是 H 形，图 5.5（b）所示是 Π 形，图 5.5（e）所示是 U 形压阻计，它们的 SE 很短，属于低阻锰铜计，阻值多在 2Ω 左右，电流引线和电压引线分开；图 5.5（c）、图 5.5（d）、图 5.5（f）所示的 SE 较长，电阻多在几欧至几百欧，属于高阻锰铜计。

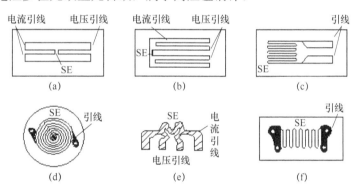

图 5.5 箔式压阻计结构

丝式锰铜计选用的锰铜丝直径一般在 0.02mm，锰铜箔的厚度为 0.1～0.2mm，材料成分前一节已提到。引出线是直径为 1mm 的铜丝或镁丝，采用环氧树脂固定丝式锰铜计，用 C-7 树胶封装。箔式压阻片通过制板、喷漆、喷感光胶、晒像、烘烤和腐蚀等步骤制成。

图 5.6 示出了几种箔式压阻传感器的实物照片，其中包含低阻和高阻两种类型，分别用于不同场合的爆炸参数测量。图 5.7 所示为锰铜传感器敏感元件放大后的图像，图中粗线是引线，有二端口网络和四端口网络两种。敏感元件前两个是圆形和栅形结构，为高阻器件；后两个是 H 形和 Π 形结构，为低阻器件。

图 5.6 压阻传感器实物图

图 5.7 锰铜压阻传感器敏感元件放大图像

爆炸和冲击测量中多采用低阻值压阻传感器，因为爆炸载荷强度高，传感器不需要很高的灵敏度，另外由于阻值小，可以缩小敏感元件有效工作面积，提高测量精度。

5.3.2 电阻应变计结构

电阻应变片主要有 3 种结构形式：丝式、箔式和薄膜式。把电阻应变片制成压力和力传感器后，主要有膜片应变式、应变筒式和压杆应变式等类型。本节对这几种类型传感器做简单介绍。

1. 丝式应变片

丝式应变片用高阻值金属丝绕制成栅状敏感元件，图 5.8（a）所示为 U 形结构，它也可以做成 V 形和 H 形结构。图 5.8（b）所示是应变片的基本组成，一般包括基片、电阻丝、覆盖层和引线。基片材料有纸基、胶基、金属基等，电阻丝的直径为 0.02~0.05mm，安全电流为 10~50mA，电阻值为 50~1000Ω。引出线多使用直径 0.15~0.3mm 的镀银或镀锡铜丝。这种应变片制作工艺简单，价格低廉，但 U 形圆角横向效应大，后改成直角 H 形结构，有利于消除横向效应。这种应变片逐渐被箔式应变片取代。

2. 箔式应变片

箔式应变计的敏感部位形状如图 5.8（c）所示。它的敏感栅是通过光刻、腐蚀等工艺制成，电阻箔厚度为 0.003~0.01mm。箔金属材料为康铜或镍铬合金等，基片由环氧树脂、缩醛、聚酰亚胺等制成。箔式应变片尺寸制作工艺精确，电阻离散程度小，材料表面积大，散热性好，可以通过大电流。由于具备这些优点，所以得到广泛应用。

3. 半导体应变片

半导体应变片是根据半导体材料的压阻效应制成，它的敏感元件是由半导体硅、锗等材料组成，如图 5.8（d）和图 5.8（e）所示。这种应变计的灵敏系数是金属材料的 50~100 倍，体积小，横向效应小，机械滞后不明显。其阻值为 60~1000Ω，它具有正、负两种符号的应力效应，可以做成同一应力方向的电桥两臂的应变计。半导体应变计的温度系数大，线性应用范围窄，灵敏系数的散度大，这些缺点一度限制了它的应用。随着扩散型、外延型和薄膜型半导体应变计的出现，上述缺点被逐步克服。

4. 金属薄膜应变片

金属薄膜应变片是采用真空溅射或沉积方法制成的，金属膜的厚度小于 0.1μm（1000Å），可做成任意形状，如图 5.8（f）所示。

薄膜电阻可制成连续和不连续两种，不连续膜是由许多小块膜片组成，膜片之间存在间隙，彼此之间通过电子隧道传导。这种膜较薄，电阻率高，灵敏系数和半导体应变片接近，比丝式和箔式高两个数量级，具有负电阻温度系数。连续膜的稳定性比不连续膜好，膜较厚，性能和箔式应变片类似。这种应变计制作较复杂，应用范围不如前者多。

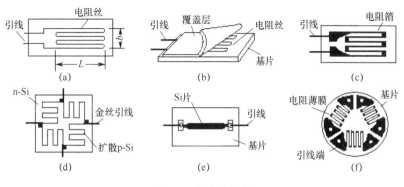

图 5.8 应变片结构

5.4 压力传感器

前面介绍了压阻和应变片的结构，在爆炸测试技术中，直接采用锰铜压阻片进行测量的情况很多，因为爆炸输出特性测量会使传感器遭到破坏，而压阻片制作简单，成本低，适合直接与被测试样粘接在一起使用。

压阻片和应变片也可以和其他弹性材料组合在一起制成测压传感器。弹性元件首先把各种非电量转换成应变量或位移量，然后通过敏感元件再把应变量或位移量转换成电量。这种传感器的构造比较复杂，部件多，有些还要配备冷却系统，但它们的优点是可以重复使用并形成规范化标准。这种传感器可用于测量腔体内反应气体压力随时间变化规律，反射冲击波压力，中、低压动态参数等，常在空中和水中爆炸中得以应用。

电阻应变传感器的种类很多，常用的有膜片型、筒型、杆型等，由于结构复杂，图 5.9 和图 5.10 只列出它们的基本安装示意图。这类传感器的共同特点是把应变片固定在弹性元件上或埋入弹性元件中，当弹性元件受力后，产生弹性变形，引起应变片压、拉压后电阻率发生变化。膜片型传感器的本体是由不锈钢材料制成的，本体底部形成较薄的圆形弹性膜片，4 个应变片贴在弹性膜片的内侧，排列如图 5.9（a）所示，组成电桥输出。当弹性膜片外侧受到轴向冲击压力 p 作用发生形变时，应变片 1 和应变片 2 被拉抻，应变片 3 和应变片 4 被压缩。

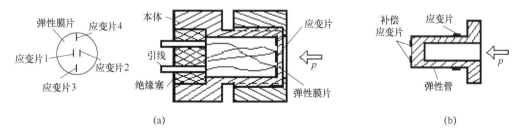

图 5.9 膜片型和筒型应变压力传感器示意图

（a）膜片型应变传感器；（b）筒型应变传感器。

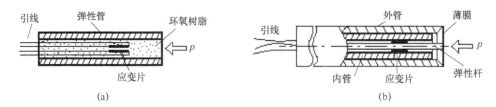

图 5.10 杆型应变传感器

在圆形弹性膜片四周被固定的情况下，其内侧面沿半径方向受压产生的应变可由下式计算。

$$\varepsilon_r = \frac{3p}{8h^2 E}(1-v^2)(r_0^2 - 3x^2) \tag{5-12}$$

式中：p 为压力，MPa；v 为膜片材料的泊松比；E 为材料的弹性模量，10^5 MPa；h 为弹性膜片厚度，mm；r_0 为弹性膜片半径，mm；x 为弹性膜片中心至应变片计算点的距离，mm。

这种传感器中应变片使用灵活，成本低，灵敏度高。不足之处是尺寸不易做小，固有频率较低。固有频率可按下式计算。

$$f_0 = \frac{2.56h}{\pi r^2}\sqrt{\frac{E}{3\rho(1-v^2)}} \tag{5-13}$$

式中：ρ 为材料密度，g/mm³。

图 5.9（b）所示为筒型应变传感器，弹性元件是薄壁圆筒，圆柱体内有一盲孔，右端有法兰盘与被测系统连接。一共使用 4 个应变片组成电桥，其中两个应变片贴在圆筒外壁，另两个作为补偿元件粘贴在圆筒顶端。当压力作用于内腔时，弹性圆筒发生形变，应变片电阻也随之变化，在圆筒外表面产生的切向应变，即

$$\varepsilon_t = \frac{pd_0(1-0.5v)}{E(d_1-d_0)} \tag{5-14}$$

式中：d_0 为圆筒内径，mm；d_1 为圆筒外径，mm；其他符号含义及单位同式（5-12）。

由于空腔的存在，这种传感器的固有频率不高，主要作为高压、低频动态压力测量。其内腔的振荡频率为

$$f = \frac{c}{4l} \tag{5-15}$$

式中：c 为压力传输介质的声速，m/s；l 为内腔的轴向长度，m。

图 5.10 所示为杆型电阻应变传感器，其特点是利用弹性杆或弹性管在外力作用下的形变，改变应变片的电阻。图 5.10（a）所示的电阻应变片埋入装有环氧树脂的弹性管内，测高压的弹性管采用铝或不锈钢管，管的外径在 0.5~3mm。传感器的响应时间可达 10^{-7}s，它与杆长和环氧树脂的波速有关。图 5.10（b）所示中心是一根金属弹性长杆，应变片与杆的外壁固定，并用内、外管保护，弹性杆的顶部粘有薄膜。由于弹性杆的长度远大于它的直径，可认为它是一维应力杆。当入射压力 p 脉冲从图中右端传向左端时，在左端发生全反射，一个相位相反波形相似的拉应力脉冲返回右边的入射端，所到之处将和入射波叠加。应变片测量入射波的有效时间 $t = 2l/c$，其中 l 是应变片所在位置至弹性杆末端的距离，c 是杆材的声速。杆型传感器的不足是测量时间受到弹性杆长度的制约；优点是高频响应好，测量压力范围比较宽。

5.5 压阻法和应变法压力测试系统

5.5.1 高、低压测试分类

一般锰铜或应变压力测试系统包括被测试样、起爆器、实验样品固定装置（或密闭爆发器）、防护箱、压力传感器、应变仪、电源、记录仪器及数据处理等部分。爆炸与冲击过程的压力测试系统有两种，一种定义为低压测量系统，另一种定义为高压测试系统，如图 5.11 所示。

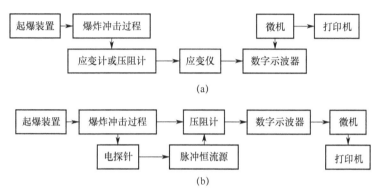

图 5.11 压阻法测试系统
(a) 低压测试系统；(b) 高压测试系统。

低压测试系统的压力测量范围为 1~5GPa，测压传感器可以是压阻计，也可以是应变传感器，它们的电阻值为 2~500Ω，定义它在爆炸测试中为高阻值压阻计。测试系统用应变仪作二次仪表使用，传感器以电桥方式连接在应变仪的输入端，应变仪输出的是压力随时间变化的参数。

在高压测试系统中，测压范围为 0.1~50GPa，测压传感器主要是锰铜压阻计，由脉冲恒流源通过电源引线为它提供瞬间工作电流，电探针触发恒流源启动。这种压阻计的阻值多在 0.05~2Ω 之间，定义它在爆炸测试中为低阻值压阻计。由于它的电阻值很小，长时间通电流会使压阻计的敏感部位电性能下降或烧坏，因此采用瞬间脉冲供电方式。数字示波器与锰铜压阻计的信号输出引线连接，它获得的是恒流源供电电压与压阻计变化电压的叠加信号。

高、低压测试系统输出的是电压随压力变化的信号，通过输出数据和波形，可以观察爆炸、燃烧与冲击过程随时间的变化情况，也可以通过计算求出爆炸冲击压力。对求得的每一时刻爆炸产物或冲击波的压力值，确定它的可信度，常用的方法是在实验之前先对压阻传感器或测压系统进行标定，在已知标准压力情况下确定其输出电压值，分析测试系统的静态和动态特性。实验之后，通过计算的压力值和标定的压力值相比较，可以确定测试数据的误差。

5.5.2 低压测试系统

本节参考 5.5.1 节图 5.11（a），对测试系统内的仪器的工作原理进行叙述。

1. 应变计和压阻计

低压测试使用的应变计或压阻计的敏感元件一般为栅形结构，拉直后长度可达 10mm 以上，电阻值一般在 5Ω 以上。常用的有膜片型、筒型和杆型电阻应变传感器，也可以直接使用丝式、箔式和半导体型应变片或锰铜压阻片。

前面提到，一些电阻应变传感器在制作时，使用 4 个应变片，按电桥的方式连接。如果压阻传感器不是电桥连接方式，在应变仪的输入端也要把它放入电桥电路的一个桥臂中。这样做的目的是什么呢？是通过电桥把电阻的动态变化量转换成电压或电流变化量，以便记录仪器读数据。

电桥一般按惠斯登电桥形式连接，如图 5.12 所示。电阻应变计 R_1 和电阻 $R_2 \sim R_4$ 分别接在 4 个桥臂上，应变计电阻变化信号以 U_{sc} 形式输出，U_0、I_0 是供电电源。常采用恒压源、恒流源和载波振荡器 3 种方式对电桥供电，图 5.12 中所示为恒压源和恒流源供电的情况。

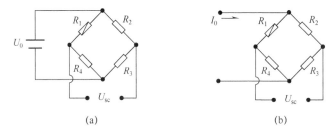

图 5.12　电桥的供电方式

（a）恒压源；（b）恒流源。

恒压源供电时，假设 $R_1 = R_2 = R_3 = R_4 = R$，电桥的输出电压为

$$U_{sc} = U_0 \frac{\Delta R_1}{R + \Delta R_T} \tag{5-16}$$

式中：ΔR_1 为由于压力增加在应变片上产生的电阻变化；ΔR_T 为由于温度变化引起的电阻变化。电桥的输出电压 U_{sc} 与恒压源供电电压 U_0、被测参数 $\Delta R_1/R$ 成正比。测量燃烧、爆炸压力时，输出电压还与温度有关，即 U_{sc} 与 ΔR_T 呈非线性关系，所以用恒压源供电时，电路中不能消除温度的影响。

用恒流源供电时，假设电桥两个支路的电阻相等，$R_1 + R_4 = R_2 + R_3 = 2(R + \Delta R_1)$，那么，通过每个支路的电流也相等，因此电桥的输出电压为

$$U_{sc} = I_0 \Delta R_1 \tag{5-17}$$

电桥的输出电压与电阻的变化 ΔR_1 和电源电流成正比，与温度无关，不受温度的影响，这是恒流源供电的优点。

由式（5-11）可知，当作用于压阻计的应力较低时，ΔR 的值很小，相应的 ΔU_{sc} 的值也很小，与电源电压 U_0 的差值太大，以至无法分辨出压力的变化，即便能分辨出来，也会由于信号太弱，造成测试精度很低。在这种情况下，采用电桥电路进行测试是很有效的方法，它不仅可以放大 ΔU 信号，还可以在桥路中消去初始电压 U_0，而最终得到单一的 ΔU 信号。当电桥不在电阻应变仪内而独立使用时，假如用恒压源为它供电，根据图 5.12 所示的电路，R_1 为压阻计的电阻，R_2 和 R_3 为固定电阻，R_4 为可调电阻，用来调节电路的平衡。电桥的输出电压 ΔU_{sc} 由下式计算。

$$\Delta U_{sc} = \frac{(R_1 R_3 - R_2 R_4) Z_c U_0}{Z_c (R_1 + R_3)(R_2 + R_4) + R_1 R_2 (R_4 + R_3) + R_4 R_3 (R_1 + R_2)} \tag{5-18}$$

式中：Z_c 为电缆特性阻抗，电桥输出电压 ΔU_{sc} 通过电缆传输时，电桥负载阻抗为 Z_c。

为了使电路处在与传输线匹配的状态下工作，通常取

$$R_1 = R_2 = R_3 = R_4 = Z_c \tag{5-19}$$

式中：R_1 为电阻应变计未受到压力时的电阻值，此时 ΔU_{sc} 的初值为零。当压阻计受到冲击压力作用后，$R_1 \to R_1 + \Delta R$，代入式（5-18），经整理后得

$$\frac{\Delta U_{sc}}{U_0} = \frac{\Delta R}{8R_1 + 5\Delta R} \tag{5-20}$$

当 $5\Delta R \ll R_1$ 时，（5-20）近似表示为

$$\Delta U_{sc} / U_0 = \Delta R / 8R_1$$

而当电桥的负载 $Z_c \to \infty$ 时，

$$\Delta U_{sc} / U_0 = \Delta R / 4R_1 \tag{5-21}$$

将式（5-21）代入式（5-11），可求出冲击波压力值。

2．电阻应变仪

电阻应变仪的功能是将应变传感器或压阻计阻值变化的信号转换成电压信号，经过放大、检波、滤波等处理后，送到示波器中记录下来，求出压力峰值和变化规律，然后根据测试系统的标定值，分析压力测量的误差。电阻应变仪主要由电桥、振荡器、放大器、相敏检波器、滤波器、数字示波器或记录仪等组成，其工作原理如框图 5.13 所示。

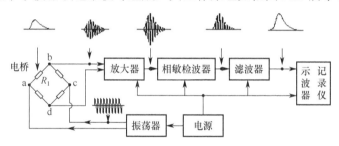

图 5.13　电阻应变仪工作原理框图

在每个环节的入口端，标出相应的波形。初始状态时，电桥处于平衡状态，b、d 两端输出电平为零。R_1 是电阻应变计，在它上边加一个单次变化的压力，引起电阻变化，电桥失去平衡，b、d 两端的输出电压随压力变化而变化。

（1）振荡器。振荡器的作用是产生一个频率、振幅稳定，波形良好的正弦交流电压，它可以作为电桥的电源和相敏检波器的参考电压。正弦波信号通过 a、c 两端送入电桥，与压力信号叠加在一起进行放大。这种供电方式的优点是使信号抗干扰能力增强，便于远距离传输。

振荡的频率一般要求不低于被测信号频率的 6～10 倍。在多通道的应变仪中，振荡器是通过缓冲放大器和功率放大器将振荡信号供给各个通道的电桥和相敏检波器，以减少相互影响，提高振荡器的稳定性。

（2）放大器。其作用是将电桥输出的微弱调制波电压信号不失真地进行放大，以便得到足够的功率去推动数字示波器或记录仪。放大后调幅波的频率和相位与电桥输出信号相同。

（3）相敏检波器。放大后的调幅波，必须用检波器将它还原成为被测信号波形，相敏检波器的作用就是将调幅波还原成被检测信号波形。一般检波器只有单相的电压输出，不能区别拉、压信号。采用相敏检波器，不仅具有检波作用，还能根据调幅波的相位辨别被测信号的极性，通过双向信号输出，反映应变的拉、压状态。

(4) 滤波器。从相敏检波器中输出的应力波形中仍残留有载波信号，滤波器的作用就是滤去检波后波形中残余的高频载波分量，恢复输入信号的本来面目。常用的滤波器有高通、低通、带通等类型，一般用电感和电容组成 Γ 形和 Π 形低通滤波器。由于它要滤去高频波中频率最高分量，也就是载波频率 ω，而一般被测量信号 Ω 的频率比 ω 小得多，所以滤波器的截止频率只要做到 $(0.3\sim0.4)\omega$，即可满足频率特性要求，这时可滤去载波部分，而使被测信号顺利通过。

(5) 电源。电源是保证应变仪中放大器、振荡器等单元电路工作所需要的能量供给，要求其输出电压稳定。一般由整流器、滤波器和电子稳压器等组成。

3. 记录仪

动态应变仪采用数字存储示波器作为记录仪器，示波器的带宽在 100MHz，采样速率 10MS/s。

目前出现很多数字型应变仪，由单片机控制，体积很小，携带方便。

低压测试系统适合测量密闭容器内燃烧、爆炸气体的 p-t 曲线；爆炸载荷作用下介质内部应力波参数的变化特征；载荷部件上的力学状态分布等参数。

5.5.3 高压测试系统

本节参考 5.5.1 节图 5.11 (b)，高压测试系统采用低阻锰铜压阻计作为敏感元件，直接与示波器连接，不用组成电桥。示波器接收的是电压信号，而压阻计给出的是电阻变化信号，电阻转换成电压的工作是通过脉冲恒流源完成的。这种传感器通常粘贴在被测试样的能量输出端，属于一次性耗材。

1. 电探针

电探针的作用是触发脉冲恒流源给压阻计提供电流，使爆炸冲击反应过程、恒流源启动、压阻计采集冲击信号等工作按时序同步进行。

电探针的导通信号取自于测量样品，在引爆猛炸药的同时，或在传爆药传爆到某个位置，或在雷管形成爆轰的一瞬间，电探针接通，并触发脉冲恒流源为压阻计提供工作电流。压阻计通电几微秒或几十微秒，爆轰压力传至压阻计，产生压力信号。

2. 脉冲恒流源

在动高压测试中，压阻传感器的工作时间很短，只有几微秒至几十微秒，采用脉冲恒流源供电，有两个优点，一是给锰铜压力计短时间通电，以降低锰铜丝受热效应的影响；另一个是可以在极短时间内同时获得 ΔU 和 U 两个信号，根据式 (5-8) 和式 (5-7)，就可以算出被测压力值。

脉冲恒流源的基本设计思想是根据电阻分压器的电路结构而产生，分压器的测试电路如图 5.14 所示。图中 R_0 和 R 组成分压电阻，R 是压阻计的初始电阻。电源 E 对电路供电，使回路中产生电流 I_0，R 两端的电压为

$$U = I_0 R$$

传感器敏感元件 R 上受到爆炸冲击压力扰动时，会产生电阻值的变化，如果电阻值变化量为 ΔR，则 $R \rightarrow R+\Delta R$。与此对应，$U = U + \Delta U$，$I_0 \rightarrow I_0 + \Delta I$，$\Delta U$ 和 ΔI 分别为电压和电流增量，由欧姆定律可得

$$U + \Delta U = (I_0 + \Delta I)(R + \Delta R)$$

等式两边同除以 U，得

$$\frac{\Delta U}{U} = \frac{\Delta R}{R} + \frac{\Delta I}{I_0} + \frac{\Delta I \, \Delta R}{I_0 R}$$

当 $\Delta I \to 0$ 或 $|\Delta I / I_0| \ll |\Delta R / R|$ 时，

$$\frac{\Delta U}{U} = \frac{\Delta R}{R} \tag{5-22}$$

如果电源 E 为恒流源，它的输出电压应为一个恒定值，此时回路电流增量

$$\Delta I = \frac{E}{R_0 + R + \Delta R} - \frac{E}{R_0 + R}$$

等式两边同除以 I_0，得

$$\frac{\Delta I}{I_0} = \frac{\Delta R}{R_0 + R + \Delta R} \tag{5-23}$$

如果 $R_0 \gg R$，$R > \Delta R$，则可以认为 $R_0 + R + \Delta R \gg R$，其倒数

$$\left| \frac{\Delta R}{R_0 + R + \Delta R} \right| \ll \left| \frac{\Delta R}{R} \right|$$

根据式（5-23）可得

$$\left| \frac{\Delta I}{I} \right| \ll \left| \frac{\Delta R}{R} \right|$$

在这种情况下，恒压源 E 和电阻 R_0 组成一个恒流源，以保证式（5-22）成立。

式（5-22）表明，恒流源可以使压阻计的电阻变化等同为对应的电压变化。

为了获得可控脉冲式恒流源，可以把图 5.14 中的恒流源 E 改换成电容 C，用直流稳压电源 E_0 对电容充电，其电路如图 5.15 所示。图中稳源 E_0 的电压可以根据需要调整，如在几伏至几百伏之间变化。电容器的选择应结合回路电阻值（包括电缆线）和锰铜压力计所需工作电压的持续时间来确定，尽量留有余地。电容放电是由可控元件或开关元件 D 在爆炸压力的前沿到达压力计表面的前几微秒至几十微秒控制电路导通，使电容器对压力计供电，同时触发示波器，开始记录信息。

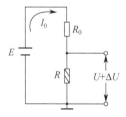
图 5.14 分压测试电路

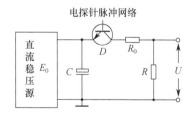
图 5.15 脉冲恒流源基本原理

下面介绍两种实用脉冲恒流源。美国 DYNASEN 公司设计的低阻值锰铜压阻脉冲恒流源电路如图 5.16 所示，这是一种电容式的脉冲恒流源。它的有效工作时间为 $10 \sim 500 \, \mu s$，电容 C 上的充电电压为 $30 \sim 300 \, V$ 可调；锰铜压阻计的阻值在 $0.05 \, \Omega$ 左右；恒流源有两个输出端口，输出口 1 输出的信号中包含有恒流分量，输出口 2 输出信号中不包含恒流分量，其目的是适应较低压力的测量。触发信号入口处的触发电平 $4 \sim 50 \, V$，恒流源从触发达到电流

稳定的时间取决于供电电缆和信号电缆的长度。由于供电电缆的两端不匹配，电流达到恒定所需要的时间比较长。

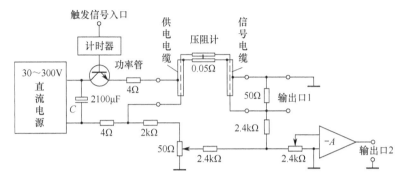

图 5.16　低阻值锰铜压阻计的脉冲恒流源

图 5.17 所示为北京理工大学黄正平教授设计的高速同步脉冲恒流源电源，从图 5.17（a）原理框图可以看出，恒流源主要由触发电探针、脉冲形成网络、脉宽控制雪崩电路、大功率脉冲开关、恒流电路和锰铜压阻计组成。

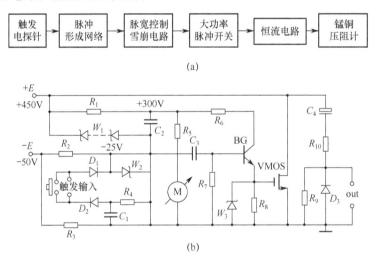

图 5.17　高速同步脉冲恒流源

当触发信号输入后，脉冲形成网络输出一个脉冲信号使雪崩管 BG 导通，导通时间由 C_2、R_6、R_8 的大小来决定。雪崩电路在 R_8 上分压可以使大功率开关管 VMOS 导通，C_4、R_9、R_{10} 和锰铜压阻计按输出端组成的恒流电路开始工作。当 C_2 上电荷释放到较低水平时，VMOS 管关闭。恒流源有效工作时间为 30～200 μs，工作电流 9A 左右。锰铜压阻计的阻值为 0.05～0.2Ω，从触发到电流达到恒定的时间为 0.4 μs。

该电路的特点是把电探针触发电路和脉冲恒流源电路组合在一起，测试时只需在触发输入端接入电探针，在输出端接锰铜压阻计，然后连接稳压电源就可以了。

高压测试系统脉冲恒流源的锰铜计也可以按电桥方式连接，图 5.18 所示是美国 DYNASEN 公司 20 世纪 90 年代设计的电桥连接方式的脉冲恒流源。两个压阻计一个作测量用，另一个作比较补偿用，其他两臂是电阻器件，通过调节 30Ω 电位器的阻值使电桥平衡。压阻计和比较计的等效电阻是 50Ω 敏感元件和 50Ω 电缆并联后的阻值。

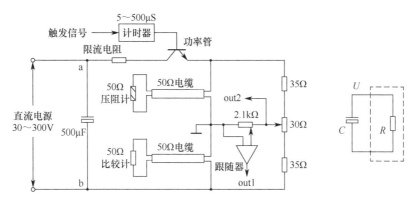

图 5.18　电桥连接方式的脉冲恒流源

将图 5.18 中 a、b 两端右边的电路用 R 等效，电容两端的电压为 U，它等于充电电源电压，只要电容 C 足够大，在很短一段时间内 U 的变化很小，则电容 C 相当于一个恒压源。R 是电容的负载电阻，它的大小直接影响放电速率，即确定了维持恒压的时间。

对于 RC 电路，电阻两端电压

$$U = U_0 \exp(-t/\tau) \tag{5-24}$$

式中：$\tau = RC$，为放电时间常数，C 是 50μF 放电电容，R 是放电电容的负载电阻。若取 $U/U_0 = 0.99$，相应的时间 $t = -\tau \ln(U/U_0) = 0.01\tau$。通常定义 0.01τ 是电容式恒压源的有效工作时间。由式（5-24）可以推出

$$C = -t / \left(R \ln \frac{U}{U_0} \right) \tag{5-25}$$

式中：t 为恒流源有效工作时间，s；R 为恒流源回路的总电阻，Ω；U/U_0 为有效工作时间结束时，电容两端的相对电压值。

例如，$R = 50\Omega$，$U/U_0 = 0.99$，$t = 10\mu s$，求得 $C = 20\mu F$。

3. 压阻计

测量高压时使用的是低阻值的锰铜压阻计，它的敏感元件尺寸很小。如前面介绍的 H 型锰铜压阻片，电阻 0.05～0.2Ω，宽 0.2～0.6 mm，长 1～2 mm，厚 0.02 mm。压阻计的 2 条或 4 条引线都具有一定的阻值，为了减少引线电阻，4 条引线上可以镀银。由于引线直接与传输线连接，因此它们的负载阻抗等于传输线的特性阻抗 Z_c。这时可以把 H 型压阻计等效为一个电阻网络，如图 5.19 所示。图中 R_1、R_2 是电流臂等效电阻，R_3、R_4 是电压测量臂等效电阻，R_0 是敏感部位电阻。从这个等效电路可以推出电压与电阻的变化关系为

$$\Delta U / U = (1 - \eta) \Delta R / R_0 \tag{5-26}$$

$$\eta = \frac{1 + K_b p + R_{34}/R_0}{1 + (Z_c/R_0) + K_b p (1 + R_{34}/R_0) + (R_3 + R_4)/R_0}$$

式中：R_{34} 为电压测量臂的引线电阻值，Ω；R_{34}/R_0 的值取决于压阻计的安装情况和工作条件，其大小为 0.5～1；$(R_3 + R_4)/R_0$ 的大小取决于压阻计的几何尺寸，一般为 1～3；$K_b p$ 是压力影响项，其值为 0.05～0.2。Z_c/R_0 为阻抗比，它的大小约 250，显然它是影响 η 的主要参数，通常 η 的值在 0.01 左右。这个结果告诉我们，压阻计的信号输出端采用分压电路时，必须注意负载及 Z_c 的分流作用造成的影响。

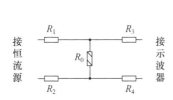
图 5.19　H 型压阻计等效电路图

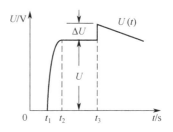
图 5.20　锰铜压阻计输出波形

图 5.20 所示为高压测量系统中数字示波器显示的电压变化波形。在 t_1 时刻之前，电探针没有触发脉冲恒流源，因此压阻计上的电压为零。t_1 时刻，压阻计输出端电压由零突变至 U，表示恒流源控制元件或开关元件导通，电容 C 上的充电电压加到锰铜压力计上。$t_1 \sim t_2$ 时刻是电容 C 开始放电到电压趋于稳定过程，此时爆轰波压力尚未到达传感器上。由于设计的回路放电时间常数远大于实验样品爆炸压力的传播时间，因此放电电压 U 在一段时间内为常数，测量者希望在这段时间内获得压力信号；随着时间的延续，放电电压波形呈下降趋势。t_3 时刻压力波到达传感器，曲线波形出现跳变，ΔU 就是压力曲线的峰值；$U(t)$ 反映了外界压力激波作用在锰铜压阻计上，压力随时间变化的规律。从示波器中读出 ΔU 和 U 的值，根据式（5-7）和式（5-8）就可以求出爆炸压力值 p。

5.6　应　　用

5.6.1　电阻应变法测量 p-t 曲线

1. 测试原理

由于压阻和应变测试系统对频响和测压范围要求在某些情况下比锰铜压阻系统低，因此可以采用压力传感器进行测量，这种传感器可以多次使用，使测试费用降低，且容易标定。这对那些压力上升时间较慢，压力持续时间较长的点火具或传火具而言，选用应变法测量系统压力时间曲线具有很好的经济性。

用应变计（或压阻计）测量点火具 p-t 曲线装置如图 5.21 所示。测试系统由点火装置、密闭爆发器、应变传感器、动态应变仪、数字记忆示波器和计算机数据处理系统组成。密闭爆发器是一个小型密封的压力容器，其功能是接受火工品输出的燃烧产物气体，并将气体压力传递给压力传感器。

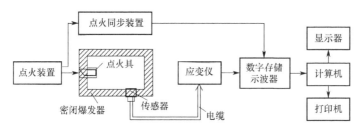
图 5.21　电阻应变法测量 p-t 曲线装置

当点火装置启动后，点火具爆燃并释放大量气体，气体在密闭爆发器内逐渐产生压力。压力作用在电阻应变传感器的弹性膜片上，使粘贴在它上面的电阻应变片的电阻发生变化，在动态应变仪电桥输出端产生不平衡电压，经应变仪放大器放大后，送示波器记录，得到波形如图 5.22 所示的压力-时间曲线。利用计算机对压力时间曲线进行处理可获得最大压力 p_m 和最大压力上升时间 t_m 以及压力上升速度。

$$(dp/dt)_m = p_m / t_m$$

图中燃烧产物压力在 t_m 时刻上升到最大压力值 p_m，随着反应过程的结束，压力逐渐降低。这种测量方法在评价电爆装置做功能力方面应用比较普遍，它不仅可以求得最大平均压力和压力上升时间，也可以形象地观察密闭腔体内压力随时间变化的规律。

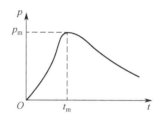

图 5.22 典型 p-t 曲线

2. 实验步骤

以某点火具为例介绍电阻应变法测量其输出压力-时间曲线的步骤。

1) 测试系统的选择

（1）电阻应变传感器的选择。应选择固有谐振频率较高的应变传感器以提高系统的动态响应。

（2）电阻应变仪。选择具有较高频响的动态电阻应变仪。

  频率范围：100kHz 以上；

  上升时间：20μs 以下；

  精 度：±1.5%。

（3）数字记忆示波器。选择频率范围在 50MHz 以上并具有标准数据传送接口的示波器。

（4）根据点火具需要选定对应容积的密闭爆发器。

2) 测试系统的标定

（1）对密闭爆发器的容积进行标定。

（2）对电阻应变传感器和动态应变仪进行标定。从合格厂商购买的传感器和应变仪都提供技术指标标定结果。但经一段时间使用后，需要重新标定。采用静态液压标定仪对应变传感器和应变仪的压力-电压灵敏度（mV/MPa）、线性度、测试精度等指标进行标定。表 5.2 所列为测试系统灵敏度标定结果，其他参数附表下。

表 5.2 压力-电压灵敏度标定结果

N_0	1	2	3	4	5	6
压力/MPa	0	2	4	6	8	10
电压/V	0	0.2	0.4	0.6	0.8	0.99

灵敏度：0.1（V/MPa）； 精度：0.16 %；

非线性：0.52 %； 迟滞性：0.34%；

不重复性：0.08%。

3) 测试系统的安装调试

（1）将电阻应变传感器与密闭爆发器用螺纹连接紧密，以免漏气；将传感器的输出电缆与应变仪的输入端连接；将应变仪的电压信号输出线接到示波器的输入端；连接好示波器与计算机之间的数据通信电缆。

（2）选择应变仪上的灵敏度，调节好电桥平衡指针或数码指示器。依据预估的压力幅度和持续时间调节示波器的电压灵敏度和采样速率。

（3）安装点火具，安装时点火具引线应短路。将点火具与密闭爆发器做密封连接，固定好之后，再将点火具的输入引线与点火装置接通。

（4）启动点火装置，完成动态信号采集、存储和处理。

（5）清洗传感器和密闭爆发器。

（6）重复步骤（3）～步骤（5），完成一组样品的测试。

3．数据处理

对所测得的一组样品的 p-t 曲线进行处理，得到最大压力 p_m 及对应的最大压力上升时间 t_m。表 5.3 所列为一组 10 个样品的测试结果。

表 5.3　某点火具 p_m-t_m 数据

序号	1	2	3	4	5	6	7	8	9	10
p_m/MPa	5.67	5.76	5.69	5.73	5.55	5.68	5.90	5.69	5.33	5.75
t_m/ms	1.34	1.42	1.36	1.46	1.53	1.38	1.27	1.42	1.35	1.30

数据处理后得到：

平均最大压力为　　　　　　$\overline{p_m} = 5.68\text{MPa}$；

最大压力标准偏差为　　　　$S_{pm} = 0.05\text{MPa}$；

平均上升时间为　　　　　　$\overline{t_m} = 1.38\text{ms}$；

最大上升时间标准偏差为　　$S_{tm} = 0.02\text{ms}$；

平均压力上升速率为　　　　$\overline{\left(\dfrac{dp}{dt}\right)} = \dfrac{\overline{p_m}}{\overline{t_m}} = 4.12\text{MPa/ms}$。

5.6.2　锰铜压阻法测量雷管输出压力

本实验介绍一种具有不同触发方式起爆的实验装置，它可测高压电雷管、普通电雷管、针刺雷管和火焰雷管的输出压力。这是一种动高压实验装置。

1．压阻传感器

实验所用传感器为箔式锰铜压阻计，其结构如图 5.23 所示。

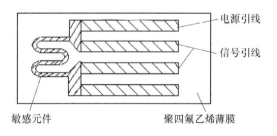

图 5.23　实验用锰铜压阻计

选用的锰铜压阻计是四端口网络，电阻值在 1Ω 左右，四电极中，外边两个接脉冲恒流源，里边两个接数字示波器。适合于测试输出压力在 2～19GPa 范围内的雷管爆压，敏感元件的材料以铜为主，还含有 11%～13%的锰，2%～3.5%的镍，0.5%的铁。

锰铜箔的厚度是 0.015～0.02mm，附着在聚四氟乙烯薄膜上。

2. 测压系统工作原理

测压系统工作原理如图 5.24 所示。图中高压起爆台及连在其上的电缆是作为高压电雷管起爆时使用，高压的发火电压不低于 6kV。由于电压比较高，高压起爆台的电缆应尽量远离信号和电源电缆，可取为 100m 长，以免电缆间串扰。

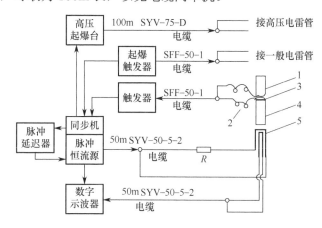

图 5.24　锰铜测压系统工作原理

1—管壳；2—电探针；3—铝片；4—雷管样品；5—锰铜压阻计。

起爆触发器作为发火电压在千伏以下的一般电雷管测压时使用，其内部电容量在 100～30μF。"触发器"作为针刺雷管和火焰雷管测试时使用，其电源电压在 180～200V，电容不小于 3900 pF。

图中管壳、电探针和铝片是测针刺和火焰雷管时加入的部件，锰铜压阻计的敏感部位正对着被测雷管样品的中心位置。铝片实际是 0.2mm 的铝箔，用 502 胶固定在雷管和管壳之间，以减少雷管作用时间散度。两根漆包线间距在 0.5～1.5mm，作为探针使用。

管壳内装有羧甲基纤维素叠氮化铅，并与塑料导爆管连接，塑料导爆管的另一端内插有起爆电极，这样做的目的是缩短针刺、火焰雷管的固有作用时间，使其相对集中，以适应测爆压的需要。

脉冲恒流源内包含同步机。脉冲延迟器的作用是在某选定时刻接通脉冲恒流源，给锰铜压阻计加入恒定电流，脉冲延迟器延迟时间的长短，应视被测压力信号出现时刻和持续时间而定。示波器频带宽度一般不小于 100MHz。

3. 实验装置

实验装置如图 5.25 所示。把雷管放入雷管孔内，雷管套的中心轴线对准锰铜压阻计的敏感部位中心。压阻计固定在聚四氟乙烯板上，下面垫有垫圈。底座与固定盖通过螺钉连接，它托住垫圈。聚四氟乙烯板和底座上有导线孔，压阻计的 4 根引线穿过线孔与同轴电缆相连，一组供电，另一组传输信号。屏蔽筒、屏蔽底板和固定盖组成屏蔽体。

实验装置中加屏蔽部分主要是为了消除电雷管高电压或大电流脉冲起爆时的高频电磁

波辐射对测试回路的耦合干扰。其他部件是为了便于装配锰铜压阻计和连接测试仪器而设计的。

锰铜压阻计粘贴在聚四氟乙烯板上,由于压阻计自身的绝缘材料是聚四氟乙烯薄膜,两种相同材料粘贴在一起,冲击波阻抗相同,可极大限度地提高锰铜压阻计的时间分辨力。垫圈为普通橡胶板,其作用是调整锰铜计与聚四氟乙烯板、雷管套之间914胶的厚度。

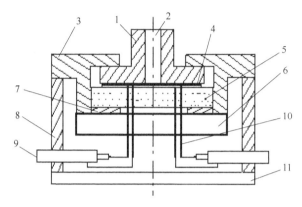

图5.25 锰铜测压系统原理

1—雷管套;2—雷管孔;3—固定盖;4—压阻计;5—聚四氟乙烯板;6—底座;
7—垫圈;8—屏蔽筒;9—同轴电缆线;10—压阻计引线;11—屏蔽底板。

4．粘贴锰铜压阻计

锰铜压阻计的粘贴质量直接影响测试结果的好坏,因此要格外小心。

先取一个加工好的雷管套,在其外径大的端面涂一层914胶;将锰铜压阻计膜面贴在胶上,使压阻计敏感部位的中心对准雷管套的中心。

将粘贴好锰铜压阻计的雷管套装在固定盖内,对着灯光或阳光观察锰铜计的中心位置是否正确,并做调整。在聚四氟乙烯板上涂上914胶,贴在锰铜计的另一面上,然后依次放上垫圈、底座,用螺钉拧紧,固化4h后可做实验用。

粘贴锰铜计时,雷管套和聚四氟乙烯板的涂胶面要清洁、干净,雷管套涂胶处距孔应有5mm距离,以免把胶粘在敏感部位处。914胶的厚度不要超过0.02mm,用刀片刮均匀,粘贴锰铜计时不要损坏敏感部位。

5．不同雷管测试方法

测高压电雷管时,高压起爆台选用外触发起爆。用电缆将高压起爆台的外触发输入端与同步机的同步信号输出端连接,测试时,同步机输出两个同步信号,一个触发高压起爆台,给高压雷管输入起爆能量;另一个通过脉冲延迟器延时后,触发脉冲恒流源输出的主脉冲信号的微分触发信号,锰铜压阻计被施加工作电压后一段时间,雷管爆炸压力作用于锰铜压阻计,压力信号经电缆传输给示波器。

测一般电雷管时,当起爆触发器按下"起爆"键,电容器放电起爆雷管,同时给同步机送信号,其他步骤和高压雷管相同。

测火焰雷管时,用电极引爆塑料导爆管,进而引爆雷管。在导爆索与起爆药界面处安装电探针,当爆轰波电离周围气体时,使电探针导通,发出触发信号,经电缆传至触发器,触发器触发同步机和脉冲恒流源,以后的过程和高压电雷管相同。

测针刺雷管时，触发信号可以通过电探针从击针与雷管盖片接触中提取。

6．数据处理

图 5.26 所示为典型的锰铜压阻计实验记录信号，输出电压为负值。t_1 是脉冲恒流 s 源给锰铜压阻计施加工作电压时刻，t_2 是压阻信号出现时刻。U 是加在锰铜计两端的初始电压，ΔU 是雷管爆炸压力作用下锰铜计电阻改变造成输出两端的电压变化值，I 是恒流源提供的电流。当压阻计接收到压力信号后，首先出现一个电压跳变，然后在拉抻效应的作用下电压缓慢上升，直到压阻计被损坏，出现电压下降或无规律抖动波形。

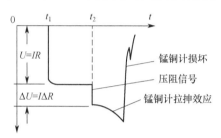

图 5.26　实验记录波形

精确的锰铜压阻计压力计算公式可选用式（5-27）。

$$p = a_0 + a_1 \left(\frac{\Delta R}{R_0} \right) + a_2 \left(\frac{\Delta R}{R_0} \right)^2 + a_3 \left(\frac{\Delta R}{R_0} \right)^3$$

$$\frac{\Delta R}{R_0} = \frac{\Delta U}{U}$$

(5-27)

式中：a_0、a_1、a_2、a_3 的取值由锰铜压阻计及恒流源的标定结果给出。

表 5.4 所示为 3 种雷管的底部输出压力测试结果。

表 5.4　锰铜压力测试结果

雷管名称	$\bar{p}$/GPa	S_p/GPa	样品量/发
LZ-30	11.14	1.62	12
LZ-35	9.48	1.11	11
LZ-5	6.46	0.80	18

5.6.3　压阻法和应变法同时测量雷管输出压力

从上例中看出，由于火工品的尺寸较小，输出的冲击波往往是二维对称的，存在对传感器敏感元件侧向拉伸效应，因此给压力测量带来误差。采用锰铜压阻计和康铜应变计同时测量雷管和导爆索的输出能力是一种比较好的方法。因为锰铜压阻计和康铜应变计都具有相近的应力-应变特性，而后者的压阻效应可忽略不计。下面以 8 号雷管为例，介绍这种测量方法。

当把锰铜计和康铜应变计同时安装在 8 号雷管底部中心位置处，如图 5.27（a）所示。由于雷管底部面积很小，爆炸时底部端面给出的冲击波波阵面不是一个理想的平面，而是曲面。对锰铜计来说，它不仅受到压阻效应，还受到拉伸应变效应影响。康铜应变计无压阻效应，只记录应变效应。两种传感器在相同条件下做实验，得到两个不同记录波形，经计算机处理或直接由存储示波器处理，两波形相加后消去应变效应部分，得到修正后的波形 $\Delta V/V$，然后根据锰铜计的压阻系数推算出压力 p 随时间变化的过程。图 5.27（b）所示为两个波形的比较和处理。

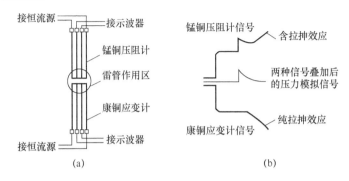

图 5.27　压阻和应变法测试原理

图 5.28 所示为上述方法的实验装置。8 号雷管在雷管套内固定，漆包线做成的触发探针缠绕在雷管的中上部位，和雷管一起放入雷管套内。

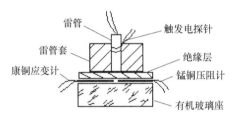

图 5.28　压阻和应变法实验装置

压阻计两面有 0.1~0.2mm 厚的聚四氟乙烯膜绝缘；雷管通以 6~12V 电压起爆，从通电到雷管爆炸的时间在(20±10)ms。脉冲恒流源提供 9A 电流后的 1~2μs，雷管底部冲击波到达传感器敏感部位。

图 5.29 所示为测试系统电路框图。触发探针同时触发脉冲恒流源的两个通道，高速同步脉冲恒流源输出 9A 的恒流脉冲，它在雷管爆炸冲击波到达传感器敏感部位前几微秒送至传感器。数字存储示波器单次采样速率不小于 100MS/s。

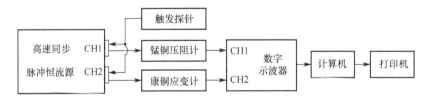

图 5.29　压阻和应变法测试系统电路框图

思考题

1．锰铜压阻计为什么在爆压测试中得到广泛应用？
2．分析压阻传感器的结构及特点。
3．低阻值压阻计为什么要配用恒流脉冲源？
4．低压力和高压力测试系统有何区别？

5．已知压阻计测得的电压波形如图 5.30 所示，压阻计的压阻系数为 0.018/GPa，求爆压。并说明使用的是哪种测试系统。

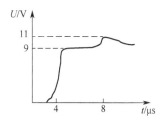

图 5.30　电压波形

6．测量黑索今药柱输出压力，如何设计测试装置和选用测量仪器？

7．叙述应变仪的工作原理。

8．如何测量电爆装置的压力-时间（p-t）曲线？

9．已知压阻计灵敏度为 4mV/GPa，允许误差±10μV；恒流源电流 5A，电流稳定度 ±0.2A；示波器灵敏度相对误差为 0.15%；电压读数精度 0.3%，估算压阻计测量误差。

10．说明压阻和应变传感器的结构和特点。

第6章 压 电 法

压电法是利用某些压电材料受到外界压力作用时，在材料表面产生电荷的特点，进行压力、加速度测试的一种方法。利用压电材料的这种性能制成的传感器称为压电传感器。压电法适合测量在空气和水等介质中的冲击波压力、加速度等力学参量。

6.1 概　　述

1880 年，法国皮埃尔·居里和雅克·居里兄弟（Pierre Curie，Jacques Curie）在研究晶体热电现象与结晶对称关系时，发现对某一类晶体施加压力时，会产生"压电效应"。1881 年，居里兄弟又通过实验验证了逆压电效应，并得出了正、逆压电常数。

第一次世界大战期间，法国军舰遭受德国潜艇攻击大量受损，为有效探测潜艇，著名物理学家朗之万用石英晶体制成了水下超声探测器，自此拉开了压电应用序幕，石英晶体被用来制造成谐振器、滤波器、换能器、光偏转器、声表面波器件，及各种热敏、气敏、光敏和化学敏器件等。

除石英晶体外，钛酸钡等压电陶瓷也逐渐付诸应用。1942 年，第一个压电陶瓷材料——钛酸钡先后在美国、苏联和日本制成。1947 年，钛酸钡拾音器——第一个压电陶瓷器件诞生。20 世纪 50 年代初，又一种性能大大优于钛酸钡的压电陶瓷材料——锆钛酸铅研制成功。从此，压电陶瓷的发展进入了新的阶段。60—70 年代，压电陶瓷不断改进，逐趋完美。如用多种元素改进的锆钛酸铅二元系压电陶瓷，以锆钛酸铅为基础的三元系、四元系压电陶瓷也都应运而生。

近年来，又研制出许多新的压电材料，如高分子薄膜结构的聚偏氟乙烯（PVDF），钙钛矿型结构的铌酸锂（$LiNbO_3$）、钽酸钾（$KTaO_3$）等，钨青铜型结构的铌酸钡钠（$Ba_2NaNb_5O_{15}$）以及层状结构的锗酸铋（$Bi_{12}GeO_{20}$）等。这些压电材料被制成各种器件，并广泛用于军事、民用工业上，如冲击振动、交通人流车流信息采集、手机、血压计、呼吸心音测定器等。

压电传感器即利用压电材料的压电效应制成的一种传感器，可以将压力、加速度等非电物理量转换为对应的电量，主要用来测量动态压力。随着新材料、新功能、新仪器的开发应用和微机械加工工艺的发展，压电传感器及其测试系统的种类越来越多，功能越变越强，使用更为方便，应用范围也越来越广泛。本章着重介绍压电传感器工作原理、结构、压电测试系统功能、测试系统标定方法等。

6.2 压 电 效 应

压电效应包含正压电效应和逆压电效应，压电传感器大多是根据正压电效应制成的。
某些材料在沿一定方向受到拉力或压力作用时，内部会产生极化现象，同时在某两个表面上产生符号相反的电荷；若将外力去掉，它们又重新恢复到不带电状态；当改变外力方向，电荷的极性也随之改变；材料受力产生的电荷量与外力的大小成正比，这种线程称为正压电效应。

某些材料在沿极化方向上施加电场时，材料将产生形变；当外电场撤销时，形变也消失；材料形变量与外电场强度成正比，这种现象称为逆压电效应。

常用的压电材料主要有三种类型：无机压电材料、有机压电材料和复合压电材料。无机压电材料包括压电晶体和压电陶瓷。晶体是否具有压电效应，是由晶体结构的对称性所决定的。

6.2.1 压电晶体

压电晶体一般指压电单晶体，如石英、电气石、铌酸锂（LiNbO3）、氧化锌（ZnO）等，石英和电气石有天然的，也有人造的，铌酸锂和氧化锌晶体大多是人造的。

石英是最常用的天然压电材料，呈六方柱状晶体，如图 6.1（a）所示。它具有机械品质因子高、电性能稳定、温度系数小等特点，但压电性弱、介电常数低、受切型限制，常用作标准频率控制的振子和高频、高温换能器，适合于不同温度下的压力测试。

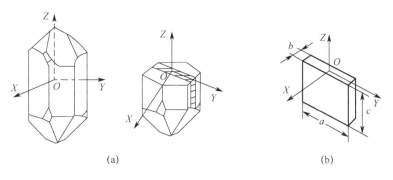

图 6.1 石英晶体及其切片

（a）石英晶体和切片方向；（b）切片后的石英晶体结构。

在笛卡儿坐标系中，Z 轴表示纵向轴，称为光轴；X 轴经过正六边形的棱线，称为电轴；Y 轴垂直于正六面体棱面，称为机械轴。通常把沿电轴方向的力作用下产生电荷的压电效应称为纵向压电效应；把沿机械轴方向的力作用下产生的压电效应称为横向压电效应；而光轴方向受力时不产生压电效应。图 6.1（b）是沿 ZXY 轴切下的一片形状为平行六面体的压电晶体片，它的两个端面与 X 轴垂直，称切片方式为 X 切割。如果对压电片沿 X 轴施加压力（或拉力）F_X 时，则在与 X 轴垂直的端面产生电荷 Q_X，它的大小为

$$Q_X = d_{11} F_X \tag{6-1}$$

式中：d_{11} 为 X 轴方向受力时的压电系数，C/N。

电荷 Q_X 的符号取决于 F_X 是压力还是拉力。如果在同一切片上沿 Y 轴方向施加力 F_Y，其产生的电荷仍在与 X 轴垂直的平面上，但极性相反，此时电荷大小为

$$Q_Y = \frac{a}{b} d_{12} F_X \tag{6-2}$$

式中：a 和 b 为晶体切片的长度和厚度，mm；d_{12} 为 Y 轴方向受力时的压电系数，C/N。

由于石英晶体呈轴对称，因此 $d_{12} = -d_{11}$。负号说明沿 Y 轴的压力所产生的电荷极性与沿 X 轴的压力所引起的电荷极性是相反的。这种关系可通过图 6.2 进一步表示。

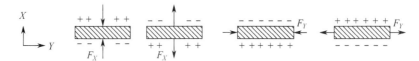

图 6.2　晶体切片受力与电荷分布

下面以石英晶体为例来说明压电晶体是怎样产生压电效应的。石英晶体的分子式是 SiO_2，硅原子带有 4 个正电荷，氧原子带有 2 个负电荷，在平面上的投影可以等效为图 6.3（a）所示的正六边形排列。当石英晶体未受到力的作用时，正负离子正好分布在正六边形的顶点上，形成 3 个大小相等、互成 120°夹角的电偶极矩 p_1、p_2、p_3，其方向由负电荷指向正电荷。此时正、负电荷中心重合，电偶极矩的矢量和等于零，即

$$p_1 + p_2 + p_3 = 0$$

这时晶体表面不产生电荷，石英晶体从整体上呈电中性。

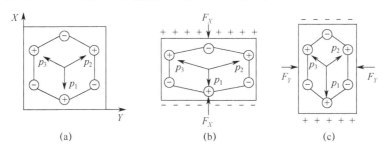

图 6.3　石英晶体极化原理

当石英晶体受到沿 X 方向的压力作用时，晶体沿 X 方向产生压缩变形，正、负离子的相对位置随之变动，正负电荷中心不再重合。如图 6.3（b）所示，此时电偶极矩在 X 轴方向的分量$(p_1+p_2+p_3)X>0$，在 X 轴的正方向的晶体表面上出现正电荷，而在 Y 轴的分量为零，即$(p_1+p_2+p_3)Y=0$，在垂直 Y 轴的晶体表面上不出现电荷。当石英晶体受到沿 Y 方向的压力作用时，晶体的变形如图 6.3（c）所示。电偶极矩在 X 轴方向的分量$(p_1+p_2+p_3)X<0$，在 X 轴的正方向的晶体表面上出现负电荷，在垂直于 Y 轴的晶体表面上不出现电荷。

当晶体受到 Z 轴方向的压力或拉力作用时，因为晶体在 X 方向和 Y 方向的变形相同，正负电荷中心始终保持重合，电偶极矩在 X、Y 方向的分量等于零，所以沿光轴方向施加作用力，石英晶体不会产生压电效应。

6.2.2　压电陶瓷

压电陶瓷是一种能够将机械能和电能互相转换的功能陶瓷材料，泛指压电多晶体，如钛酸钡（$BaTiO_3$）、锆酸铅（$PbZrO_3$）、铌镁酸铅（$PbMgO_3$）、锆钛酸铅（PZT）、锆钛锡酸铅（ZTS）等。这些材料都是人造的，通常经过原材料配制、元件制作、烧结成型等工艺，再经外电场的极化，将多晶陶瓷材料变成具有线性压电特性的材料。压电陶瓷具有压电性强、介电常数高可加工成任意形状等特点，但机械品质因子低、电损耗大、电稳定性差，常用作

大功率换能器和宽带滤波器。

压电陶瓷由无数个细微的电畴组成，这些电畴实际上是自发极化的小区域，自发极化的方向完全是任意排列的，如图 6.4（a）所示。在无外电场作用时，从整体看，这些电畴的极化效应被互相抵消了，使原始的压电陶瓷呈电中性，不具有压电性质。

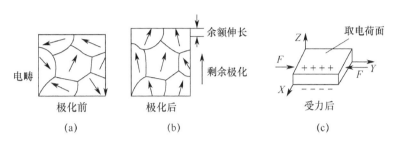

图 6.4 压电陶瓷的极化

为了使压电陶瓷具有压电效应，必须进行极化处理。所谓极化处理就是在一定温度下对压电陶瓷施加强电场（如 20～30kV 直流电场），经过 2～3min 后，压电陶瓷就具备压电性能了，如图 6.4（b）所示。这是由于陶瓷内部电畴的极化方向在外电场作用下都趋向于电场的方向，这个方向就是压电陶瓷的极化方向，通常与 Z 方向相同。

压电陶瓷无论是受到沿极化方向（平行于 Z 轴）的力还是垂直极化方向（垂直于 Z 轴）的力，都会在垂直于 Z 轴的上下两电镀层出现正、负电荷，电荷的大小与作用力成正比，如图 6.4（c）所示。这个过程与铁磁材料的磁化过程极其相似。经过极化处理的压电陶瓷，在外电场去掉后，其内部仍存在着很强的剩余极化强度。当压电陶瓷受外力作用时，电畴的界限发生移动，剩余极化强度也发生变化，压电陶瓷就呈现出压电效应。

6.2.3 有机压电材料

有机压电材料又称压电聚合物，如偏聚氟乙烯（PVDF）（薄膜）。这种压电材料具有柔韧性好、密度低、阻抗低和压电电压常数高等优点。1969 年，Kawai 发现了 PVDF 具有极强的压电效应，继而出现了以 PVDF 为代表的压电高聚物的研究热潮。PVDF 家族压电效应的发现被认为是有机换能器领域发展的里程碑。

聚偏氟乙烯（PVDF）是一种半晶态铁电聚合物，PVDF 的分子式为$(CH_2\text{-}CF_2)_n$，外观为半透明状，分子链间排列紧密，又较强的氢键，含氧指数为 46%，密度 1.17～1.79g/cm^3。目前，已测得 PVDF 的晶型有 5 种：α、β、γ、δ 及 ρ 相。各种晶体结构的生成取决于加工条件，在一定条件（如拉伸、极化、浇注等处理方法）下，这些晶相之间可以互相转变。

α 晶型是 PVDF 最普通的结晶形式，为单斜晶系，如图 6.5（a）所示，在同一单胞内偶极子反向排布，偶极矩互相抵消，因此 α 相为非极性晶体，不具有压电效应。PVDF 薄膜经过滚延拉伸后，原来薄膜中的 α 晶体变为 β 晶体。

β 晶型是 PVDF 最重要的结晶形式，为正交晶系，如图 6.5（b）所示，在同一单胞内偶极子排布方向一致，具有强极性，因此 β 相具有最强的压电性。当 β 晶型占主导地位时，有机压电材料具有优异的压电性能。

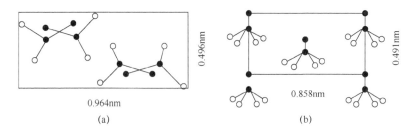

图 6.5　PVDF 的结晶形式

(a) α 晶型；(b) β 晶型。

PVDF 压电薄膜具有以下优点：

(1) 压电系数高，d 参数比石英高 10 多倍。
(2) 柔韧，可制成 5μm～1mm 厚度不等，形状不同的大面积薄膜。
(3) 声阻抗低，为 $3.5×10^{-6}$Pa·s/m，仅为 PZT 压电陶瓷的 1/10。
(4) 频带宽，常温下在 $10^{-5}～10^{9}$Hz 范围内响应平坦。
(5) 质量轻，密度为 PZT 压电陶瓷的 1/4。
(6) 高介电强度，可耐受 75V/μm 强电场场强的作用，此时大部分陶瓷已退化。
(7) 加工性能好。

由于 PVDF 压电薄膜具有上述重量轻、柔韧性好、声阻抗低、便于加工等强于传统压电材料的突出优点，其在水下冲击波压力测试等领域得到了广泛应用。

6.3　典型压电传感器结构与工作原理

6.3.1　压电式压力传感器

1. 压杆式压电压力传感器

压杆式压电传感器适用于化学爆炸的中、远距离爆炸波压力测量。这种传感器具有较宽的压力量程 1Mpa 至 1GPa，较长的有效记录时间 10μs～10ms，响应时间 10～20μs。为了正确地设计和使用压杆式压电压力传感器，本节将对这种传感器的结构和工作原理等做一个简单的介绍。

图 6.6 所示为一种压杆式压电压力传感器的基本结构。外壳把压杆封闭起来，只允许压杆的承压端暴露在被测压力的作用下，而压杆的侧面和被测压力隔开，以免造成失真。压电晶体放在压杆和支撑杆之间，压杆-压电晶体-支撑杆系统与外壳之间必须留有间隙，以保证压杆处在一维应力状态。为了使压杆晶体片能很好地固定在传感器的中心，采用橡皮圈作为杆的支座。橡皮圈的弹性必须选择得恰当，太硬时声绝缘不好，不能保证杆工作的一维性；太软时杆在中心的稳定性不好，很容易引入低频干扰。保护膜可以是金属或非金属膜片，其声阻抗应该和压杆、压电晶体接近，主要保护受压端面不受高速破片、碎石等机械损伤。

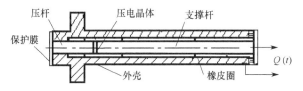

图 6.6　压杆式压电传感器结构示意图

不同频率的波在媒质中传播，传播速度有差异，这种现象称为色散。物理学中，把凡是与波速、波长有关的现象，都称为色散。这种现象对压力的测量有影响，因此在设计动高压传感器时，会采取一定的预防措施。图 6.7 所示是一种带波速色散杆的压电压力传感器，压电材料是锆钛酸铅，晶片直径10mm，厚1mm。保护膜是去极化的陶瓷片，以减小径向振动并提供绝热和电屏蔽保护。波速色散杆是由铅芯和铝套组成，铝套的内锥度为 10°，铅芯是浇铸而成的。由于铅和铝的声阻抗十分接近，所以在波速色散杆的锥形界面上反射波极小，几乎全部透射；但铝的声速约为铅的声速的五倍，故弹性应力波在杆中传播时，波阵面上有两个传播速度，这必然会引起迅速色散，使应力波的强度减弱，从而削弱了反射波对入射波的干扰。

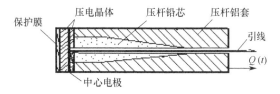

图 6.7 带波速色散杆的压电压力传感器

从色散考虑，压杆芯和压杆套有两种组合方式，一种是芯和套材料波阻抗。另一种是芯和套材料的波阻抗接近，但声速不等，图 6.7 所示材料结构属于这一种组合。当一个具有强间断面的入射波在杆中传播到锥形界面时会迅速色散，从而减弱了反射波波头对入射波的干扰。

图 6.8 所示是一种带声吸收杆的压电压力传感器的结构图。传感器中的压电晶体采用偏铌酸铅，它的声阻抗是$1.92\times10^6 \mathrm{g/(cm^2 \cdot s)}$，不仅灵敏度高，且横向灵敏度远小于纵向灵敏度；锡杆是声吸收杆，它的声阻抗为$1.99\times10^6 \mathrm{g/(cm^2 \cdot s)}$，与压电晶体有良好的声匹配。锡杆长 16.5cm，偏铌酸铅晶片直径 3.18cm，厚 1.27cm，两面镀银。这两种材料的内阻尼较大，应力波在压杆中通过时，产生较大的吸收衰减作用，有效地控制了反射作用，大大延长了可测量时间。另外，吸收杆还可以用其他结构不均匀性的材料，如铸黄铜和掺钨粉的环氧树脂棒等，这类材料中有无数不规则的细观界面，当应力进入其中时发生强烈的散射衰减，实现对应力波的"吸收"。从而控制了反射作用。

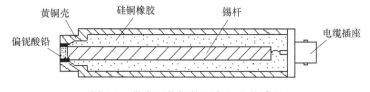

图 6.8 带声吸收杆的压电压力传感器

图 6.9 所示是高量程压杆式压电压力传感器的结构示意图。这种传感器利用波阻抗失配原理进行工作，当应力波经钨杆到达钨和石英晶体界面时，入射于石英的应力波比入射于钨杆的应力波小许多倍。为了增加可测时间，传感器总长可以达 1~2m。

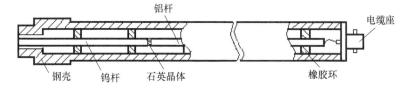

图 6.9 高量程压杆式压电压力传感器

通常压杆传感器有 4 种使用方式，如图 6.10 所示。图中共有 4 个压杆传感器，分别安装在相互垂直的两个壁上，q 是压杆传感器的输出电荷，爆轰波以速度 D 由左向右传播。传感器 1 和传感器 2 的接受端面与爆轰波方向平行，是属于掠入式安装方式，其中压杆 1 测量壁表面冲击波自由场的静压力，压杆 2 测量距壁面一定距离上的非壁面冲击波静压力。传感器 3 和传感器 4 的接受端面与爆轰波方向垂直，属于正入射安装方式，压杆 3 测量固定壁面的正向反射压力，压杆 4 测量冲击波反射压力和总压力。

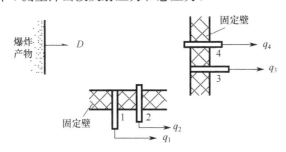

图 6.10　压杆式压力传感器的几种使用方法

2. 自由场压电压力传感器

自由场是指未受外界扰动的流场，在空中和水中的爆炸实验中，自由场压力的测量是一个重要内容。空中或水中爆炸形成的爆轰波的测量方式大体分为两类。一类是测量没有任何物体干扰的自由场的压力，另一类是测量爆轰波在地面、壁面和结构物体上的扫射压力或反射压力。第一种测量必须把传感器安装于流体之中，其传感器结构设计适合为裸露式。若在自由场中的传感器外形结构流线型差，爆轰波在传感器上的反射和绕流将导致原流场的严重畸变，使流场产生扰动。本节主要介绍空气中自由场压力传感器。

图 6.11 所示为 YY2 自由场压力传感器结构示意图。中心电极板兼作加强片；锆钛锡酸铅（ZTS）或电气石压电晶体片紧压在中心电极两侧，尺寸为 $\Phi 10\times 0.5\text{mm}$；保护片在压电晶体外侧，尺寸 $\Phi 10\times 0.5\text{mm}$，上面镀有一层银；传感器敏感部位的外层覆有环氧胶保护层。圆形支撑杆比较长，支撑杆内是绝缘层，引出线安装在绝缘层内，通过支撑杆末端的电缆接头与仪器连接。

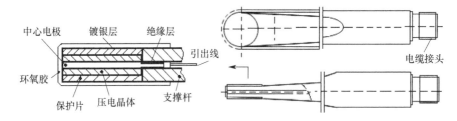

图 6.11　YY2 自由场压力传感器结构示意图

图 6.12 所示为美国弹道研究实验室（BRL）研制的自由场冲击波压电传感器，它的特点是结构坚固，多用于空中爆炸实验。这种传感器头部的直径和厚度之比保持在 10∶1，以减小对流场的干扰。

两种传感器的结构相比，很明显，BRL 有较大的导流片，YY2 则无导流片。除了这个主要差异之外，其余结构基本相同。例如，BRL 中有 4 片晶体做成传感器敏感部分，YY2 相同；BRL 中有弹性膜片，YY2 中有环氧胶保护层，都起着传递应力的作用。

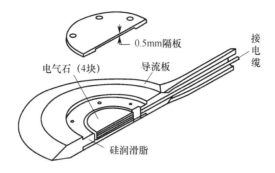

图 6.12 BRL 弹性膜片自由场压电传感器

一种品质优良的自由场传感器必须满足以下几个要求：
（1）横截面接近流线型，保证对流场干扰小。
（2）灵敏度合适，以满足测压量程。
（3）上升时间快、线性好，以满足精度要求。
（4）信杂比高，过冲小。
（5）温度系数小或可以进行温度修正。

上述要求随测试目标而变，因此自由场传感器的大小和其中压电元件的品种都要做适当调整。自由场压力传感器中常用的压电晶体是电气石、压电陶瓷和石英等。其中电气石作应力敏感元件时，它的侧向灵敏度是正向灵敏度的 $1/7 \sim 1/6$，所以不需要侧向保护，可以取消导流板，使结构大大简化，其量程为 $0.1 \sim 200\text{MPa}$。若使用石英作压力敏感元件，量程为 $0.21 \sim 400\text{MPa}$；用压电陶瓷作灵敏元件时，其量程为 $0.001 \sim 10\text{MPa}$。

图 6.13 所示为自由场压电传感器受冲击波的作用过程示意图。图 6.13（a）表示空气中冲击波速度 D 大于或等于晶体中表面波速度 c（此时冲击波压力已超过 4MPa）；图 6.13（b）表示 $D<c$。为了讨论方便，按阻抗匹配原则把保护片和膜片等折算为晶体片的厚度，图中的晶片厚度 2δ 已包含了这个简化处理，并忽略了绕流的影响。

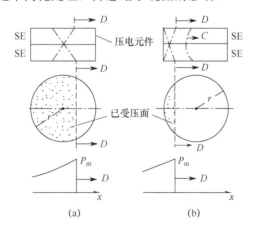

图 6.13 自由场压电压力传感器承受冲击波作用过程
（a）$D>c$；（b）$D<c$。

自由场压电压力传感器总是反映某一时刻压电敏感元件中平均轴向应力或平均静压力。当一个衰减缓慢的爆轰波（爆轰波的衰减时间常数远大于冲击波掠过传感器工作面的时间）扫掠过自由场传感器的工作表面时，它给予敏感元件的作用是一个不定常的瞬态耦合过程；

当冲击波掠过之后，波后流动介质对敏感元件的作用可以近似为一个准定常的稳态耦合过程。这样处理，无论对于 $D \geqslant c$ 时，还是 $D < c$ 时，都是适用的。

在冲击波掠过晶体的工作表面时，晶体中冲击波将出现多次反射和相互作用。实际上，敏感元件中应力波的反射作用是相当复杂的三维问题。图 6.13 中仅示意地表达了冲击波的一种反射现象。冲击波给予传感器的全部弹性能量不会很快消失，总以弹性冲击波的形式来回反射，形成许多锯齿波。晶体中这种振动干扰称为自振干扰。它的基波频率大体上与敏感元件的纵向振动频率或横向振动频率一致。压电压力传感器的纵向振动干扰基波频率 f_{01} 估算公式为

$$f_{01} \approx \frac{c}{2\delta} = \left(\sum \frac{2\delta_i}{c_i}\right)^{-1} \tag{6-3}$$

式中：δ 为压电晶体片、保护片和膜片等的厚度；$2\delta_i$ 为敏感元件等效厚度；c_i 为压电晶体片、保护片和膜片等的弹性纵波速度；c 为敏感元件等效弹性波速。

传感器的横振动干扰基波频率为

$$f_{02} \approx \frac{c_1}{2r} \tag{6-4}$$

式中：r 为压电晶体片半径；c_1 为敏感元件的等效横波速度。

例如：当 $\delta = 3\text{mm}$，$r = 5\text{mm}$，$c = 3000\text{m/s}$ 和 $c_1 = 1500\text{m/s}$ 时，则 $f_{01} = 500\text{kHz}$，$f_{02} = 150\text{kHz}$。大量实验证明，式（6-3）和式（6-4）的估算在数量级上是正确的。

对于电气石，因为纵、横压电效应的极性相同，而对于每一个振动微元的横振动和纵振动的符号总是相反，因此电气石的自振干扰信号较小。相反，对于压电陶瓷，因为纵、横压电效应的极性相反，对于每一个微元的纵、横振动的符号总是相反，因此压电陶瓷的自振干扰信号较大。

自振干扰信号还来自敏感元件中不同介质界面上的相互作用和冲击波阵面附近强电场的干扰等。

在正常使用条件下，自由场压电压力传感器压电晶体工作平面的法线必须与被测的冲击波阵面法线"正交"，否则不可能测到正确的压力值。在"正交"条件下，传感器的输出始终与压电晶体工作平面上所受的平均压力值相关。描述这个平均压力值与传感器输出电压或输出电荷之间关系的量称为压电压力传感器的电压灵敏度 S_u 或电荷灵敏度 S_q。若用公式则表示为

$$S_u = \frac{\Delta U(t)}{\Delta p(t)} \tag{6-5}$$

$$S_q = \frac{q(t)}{\Delta p(t)} \tag{6-6}$$

$$S_q = S_u \cdot \sum C \tag{6-7}$$

$$\sum C = C_1 + C_2 + C_3 \tag{6-8}$$

式中：$\Delta U(t)$ 和 $q(t)$ 为传感器的输出电压和输出电荷；$\Delta p(t)$ 为作用在传感器两侧的平均超压；C_1、C_2 和 C_3 分别表示传感器的固有电容、电缆电容和放大器输入电容，3 种电容都可实测得到。式（6-5）和式（6-6）为灵敏度定义公式，而式（6-7）为灵敏度关系公式。S_u 和 S_q 的大小必须由静态标定和动态标定来确定。理想的压电压力传感器动、静态标定应当

是一致的,但实际情况并非如此简单,因此动态标定总是不可缺少的。

除了灵敏度外,自由场压力传感器还有一个极为重要的参量是传感器输出信号的上升时间。这个上升时间原则上包括两个部分:一个是冲击波扫掠压电晶体工作表面时间 τ_r,表示为

$$\tau_r = 2r / \overline{D} \tag{6-9}$$

式中:$\overline{D}$ 为在此扫掠过程中冲击波的平均速度,它是超压的函数;另一个是冲击波从表面传播到对称面的时间 τ_δ,表示为

$$\tau_\delta = (2f_{01})^{-1} = \sum \frac{\delta_i}{C_i} \tag{6-10}$$

一般情况,τ_δ 约等于几微秒至十几微秒;τ_r 约等于 1~30μs。很明显,减小上升时间最有效的方法是缩小压电晶体片的直径和敏感元件的总厚度 $\sum \delta_i$。但随着压电晶体片的直径和厚度的减少,传感器的灵敏度也相应地减少(厚度对于灵敏度的关系是一阶的,直径对于灵敏度的关系是二阶的)。

传感器总的上升时间 $\tau_{r\delta}$ 为

$$\tau_{r\delta} = \sqrt{\tau_r^2 - \tau_\delta^2} \tag{6-11}$$

在低压测量中 τ_r 起决定性作用;在高压测量中 τ_δ 起决定性作用。

3. ICP 压电压力传感器

压电压力传感器爆炸冲击领域应用广泛,由于其压敏元件具有很高阻抗,需要连接一个前置放大器将高阻抗输出信号转换为低阻抗信号,前置放大器可分为电压放大器与电荷放大器两种,电压放大器电压灵敏度受电缆长度影响很大,考虑到安全防护等因素,在爆炸冲击测试中不常采用。电荷放大器的灵敏度受电缆长度的影响很小,电缆受到振动和弯曲时,容易产生电缆噪声,降低测量精度,需配备低噪声电缆使用。

ICP(integrated circuits piezoelectric)压电压力传感器与需外置前置放大器的压电压力传感器相比,克服了以上缺点。ICP 压电压力传感器是一种内置集成电路的压电压力传感器,它采用现代集成电路技术将传统的电荷放大器置于传感器中,所有高阻抗电路都密封在传感器内,并以低阻抗电压方式输出,输出电压幅值与外界压力成正比,它是一种新型的压力传感器。

ICP 压电压力传感具有以下优点:

(1)减少了实验仪器设备数量(电荷放大器、低噪声电缆等),实验更方便、灵活。

(2)不易受环境干扰,测试精度高。ICP 传感器输出的是放大的信号,干扰对其影响较小,即使在恶劣环境下,ICP 传感器也可用普通同轴电缆对电压信号进行远距离传输。

6.3.2 压电式加速度传感器

压电式加速度传感器又称压电加速度计。它也属于惯性式传感器,它的输出电荷与被测的加速度成正比。压电型传感器属于发电型传感器,使用时不需要外加供电电源,能直接把机械能转换为电能,它具有体积小、质量轻、输出大、固有频率高等突出优点。目前,压电式加速度传感器主要有压缩型、剪切型和扭曲型 3 种结构形式。压缩型压电加速度传感器是最常见的一种。

压电式加速度传感器主要由压电元件、质量块、预压弹簧、基座及弹簧等组成。整个组件连接在厚基底的外壳内。使用时，将加速度计壳体紧固在被测对象的运动方向，传感器基座随被测物体一起运动，由于预压弹簧刚度很大，相对而言质量块的质量很小，即惯性小，因而认为质量块感受到与被测物体相同的加速度，并产生与加速度成正比的惯性力 F。惯性力 F 作用于压电元件上，产生与加速度成正比的电荷 Q。由于压电式传感器的输出电信号是微弱的电荷，而且传感器本身有很大内阻，故输出能量甚微，这给后接电路带来一定困难。为此，通常把传感器信号先输到高输入阻抗的前置放大器经过阻抗变换以后，方可用于一般的放大、检测电路将信号输给指示仪表或记录器，从而得出物体的加速度。

压缩型压电式加速度传感器内部结构和压电元件受压示意图如图 6.14 所示，具有机械强度高、谐振频率高等特点，可以测量很强的振动、很大的加速度和很宽的频率范围。

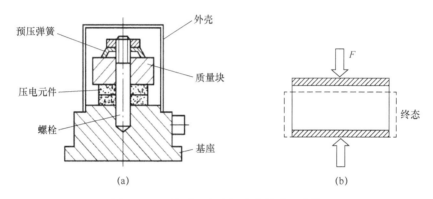

图 6.14　压缩型压电式加速度传感器结构

（a）内部结构示意图；（b）压电元件受压示意图。

剪切型压电式加速度传感器内部结构和压电元件受压示意图如图 6.15 所示，除具有机械强度高、谐振频率大等特性外，还可有效抑制热释电，可以测量更低的频率。

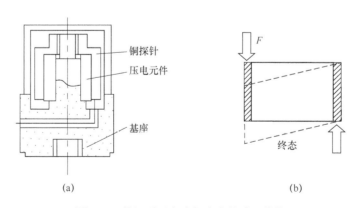

图 6.15　剪切型压电式加速度传感器结构

（a）内部结构示意图；（b）压电元件受压示意图。

扭曲型压电式加速度传感器内部结构和压电元件受压示意图如图 6.16 所示，具有灵敏度高、机械强度低、谐振频率低等特点，可测量微振动和低频、小加速度。

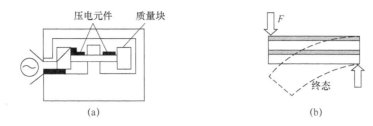

图 6.16 扭曲型压电式加速度传感器结构

(a) 内部结构示意图；(b) 压电元件受压示意图。

6.4 压电测试系统组成与工作原理

6.4.1 压电电压测试系统

压电法是指利用压电晶体或非晶体传感器的压电效应测量压力，根据传感器输出信号类型分为压电电流法和压电电压法。压电电流法常用于高压测量，所用传感器如 Sandia 石英传感器、固体冲击极化效应传感器。压电电压法常用于中、低压和加速度的测量，所用传感器如压杆式压电压力传感器、膜片式压电压力传感器、自由场压电压力传感器、压电式加速度传感器。本节主要介绍压电电压法测试系统的组成和基本原理。

压电电压法测试系统由压电传感器、前置放大器和数据采集仪或示波器组成。由于压电传感器具有高输出阻抗的特性，因此同它相连的前置放大器的输入阻抗的大小将对测试系统的性能产生重大影响。前置放大器在测试系统中的主要作用有：

（1）将传感器的高输出阻抗转换为低输出阻抗，以便与后续仪器相匹配。

（2）放大传感器输出的微弱信号，使电荷信号转换为电压信号。

（3）实现输出电压的归一化。在测量相同的加速度值时，与不同灵敏度的加速度传感器相匹配，实现相同的输出电压。

压电传感器有两种等效电路，使其成为电荷或电压发生器。前置放大器也分为电荷放大器和电压放大器两种形式，电荷放大器的输出电压正比于传感器的输出电荷，其输出电压基本不随输入连接电缆的分布电容变化；电压放大器的输出电压正比于传感器的输出电压，其输出电压同它的输入连接电缆的分布电容有密切的关系。因此，压电法测试系统结构组成、连接方式有两种，如图 6.17 所示。当压电传感器为电荷发生器时，输入电缆的长度对电荷放大器增益影响小，可通过长电缆与电荷放大器输入端相连，电荷放大器输出端通过短电缆与数据采集仪或数字示波器相连。当压电传感器为电压发生器时，对输入电缆长度的影响特别敏感，需通过短电缆与电压放大器输入端相连，电压放大器输出端通过长电缆与数据采集仪或数字示波器相连。

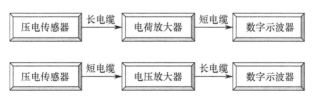

图 6.17 电荷与电压放大测试系统

1. 压电传感器等效电路

在压电传感器中，常采用两片或多片压电材料组合在一起使用。由于压电材料是有极性的，因此在连接上有串联和并联两种方法。图 6.18（a）和图 6.19（b）所示为并联连接方式，所有正极和负极分别连在一起，每组压电片组成一个压电单元，产生压电效应后，就相当于一个充电电容。如果有 n 个压电单元并联，则总的电容输出 $C = nC_i$，总输出电压 $U = U_i$，基板上电荷量 $Q = nQ_i$。图 6.18（c）和图 6.18（d）所示为串联连接法，每两组压电切片正极和负极相连，在最外层两端的电极上取正、负电荷。这种接法的输出 $C = C_i/n$，$Q = Q_i$，$U = nU_i$。

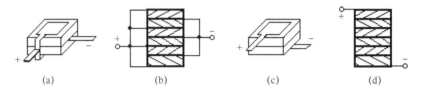

图 6.18　压电切片的连接方式

在上述两种连接方法中，并联接法输出电荷量大，本身电容也大，因此时间常数大，适合测量反应速度慢些的信号，并且适合于以电荷作为输出量的场合。串联接法输出电压高，自身电容小，适合用于以电压作为输出量及测量电路输入阻抗很高的场合。

前面提到，当压电传感器受到外力作用时，会在压电元件两个电极上产生电荷，此时可以把压电传感器看作是一个电荷源（静电发生器）。显然，当压电元件的两个表面聚集电荷时，它也是一个电容器，其电容量

$$C = \frac{\varepsilon_r \varepsilon_0 A}{\delta} \tag{6-12}$$

式中：C 为压电传感器内部电容，F；ε_0 为真空介电常数，$\varepsilon_0 = 8.85 \times 10^{-12} \text{F/m}$；$\varepsilon_r$ 为压电材料相对介电常数；δ 为压电元件厚度，m；A 为电极极板面积，m^2。

把压电式传感器等效为一个电荷源和一个与电荷相关联的等效电路，如图 6.19（a）所示。由于电容器上的开路电压 U 与电荷 Q 和电容 C 之间关系为

$$U = Q/C \tag{6-13}$$

因此压电传感器也可以等效为一个串联电容表示的电压等效电路，如图 6.19（b）所示。

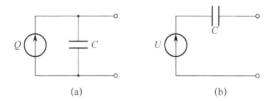

图 6.19　压电传感器的等效电路

（a）电荷等效电路；（b）电压等效电路。

由图 6.19 可知，只有在传感器内部不漏电且外电路负载无穷大时，传感器产生的电压才能长期保存下来。如果负载不是无穷大，则电路就要以时间常数 $R_f C$ 按指数规律放电。因此，当压电传感器测量一个静态或频率很低的参数时，就必须保证负载电阻 R_f 具有很大的数值，通常 R_f 不低于 $10^9 \Omega$。

2. 电荷放大器基本原理

电荷放大器能将高内阻的电荷源转换为低内阻的电压源，输出电压正比于输入电荷。电荷放大器具有阻抗变换作用，其输入阻抗高达 $10^{10} \sim 10^{12} \Omega$，输出阻抗小于 100Ω。

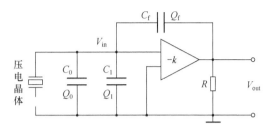

图 6.20　电荷放大器原理图

电荷放大器实际上是一个具有深度电容负反馈的高增益放大器，其等效电路如图 6.20 所示。图中 $-k$ 是放大器的开环增益，一般 $k \geqslant 60\text{dB}$，即 $K \geqslant 10^3$，负号表示放大器的输出与输入反向。由于放大器的输入采用了场效应管，因此放大器输入阻抗很高，其输入端几乎没有分流。C_f 是反馈电容，它决定放大器输出灵敏度，一般采用切换运算放大器 C_f 的方法调整灵敏度。C_f 越小，电荷放大器的灵敏度越高，C_f 通常不小于 100pF。C_0 是传感器电容，C_1 是输入电缆分布电容；Q_f、Q_0、Q_1 分别为电容 C_f、C_0、C_1 上的电荷量；V_in 是放大器的输入电压，V_out 是放大器的输出电压。由放大器开环增益的定义得

$$-k = V_\text{out} / V_\text{in} \tag{6-14}$$

由电荷守恒关系得

$$Q = Q_0 + Q_1 + Q_\text{f} \tag{6-15}$$

输入电压为

$$V_\text{in} = \frac{Q_0}{C_0} = \frac{Q_1}{C_1} \tag{6-16}$$

电容 C_f 两端电压应满足

$$V_\text{in} - V_\text{out} = \frac{Q_\text{f}}{C_\text{f}} \tag{6-17}$$

联立式（6-14）～式（6-17），解得

$$V_\text{out} = \frac{-kQ}{C_0 + C_1 + C_\text{f}(1+k)} \tag{6-18}$$

式中：$kC_\text{f} \gg C_0 + C_1 + C_\text{f}$，这表明电缆电容 C_f 的影响很小，故电缆长度对电荷放大器影响不大，在这种情况下

$$V_\text{out} = -Q / C_\text{f} \tag{6-19}$$

故放大器的电荷灵敏度为

$$S_Q = V_\text{out} / (-Q) = 1 / C_\text{f} \tag{6-20}$$

由（6-18）和式（6-20）可获得输入电压表达式为

$$V_\text{in} = \frac{Q}{C_0 + C_1 + C_\text{f}(1+k)} \tag{6-21}$$

利用 $kC_\text{f} \gg C_0 + C_1 + C_\text{f}$ 条件，近似等于

$$V_{\text{in}} = Q/(kC_f) \tag{6-22}$$

输入电容为

$$C_{\text{in}} = Q/V_{\text{in}} = C_0 + C_1 + C_f(k+1)$$

也可近似等于

$$C_{\text{in}} = kC_f \tag{6-23}$$

由式（6-22）和式（6-23）可知，电荷放大器的输入电压相当小，而输入电容很大；输入交流阻抗 $1/(jC_{\text{in}}\omega)$ 很小，而电荷放大器的直流阻抗很高。

如果选反馈电容 $C_f = 100\text{pF}$，由式（6-20）可求出电荷放大器的电荷增益为

$$S_Q = 1/100\text{pF} = 10\text{mV/pc}$$

3. 电压放大器基本原理

电压放大器的功能是将压电传感器的高阻抗变换成低阻抗，并把微弱信号放大。通常压电传感器本身要求绝缘电阻足够大，才能保证其输出电压（或电荷）不变而近似看作开路。与此相应，电压放大器的输入阻抗也要求在千兆欧以上，才能避免传感器的电荷在传输过程中漏掉。现在的运算放大器频宽可达到 1GHz，放大器的开环增益不小于 10^6。图 6.21 所示为电压放大器的基本原理图，C_0 是传感器及其引线电容，C_1 是放大器的输入电容；R_1 是放大器输入电阻，R_2 是放大器反馈电阻，R_3 是放大器负载电阻，高速运放负载电阻多为 50Ω。k 是放大器增益，V_{in} 为传感器输入给放大器的电压，V_1 是放大器的输入电压，V_{out} 为放大器的输出电压。

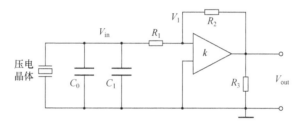

图 6.21　电压放大器基本原理图

压电传感器的电荷灵敏度（增益）为 k_Q（pc/unit），unit 可以是 MPa 或者 m/s²。当传感器上无压力 p 作用时

$$V_{\text{in}} = V_1 = V_{\text{out}} = 0 \tag{6-24}$$

运算放大器的闭环增益

$$G = \frac{V_{\text{out}}}{V_{\text{in}}} = \frac{kR_2}{kR_1 + R_1 + R_2} \approx \frac{R_2}{R_1} \tag{6-25}$$

当有一个瞬态压力 $p(t)$ 作用在压电传感器时，放大器输入端

$$V_{\text{in}}/V_m = \exp(-t/\tau)$$

式中时间常数 $\tau = R_1(C_1 + C_0)$；V_m 是瞬态压力 $p(t)$ 中的峰值压力 p_m 作用下输入端的峰值压力。图 6.22 所示电压放大器中的时间常数 τ 比较小，只有几毫秒至几十毫秒，因此适用于瞬态压力或加速度测量，而且它们的衰减时间常数 θ 远大于时间常数 τ。

如果高速运算放大器的单位增益频宽 $BW_0=750\text{MHz}$，放大器闭环增益 $G=10$，100，1000，则相应的上限频率为 $BW=75\text{MHz}$，7.5MHz，0.75MHz，所以电压放大器的上限频率

远高于电荷放大器的上限频率。现代万用表大都可以直接测量输入电容 C_0 和 C_1，因此采用电压放大器测量压力和加速度也是相当方便的。

在采用电压放大器时，连接电缆不能太长，电缆越长电缆电容越大，传感器的电压灵敏度就要迅速降低。这就带来两个问题：

（1）在测量过程中更换出厂配套的电缆时，应对传感器的出厂电压灵敏度进行修正。

$$K_1 = \frac{K_0(C_a + C_0 + C_i)}{(C_a + C_1 + C_i)} \tag{6-26}$$

式中：K_0、K_1 分别为出厂和现场实际使用的传感器灵敏度；C_a、C_i 为分别为传感器的电容和放大器的输入电容；C_0、C_1 分别为出厂电缆和实际采用的电缆电容。

（2）为了避免降低传感器的电压灵敏度，电压放大器必须远离记录装置而靠近传感器。采用低噪声电缆，如 STV-2 型，电缆电容 85pF/m。时间常数为

$$\tau = RC = \frac{R_1 R_2}{R_1 + R_2}(C_1 + C_2 + C_3) \tag{6-27}$$

式中：R_1、C_1 为传感器电阻和电容；R_2、C_2 为放大器电阻和电容；C_3 为电缆电容。

由于 R_1、R_2 的存在，电荷 Q 不能无限度地维持，而是以时间常数为初始速率通过 R_1 和 R_2 泄漏。一般说 $R_1 \gg R_2$，C_1、$C_3 \gg C_2$，因此

$$\tau = R_2(C_1 + C_2) \tag{6-28}$$

$C_1 + C_3$ 直接影响时间常数，同时也会使输出端电压的值减小，即

$$V_{sr} = \frac{Q_0}{C_1 + C_3} \tag{6-29}$$

当 Q_0 也很小时，对测量很不利。

从以上分析可知，电荷放大器上限频率不高，因为它是带电容负反馈的高增益直流放大器。为了解决零漂，电路结构和工艺都比较复杂，使工作频带受到限制，只有几百千赫，这对有些爆炸实验来说，高频响应满足不了要求。而电压放大器结构简单，工作频带较易扩展，特别对交流放大器来说，上限频率可达几吉赫。电荷放大器输入阻抗高达 $10^{10}\Omega$，输出阻抗小于 100Ω，输入电缆的长度对放大器增益的影响很小，因此可以远离传感器。电压放大器受输入电缆长度的影响，使输出灵敏度降低。

6.4.2 弹载存储测试系统

最早的膛内测试中传输信号的方法是"硬线"技术。在进行火炮发射测试时，信号通过引线接到记录系统，接地信号通过弹体和炮管接地，信号记录到引线被拉断为止。随着微电子技术的发展，集成电路水平的提高，出现了弹载存储测试技术。

弹载存储测试系统是固定在弹体内部狭小空间内，随弹体一同运动，记录并存储弹丸"发射、飞行、侵彻"全弹道过程动态信息的物理系统。它工作在高温、高压、强冲击振动、高过载等恶劣环境和紧凑设计条件下，自动完成被测信息的实时采集与存储记忆，并在实验后将数据导入计算机，再现全弹道过程中的被测信息。例如，存储测试弹丸发射（火炮膛压 P-t 曲线）、飞行、侵彻全弹道过程的动态过载信息的存储测试系统，导弹飞行动态数据存储采集的智能导弹黑匣子等。

弹载存储测试系统由弹上记录和地面检测两部分组成，如图 6.22 所示。弹上记录部分称为存储测试仪，由传感器、预处理电路、采样和 A/D 转换电路、存储器、通信接口、控制

器和系统电源 7 个部分。地面检测部分包括数据传输线、上位计算机、数据采集软件等。实验完成并成功回收存储测试仪后，通过读数电缆将测试仪通信接口（读数接口）与上位计算机相连接，上位计算机装有与该实验匹配的数据采集软件，使用该软件可再现全弹道动态信息。

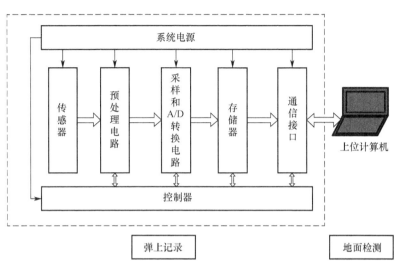

图 6.22　存储测试系统结构

弹载存储测试系统需工作在高温、高压、强冲击振动等恶劣环境和紧凑设计条件下，并自动完成被测加速度信息的实时采集与存储记忆。受测试环境的制约，弹载存储测试系统需解决以下关键问题：

（1）量程、精度等满足测试环境条件的加速度传感器。
（2）满足实验要求的数据模块。
（3）能够在恶劣环境中生存，采集速度、存储容量和时间满足实验要求，且掉电数据不丢失的数据采集与存储记忆模块。
（4）与计算机交换数据的通信模块。
（5）保证电路正常工作的系统保护措施。

为解决上述关键问题，弹载存储测试系统需具备以下特点。

1. 微型化

微型化是弹载存储测试系统的重要特点，因其体积微小，才能保证置于弹体内后，对被测对象无影响或影响很小。实现存储测试系统微型化的主要途径有：

（1）选用多功能器件，减少冗余件，使系统元器件最少。
（2）选用微封装、低功耗 IC 和单电源器件。
（3）模块化、标准化、系列化、集成化设计。
（4）使用 MeMS 等特种加工工艺。

2. 微功耗

存储测试系统自动完成信息采集和存储，一般采用自备式电源，如扣式电池。而系统体积很小，不可能提供较大的电源空间，因此要求存储测试系统必须低功耗，并尽可能供电品种单一，如单一+5V 或+3V 等。

实现低功耗的方法有：
（1）采用低功耗器件，如 CMOS、74HC 系列等。
（2）尽可能缩短大功耗器件使用时间，只在有限时间中使用。例如，ADC 和存储器，采存结束后，切断所有与存储和读取数据无关的电路电源。
（3）设置闲置态，使用定时、遥控或自适应等方法减小采存状态前的功耗。

3．抗高过载

弹载存储测试系统需承受弹丸发射、飞行、弹靶相互作用过程中的高过载环境，保证弹丸载全弹道过程中不损坏。实现抗高过载的方法主要有：
（1）选用抗高过载元器件。
（2）采用强化措施。
（3）有效的缓冲结构。
（4）合理布局。

实验表明，塑料封装的 IC 比陶瓷封装件抗冲击能力强；金属膜电阻比碳膜电阻强；独石电容、钽电容比电解电容强；微型片状电阻、电容的抗过载能力最好；扣式电池比干电池和可充电电池抗冲击性能好；环形结构的 CR33 比其他扣式电池的抗离心过载能力强。选用元器件时，应尽可能选用抗冲击性能较好的元器件。

合理布局也可以有效地提高系统的抗过载能力，如电池应尽可能置于旋转体轴心，以减少其所承受的离心过载。

4．强化技术

目前强化存储测试仪的主要方法是采用灌封，即在一定温度条件下，采用流动性较好的灌封材料对组装好的存储测试仪电路进行灌封，使其固化成模块。电路体封装后，其抗冲击性得到很大提高。灌封材料应具有的性能：
（1）良好的工艺性。存储电路体内元器件叠放，密布走线。保证灌封质量，灌封材料必须具有良好的工艺性，特别是常温的流动性要好，固化后收缩率要低。最好是能在中温（50℃～70℃）固化。
（2）固化后强度高，黏性好，且要有一定韧性。
（3）封装体内应力小，具有良好的抗疲劳性和持久强度。
（4）一定的耐热性和耐热冲击性。

目前常见的灌封材料有环氧树脂、聚氨酯、硅橡胶。

6.5 压力测试系统的标定

6.5.1 压力测量系统的标定

当测量压力时，无论用多么精确的测量仪器，由于各种因素的影响，使获得的测量值与压力真值之间总存在一定的误差，这一误差就是测量误差。这一误差虽然不可避免，但尽量减少这种误差，是获得可靠数据的重要途径。

测压系统误差包括静态和动态两种，在被测量不随时间变化时所测的测量误差称为静态误差；在被测量随时间变化过程中所测的误差称为动态误差。

1. 静态标定

静态标定的目的是确定测压系统静态特性指标，如线性度、灵敏度、迟滞性、重复性等静态指标。静态标定常用的静压发生装置有标准活塞式压力计、杠杆式压力发生器及弹簧测力计式压力发生器，本节仅介绍标准活塞式压力计。

1）标定装置

标准活塞式压力计结构如图 6.23 所示。被标定的压力传感器安装在活塞式压力计的接头上，传感器可选用任意型号的压阻式、应变式、压电式传感器。当转动手轮 12 时，加压油缸的活塞往前移动使油缸增压，并把压力传至各部分。当压力达到一定值时，精密活塞、砝码盘和砝码被顶起，轻轻转动砝码盘，使砝码盘和砝码旋转，以减小活塞与缸体之间的摩擦力，使油压与砝码（连同活塞）的重力相平衡，传感器受到的压力可表示为

$$P = 4g(m_1 + m_2)/\pi D^2 \tag{6-30}$$

式中：P 为油缸的压力，Pa；m_1 为标准砝码的质量，kg；m_2 为活塞的质量，kg；D 为活塞的直径，m；g 为当地的重力加速度，m/s^2。

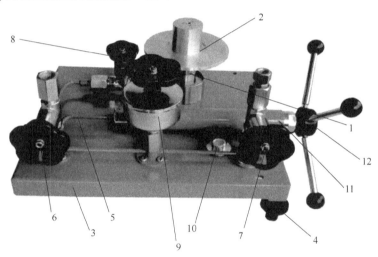

图 6.23　标准活塞式压力计结构

1—指标板；2—地盘；3—底座；4—调整螺钉；5—连接管部件；6，7，8—阀体；
9—油杯；10—水平仪；11—手摇泵；12—手轮。

2）标定步骤

（1）将被标定的传感器和标准压力表安装在活塞式压力计接头上。

（2）给活塞压力机充油、排气，并检查在标定的最大压力下是否漏油，若有漏油情况，需做处理。

（3）连接标定系统的各部件，包括压力传感器、放大器、应变仪、记录仪器等。通电预热 10min。

（4）对测压容器的容积进行标定。

（5）调整动态应变仪的平衡电阻和电容，使应变仪电桥处于平衡状态，不平衡输出在 −3～3mV 之间。

（6）向传感器施加静压标定的最大压力值，通过调整放大器的增益开关，使其输出达到和接近记录仪器输入量程值。

（7）从传感器的零负荷到传感器满量程按相同步长逐级给传感器加标准砝码，然后再逐级从满量程减法码至零，同时记录传感器的输出值。实验时要注意，加压时不得超过预定值再降下来，降压时不要降过了头再往上加。

（8）重复步骤（7），加压、降压循环三次，记录每一次的电压输出值。

（9）根据式（2-7）～式（2-10）分别计算线性度、灵敏度、迟滞性和重复性等参数。

2．动态标定

传感器动态标定主要用于确定传感器的动态技术指标或动态数学模型。压力传感器的动态性能指标，目前还没有统一规定，主要有两方面内容，一个是时间域内的指标，另一个是频率域内的指标。时间域内的指标可以用上升时间、峰值时间和对数衰减率等参数确定；频率域内的指标则可以用通频带和工作频带等衡量。

要解决传感器的标定，必须首先解决动态压力源及其提供的压力-时间关系。动态压力源包括两大类型，一类是周期函数压力发生器，它包括活塞、振动台、转动阀门、凸轮控制喷嘴等类型，主要用来产生周期连续性波形，如正弦波等；另一类是非周期函数压力发生器，它包括激波管、快速卸荷阀、落锤、爆膜装置等，主要用来产生一个快速单次压力信号，如阶跃信号、半正弦波等。应根据使用的传感器和被测信号的特征来选择标定用的动态压力源。

爆炸冲击压力实验中遇到最多的是单次、脉冲式、快速反应信号，在标定传感器的动态参数时，选用阶跃压力激励源比较合适。能产生阶跃的压力源有密闭爆炸装置、快速阀门、快速破膜装置和激波管等，其中激波管装置是应用较广泛的一种压力源。由于激波能产生压力阶跃，且激波波阵面很薄，其阶跃压力上升时间大约在 10^{-9}s 数量级。此外激波管产生的阶跃压力在一定的马赫数范围内具有良好的恒定特性，所以用激波管装置可以获得理想条件下的压力脉冲。在这一节内容中，主要介绍激波管压力标定方法。

激波管可以产生激波，激波是指气体某处压力突然发生变化，压力波高速传播，形成阶跃的压力波形。波速与压力变化强度有关，压力变化越大波速越高。传播过程中波阵面到达某处，该处气体的压力、密度和温度都发生突变；波阵面未到达的地方，气体不受波的影响；波阵面过后，波阵面后面的气体温度、压力都比波阵面前高，气体粒子向波阵面前进的方向流动，其速度低于波阵面前进速度。

1）标定系统

激波管标定系统框图如图 6.24 所示，它是由气源、激波管、入射激波测速装置和标定测量装置等组成。

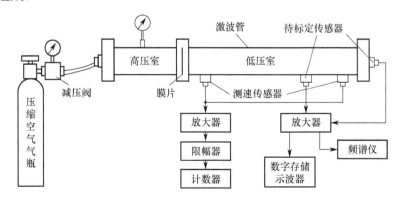

图 6.24 激波管标定系统框图

激波管分高压室和低压室两部分，之间由铝或塑料膜片隔开，激波压力的大小由膜片的厚度决定。气瓶内的压缩气体经减压和控制阀门送到高、低压室，根据气压表指示确定所需压力的大小。当高、低压室的压力差达到一定程度时膜片破裂，高压气体迅速膨胀冲入低压室，从而形成激波。这个激波的波阵面压力保持恒定，接近理想的阶跃波，被称为入射波。入射波经过第一个测速传感器时，产生压力信号经放大器和限幅器送入计数器内，计数器开始计数。入射波经过第二个测速传感器时，产生压力信号使计算器停止计数，从而求得入射波波速。待标定传感器可以放在低压室的侧面，也可以安装在低压室的底部。当入射波到达待标定传感器时，它们送出与压力对应的电压信号，经放大器后送入数字存储示波器，可以通过电压信号计算传感器或测试系统的灵敏度。频谱仪用于测量传感器的固有频率，将测试结果送计算机处理、计算后，可求得传感器的幅频和相频特性。

图中 6.25（a）所示是电气石晶体片制成的自由场压力传感器输出波形，扫描量程约 2ms，$\Delta p = 0.64\,\text{MPa}$，过冲量小于 10%。图 6.25（b）所示是 ZTR 压电陶瓷片制成的自由场压力传感器，扫描量程约 2ms，$\Delta p = 0.67\,\text{MPa}$，过冲量小于 20%。显然电气石制成的传感器性能较 ZTR 压电陶瓷传感器好。

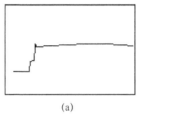
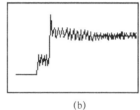

(a)　　　　　　　　(b)

图 6.25　待标传感器输出波形

2）激波传输原理

激波管的基本结构是一个圆形或方形断面的直管，高压室和低压室之间使用的膜片随压力范围而变，低压标定时用纸；中压多用各种塑料；高压标定时用铜、铝等金属膜片。破膜方式可以采用超压自然破膜，也可以用撞针或刀尖击破。膜片一旦破裂，高压室气体就向低压室冲去，形成向低压室的激波。两气体接触面也向低压方向前进，前进速度低于激波。图 6.26 示出激波管各工作阶段的状态，它便于我们进一步理解激波的标定原理。

图 6.26（a）所示为破膜前的压力状态，p_1 是低压室的初始压力，p_3 是高压室的初始压力，两者之间由膜片隔离。图 6.26（b）所示是破膜后的压力状况，在低压室，激波以超声速向右推进，其速度为 v。激波未到处压力 p_1 保持不变，激波后面至接触面间的压力值为 p_2，$p_1 < p_2 < p_3$，接触面与激波的速度差 $v - v_1$ 小于该处气体声速。

在高压室，破膜时膜片附近产生稀疏波，以该处声速向左传播，稀疏波经过的点，压力下降至 p_4，$p_4 = p_2$。也就是说，稀疏波右端和激波左端气体压力相等，速度相同，但以接触面为分界线。两边气体温度不同，靠近激波一侧因压力跃升过程气体受压缩导致温度升高，随之该处声速也升高。靠近稀疏波一侧的气体，因气体膨胀导致温度下降，该处的声速也随之降低。

图 6.26（c）所示为稀疏波到达高压室端部并被反射的过程。在稀疏波前面，压力仍为原来的 p_4 值，稀疏波后面降至 p_6（$p_6 < p_4$）。稀疏波波速为该处声速 C 和该处气流速度之

和，它高于激波速度，如果激波管足够长，则稀疏波将赶上激波。图 6.26（d）所示是稀疏波赶上激波的情况。减小激波管的长度，使稀疏波赶上激波前，激波已到达低压室右端并被反射。如果低压室右端是刚性材料封闭，那么反射波仍为激波，在反射激波前，压力保持原值 p_2，激波后面到右端面之间压力升高到 p_5（$p_5 > 2p_2$），如图 6.26（e）所示。

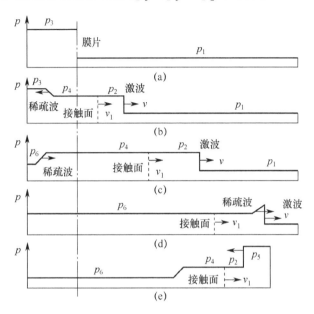

图 6.26 激波管各工作阶段状态

由以上分析可知，若传感器安装在激波管侧壁上，它会感受到 $p_2 - p_1$ 的阶跃压力，若安装在低压室的末端面，则感受到的压力为 $p_5 - p_1$。

对空气激波管，其压力标定值按下式计算。

（1）低压室侧壁安装传感器：

$$p_2 - p_1 = \frac{7}{6}(Ma^2 - 1) \cdot p_1 \tag{6-31}$$

（2）低压室末端面安装传感器：

$$p_5 - p_1 = \frac{7}{3}(Ma^2 - 1)\left(\frac{2 + 4Ma^2}{5 + Ma^2}\right) \cdot p_1 \tag{6-32}$$

$$Ma = D/C \tag{6-33}$$

式中：Ma 激波的马赫数，由测速系统决定；p_1 为低压室初始压力，一般 $p_1=0.101325\mathrm{MPa}$；p_2, p_5 为激波压力；D 为激波速度；C 为低压室初始声速，$C = 331.6 + 0.54T$，它与低压室温度 T 有关。

入射激波速度测试系统由压电式压力传感器、放大器、限幅器、计数器等组成。注意测速所选用的两个压力传感器一致性要好，尽量小型化，传感器的受压面应与管内壁面一致，以免影响激波管内表面的形状。

入射激波速度可表示为

$$D = l/t \tag{6-34}$$

式中：l 为两个测速传感器之间的距离；t 为激波通过两个传感器间距所需的时间。

压力标定测试系统由被标定压力传感器、放大器、频谱分析仪和数字示波器等组成,示波器记录下压力随时间的变化关系曲线后,由计算机进行数据处理,直接求得传感器的幅频特性。

6.5.2 加速度测量系统的标定

加速度传感器在使用一定时间后,其灵敏度会发生变化,如因压电材料的老化,其灵敏度每年可降低 2%~5%。因此,为保证加速度传感器的测试精度,实验前需对加速度传感器进行标定,主要标定加速度传感器的灵敏度和频率响应特性。根据输入的激励方法,加速度传感器动态标定方法主要有正弦运动法和瞬态运动法两种。

1. 正弦运动法

振动台是正弦运动法常用的一种实验设备,它可产生不同频率和振幅稳定的正弦机械运动,可同时标定加速度传感器的灵敏度和频率特性。正弦运动法标定加速度计又包括绝对标定法和相对标定法。

1) 绝对标定法

绝对标定法指使用激光干涉仪直接测量振动台的振幅,和被标定加速度传感器的输出比较,确定被标定传感器的灵敏度,标定误差在 0.5%~1%之间,其原理图如图 6.27 所示。

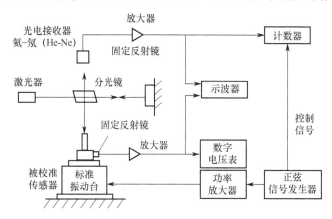

图 6.27 激光干涉绝对标定法原理图

在进行频率响应测试时,使信号发生器做慢速的频率扫描,同时用反馈电路使振动台的振动速度或加速度幅值保持不变,并测量传感器的输出,便可给出被标定加速度传感器的频响曲线。

2) 相对标定法

相对标定法,一般是用被标定传感器同更高精度标准传感器相比较,来确定被标定传感器的性能参数。

将标准传感器与被标定传感器背靠背或并排地安装在振动台上,如图 6.28(a)、图 6.28(b)所示,保证两个传感器受到相同的振动激励。可采用两传感器位置互易的方法来检验是否受到相同的振动激励,若经交换位置之后,两传感器的输出电压比不变,则表示它们感受到相同的振动。

相对标定法优点是方法简单、操作方便,缺点是校准精度不如绝对标定法。

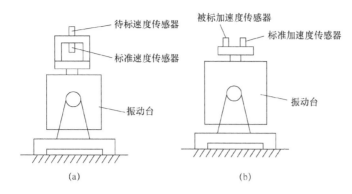

图 6.28　传感器的相对校准安装

(a) 背靠背安装；(b) 并排安装。

2. 瞬态运动法

瞬态运动法利用输入瞬态加速度标定加速度传感器，瞬态加速度由两个质量间的撞击产生，它可通过弹道摆或落锤仪产生，如图 6.29 所示。

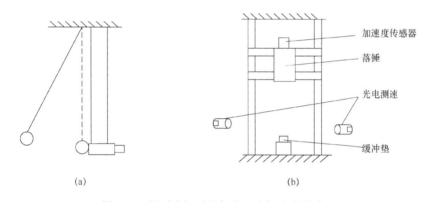

图 6.29　用瞬态运动法标定压电加速度传感器

(a) 弹道摆上；(b) 落锤仪上。

用一个标准压力传感器同时记录下撞击时质量块之间的相互作用力 F 和加速度传感器输出的变化曲线，若 m 为被标加速度传感器的质量，由牛顿运动定律 $F=ma$，对两条曲线进行比较，则可计算出待标定加速度传感器的灵敏度为

$$S_a = m \frac{h_u k_u}{h_f k_f} \tag{6-35}$$

式中：h_u 为加速度传感器输出示波曲线的高度；h_f 为相应的标准测力传感器输出的示波曲线的高度；k_u、k_f 分别为两条曲线的比例尺。

用该方法标定加速度传感器时，无须假设加速度传感器是线性的，标定的不准确度为 5%。

6.6　压电法测试技术应用

6.6.1　压电法测量火工品压力-时间曲线

1. 实验原理

点火具和动力源火工品是利用其内部装填的火药或烟火药的燃烧所产生的高温高压气体

来实现点火或推动活塞做功。衡量这类器件的输出能力是测量其输出气体产物的压力随时间变化的曲线，简称 p-t 曲线。比较成熟的测量方法有压电法和应变法。

密闭爆发器是测量 p-t 曲线的必备装置，它是一个小型的压力容器，其功能是接收做功器件输出的燃烧产物气体，并将气体压力传递给压力计。密闭爆发器的容腔形状多为圆柱形，长径比在 1∶1 左右，其容积的大小和传感器的选择和安装的相对位置依测量对象的不同而异。对小药量、高燃速、压力持续时间短的火工品，如瞬发度高的小型点火管和小型动力源火工品，应选择容积较小的压力容器和谐振频率较高的压电传感器及相应的测试系统，以保证系统对输出压力的变化速率反应快，灵敏度高。而对于药量较大、燃速低、压力持续时间长的火工品，可选择容积较大的密闭爆发器，谐振频率不太高、价格便宜的应变压力传感器，同样可获得稳定、平滑、波动小的 p-t 曲线。对输出残渣多的底火器件等，压力计多安装在容器的侧面，以防止轴向残渣的侵蚀和损伤。各种密闭爆发器中压阻计的安装如图 6.30 所示。

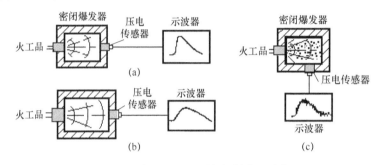

图 6.30　火工品测压用密闭爆发器结构

（a）小药量高燃速火工品；（b）大药量低燃速火工品；（c）有残渣输出的火工品。

压电法适合于测量动力源火工品和小型瞬发点火具的压力-时间曲线。测试系统由点火装置、密闭爆发器、压电压力传感器、电荷放大器、数字记忆示波器和计算机处理系统构成，如图 6.31 所示。

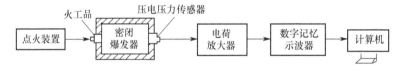

图 6.31　压电法测试系统原理

当点火装置启动后，火工品开始输出气体，密闭爆发器内的压力逐渐上升直至最大值，随着燃烧产物的不断冷却，压力又缓慢下降。典型的压力-时间曲线如图 6.32 所示。

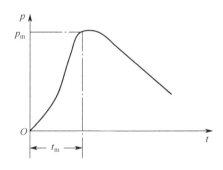

图 6.32　典型的压力-时间曲线

利用计算机对时间曲线进行处理,获得以下特征数据:
①最大压力 p_m;②最大压力上升时间 t_m;③压力上升速率,即

$$(dp/dt)_m = p_m / t_m$$

2. 实验步骤

以某动力源火工品为例介绍压电法测量输出压力-时间曲线的步骤。

1)测试系统的选择

(1)点火装置:点火装置应选择与实际应用时的点火脉冲相近的电容-电阻放电脉冲输出。例如,电容充电电压选择24V,电容选择12μf。

(2)密闭爆发器:按本节前面提到的原则选择柱形空腔的密闭爆发器,容积为20ml,压电传感器安装在容器的末端,与火工品在同一轴线上。

(3)压电传感器:选择具有较高频率的压力传感器,其性能参数为

谐振频率:$f = 150$kHz 以上;

频响时间:$t = \dfrac{1}{f} = \dfrac{1}{150 \times 10^3}\text{s} = 6.6 \times 10^{-6}\text{s} = 6.6\mu\text{s}$;

灵敏度:1.79pC/MPa;

精度:0.2%;

非线性:0.05%;

迟滞:0.12%;

重复性:0.11%。

(4)电荷放大器:选择具有较高频率响应的电荷放大器。

频率范围:200kHz 以上;

上升时间:$t = 0.005$ms $= 5\mu$s;

精度:±1.0% 内。

(5)数字记忆示波器:选择具有较高频率响应的数字记忆示波器。频率范围在100MHz以上,采样速率在10MS/s以上,并有标准数据传送接口。

(6)计算机选用的是 pentium-IV 2.0 处理器,并配置数据采集卡、打印机终端和相应的数值处理软件。

2)测试系统的标定

(1)对密闭爆发器的容积进行标定。

(2)对传感器-电荷放大器进行标定。从合格厂商购买的传感器和电荷放大器都提供标定结果,但使用一段时间后需要重新标定,用激波管标定动态参数。静压标定是将压力传感器与电荷放大器连接,标定在不同增益条件下,压力与输出电压之间灵敏度(mV/MPa)、非线性和重复性等重要指标。

3)测试系统的安装调试

(1)将压力传感器与密封爆发器用螺纹连接紧密;将传感器的输出端接到电荷放大器的电荷输入端;接好示波器与计算机之间的数据通信电缆。

(2)按压力传感器的灵敏度调试电荷放大器上的归一化旋钮。使之与 1、7、9 三个数字对应;选择适当的电压灵敏度(mV/MPa);依据预计的输出电压波形调节示波器的量程和采样速率。

4）火工品的安装

将火工品与密封爆发器做密封连接，使火工品输入引线与点火装置接通。

5）点火装置的启动

启动点火装置，完成动态信号采集、存储和处理。

6）清洗和密闭

清洗传感器和密闭爆发器。

7）完成测试

重复步骤4）～步骤7），完成一组样品的测试。

3．数据处理

对一组试样的 p-t 曲线进行计算机处理得出最大压力 p_m，最大压力上升时间 t_m。表 6.1 所列为一组 10 个样品的测试结果。

表6.1　某动力源火工品 p-t 曲线数据

序号	1	2	3	4	5	6	7	8	9	10
p_m/MPa	0.79	0.81	0.78	0.80	0.82	0.77	0.79	0.82	0.83	0.80
t_m/μs	38.2	39.1	38.7	39.0	39.0	37.9	38.1	39.5	39.8	39.3

数据处理后得

平均最大压力：$p_m = 0.801$MPa；

最大压力标准偏差：$S_{Pm} = 0.019$MPa；

平均最大压力上升时间：$t_m = 38.86$μs；

标准偏差：$S_{tm} = 0.63$μs；

平均压力上升速率：$\left(\dfrac{\mathrm{d}\overline{p}}{\mathrm{d}t}\right)_m = \dfrac{\overline{p}_m}{t_m} = 0.0206$MPa/μs。

6.6.2　空气中冲击波压力和速度测量

1．实验原理

空气冲击波传播规律的研究，多采用测量空气冲击波的压力-时间曲线的方法，从中得到超压和冲量值，也可以利用多个压电传感器测量冲击波的速度。

超压测试系统由压力传感器，电荷放大器和数据采集仪 3 部分组成。当测量自由场冲击波压力时采用自由场压力传感器，当测量略过地面的冲击波压力时采用膜片式压电压力传感器。压力传感器将压力信号转换为电荷信号，通过电荷放大器将电荷信号转换成电压信号并放大一定倍数输出，数据采集仪接收、显示并存储电压信号。典型自由场压力传感器、电荷放大器及数据采集仪的性能参数如下。

1）自由场压电传感器（型号：CY-YD-202）

　　压电范围：0～10MPa；

　　线性误差：<1.5%；

　　绝缘阻抗：>10^{12}Ω。

2）电荷放大器（型号：YE5864A）

　　灵敏度调节范围：1.00～9.99（pc/unit）；

灵敏度倍数（S_Q）；

输出增益（G）：0.1、1、10、100、1000（mV/unit）；

低通滤波器（LP）：（20、50、100、200、500、1 k、2 k、5 k、10 k、20k）Hz；

通道数：8 通道/台。

3）数据采集仪（型号：PCI-506112）

采样频率：最高 50MHz；

通道数：32 通道；

存储容量：8M 字节/通道，存储容量=采集频率×采集时间× 8byte。

图 6.33 所示为自由场冲击波超压测试现场示意图，实验弹水平放置在预定高度的弹架上，距离药柱中心预置距离处布置若干个压力传感器，传感器以不同方位角交错排列。实验弹由主装药和雷管组成。

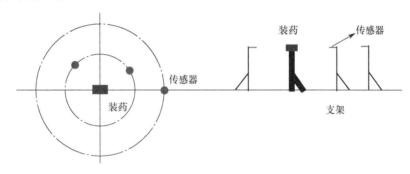

图 6.33 冲击波超压测试现场示意图

2．实验步骤

（1）在装配工房，记录实验弹初始状态，包括称重、编号、拍照，然后装配实验弹。

（2）对裸装药状态实验弹测试项目完成场地布置。包括外场定爆心、布置传感器位置；测试房布置测压系统，按照数值模拟预测结果设置仪器参数；完成测试仪器连线并测试系统稳定性；

（3）将实验弹放至弹架上。

（4）人员撤离，连接雷管。

（5）检查触发线是否处于连接状态，连接触发线。

（6）引爆雷管，记录实验数据。

（7）实验结束，整理仪器。

图 6.34 所示为传感器安装实物图。

图 6.34 冲击波压力测量传感器安装实物图

安装与调试传感器时，注意：

（1）安装自由场压力传感器时，固定支架的几何尺寸在满足一定刚度要求时，应尽可能做得小于被测冲击波的波长，以便减小因传感器和固定支架的加入引起被测流场发生变形。安装膜片式压电传感器时，传感器敏感端面应和地面等的表面安装齐平，传感器的表面凸出或凹进地表面，会形成一个空腔使压电压力传感器敏感面附近的流场受到扰动，从而使所测量的冲击波波头产生畸变。

（2）测量自由场压力和壁面反射压力，传感器安装时都要有减震措施。一般在压力传感器和安装夹具之间夹一层减震橡胶或垫圈，防止地震波或固定支架的振动传递到传感器上，产生一个虚假振动信号。

（3）电缆线最好不要受到冲击波的直接作用，特别是使用压电压力传感器时更要注意。在冲击波作用下，电缆内芯和外皮之间由于摩擦而产生静电电荷，直接影响测量结果。应使用低噪声电缆，并把电缆穿入固定支架内或埋在电缆沟中，防止冲击波传到电缆上。

（4）电缆连接前要用万用表检查信号线的自身是否通路。

（5）测量自由场冲击波压力时，传感器指向药柱中心，传感器敏感面与冲击波传播方向平行。

（6）系统连接后，调小采集频率，逐个捏传感器，看能否采集到信号。

（7）每次实验后仔细检查传感器，表面不能有裂缝或坑洼，传感器架上的信号线是否被损坏等，并及时更换或修复。

3．实验结果

1）冲击波压力

实验弹起爆后，周围介质受到高温、高压气体产物的作用而形成冲击波，该冲击波以一定的速度和压力在介质中传播，当冲击波掠过压电传感器的工作面时，其晶体沿着冲击波作用力的方向发生变化，在晶体表面呈现电荷，该电荷经电荷放大器放大并输至数据记录仪记录。

实验前设定电荷放大器灵敏度倍数和电荷放大器输出增益，实验后记录输出电压峰值，并通过式（6-36）计算冲击波超压值。

$$\Delta P(t) = 0.1 \times U(t) / (S_Q \cdot G) \tag{6-36}$$

式中：$U(t)$ 为记录仪上测得的电压值，mV；S_Q 为电荷放大器灵敏度倍数；G 为电荷放大器输出增益；$\Delta P(t)$ 为冲击波超压值，MPa。

通过式（6-37）计算比冲量

$$I = \int_{T_1}^{T_2} \Delta P(t) \mathrm{d}t \tag{6-37}$$

2）冲击波速度

空气冲击波速度的测量通常归结为一定距离上两个传感器感受到压力作用的时间差。冲击波在空中自由传播，波的强度和速度均随传播距离的增加而衰减。这种变化的速度测量不同于稳态速度的测量，必须根据冲击波的传播特点来考虑合适的测速方案。

设 a、b 为冲击波传播方向上相距为 L 的两个点，如图 6.35 所示。O 点为 a、b 的中点，它距爆源的坐标为 $x(t_0)$。a、b 的坐标分别定为 $x(t_a)$ 和 $x(t_b)$。

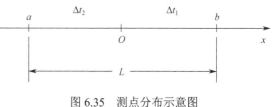

图 6.35　测点分布示意图

显然

$$t_a = t_0 - \Delta t_2$$
$$t_b = t_0 + \Delta t_1$$

则

$$L = x(t_0 + \Delta t_1) - x(t_0 - \Delta t_2) \tag{6-38}$$

将该式按泰勒级数展开，并令 $D = \mathrm{d}x/\mathrm{d}t$，得到 a、b 间冲击波的平均速度为

$$\overline{D}_{ab} = D_0 + \frac{1}{2} \times \frac{\mathrm{d}D_0}{\mathrm{d}t}(\Delta t_1 - \Delta t_2) + \frac{1}{6} \frac{\mathrm{d}^2 D_0}{\mathrm{d}t^2}(\Delta t_1^2 - \Delta t_1 \Delta t_2 + \Delta t_2^2) + \cdots \tag{6-39}$$

式中：D_0 为 a、b 中点 O 点的冲击波速度。

式（6-39）表明，a、b 间的平均速度 $\overline{D}_{ab}$ 与 O 点速度 D_0 有差异，其差异大小主要取决于 $\frac{1}{2} \times \frac{\mathrm{d}D_0}{\mathrm{d}t}(\Delta t_1 - \Delta t_2)$ 的值。以空中爆炸为例，根据触地爆炸经验公式

$$\Delta p = 1.06\, r^{-1} + 4.3\, r^{-2} + 14\, r^{-3}$$

式中：r 是比例距离，$r = 1.20$，此时的超压值是 1.173MPa。

分别取距离 L 为 100mm、150mm、200mm 时，温度 $T = 300\mathrm{K}$ 进行计算，结果如表 6.2 所列。

表 6.2 $r=1.20$ 时的速度偏差

L/mm	$\overline{D}_{ab} - D_0$ /(m/s)	$(\overline{D}_{ab} - D_0)/D_0$
100	3	0.3×10^{-3}
150	6.9	0.6×10^{-3}
200	12	1×10^{-2}

空中爆炸时爆炸产物与冲击波波阵面分离处，超压为 0.98～1.96MPa 左右时，选取测距 L 为 100～200mm，就能保证 $\overline{D}_{ab}$ 与 D_0 的相对误差在千分之几。

当比例距离 r 取为 1.00、2.00、3.00 和 4.00 时，经计算得到表 6.3 的数据。

表 6.3 不同 r 时的速度偏差

r	1.00	2.00	3.00	4.00
Δp /MPa	1.897	0.329	0.132	0.074
L /mm	100	200	300	500
$(\overline{D}_{ab} - D_0)/D_0$	4×10^{-3}	3×10^{-3}	1.6×10^{-3}	1.7×10^{-3}

从表中可以看出，随比例距离增大，测速的相对误差就减小，测距 L 可适当增大。由此可以认为，$\overline{D}_{ab} \approx D_0$，通称为 D，且

$$D = L/t, \quad t = \Delta t_1 + \Delta t_2 \tag{6-40}$$

6.6.3 水中冲击波压力的测量

1. 实验原理

水中爆炸与空气中爆炸相似，都能产生冲击波，但由于水介质的密度比空气大得多（约 1000 倍），水中冲击波压力衰减速度比空气中慢，即相同药量相同距离处，水中冲击波的强度较空气中的更强些，测试中需要采取某些特殊措施以保障测试结果的可靠性和准确性。

测量水中冲击波压力要特别注意两个问题：一是防水防潮，二是固定测试装置以防止其移位。海水和河水的侵蚀不仅会使传感器和测量仪器短路，也会造成严重腐蚀。因此传感器、测量仪器和接插头的防水、防腐和密封问题至关重要。仪器和传感器放在水上测量冲击波压力，由于水的波动和漂移，引入随机测量误差，这种误差往往是无法确定和修正的。冲击波在水中传播的衰减较快，测试点的稍微移动，对测量结果的精确性影响很明显。

实验原理和总体布置如图 6.36 所示。将多个浮标用绳子串成一排，一端与岸边固定装置相连，另一端用锚链和锚固定，使其不漂移。在浮标下端安装定位和电缆保护钢管，电缆从钢管内穿过，与末端的防水压力传感器连接，连接件必须是防水接头。钢管可防止水中冲击波直接作用在电缆上，在电缆内芯和包覆层间产生静电电荷；同时也使电缆不遭受破坏。采用水下爆炸冲击波压力测量系统测试爆炸冲击波压力和气泡脉动压力。爆炸源和起爆电缆的防水设施要周密，爆炸源与传感器的相对位置要准确定位。

水下爆炸冲击波压力测量系统由压电压力传感器、电荷放大器、数据采集仪或示波器组成，压电压力传感器将压力信号转换为电荷信号，通过电荷放大器将电荷信号转换为电压信号并放大一定倍数输出，数据采集仪或示波器用于接收、显示并存储电压信号。

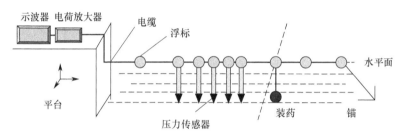

图 6.36　实验原理和总体布置

2. 实验步骤

（1）测试系统的安装、调试与参数设置。

（2）浮标和海上电缆的布放，如图 6.37 所示。

（3）各测试系统检查完好后处于待发状态，所有人员撤至安全区域。

（4）火工品准备，如图 6.38 所示。

（5）无线电静默，拔下零时缆，敷设装药，完毕后撤至安全区域。

（6）倒计时起爆。

（7）切断起爆通路，进行测量数据转录，检查数据采集、存储情况；

（8）进行下一发实验，重复以上过程。

（9）实验完毕后，清理实验现场。

图 6.37　海上线缆的布放　　　　　　图 6.38　火工品的布置

3. 实验结果

水中爆炸与空气中爆炸相比，除了产生爆炸冲击波外，气泡脉动过程中同时伴随产生二次压力波。实验测得压力编号曲线如图 6.39 所示，包含冲击波和气泡脉动引起的二次压力波。

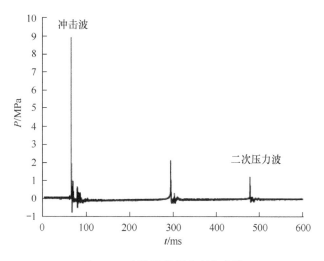

图 6.39 实验测得压力变化曲线

水中爆炸冲击波峰值压力理论计算方法如式（6-41）所示，二次压力波峰值压力理论计算方法如式（6-42）所示。

$$P_{\mathrm{m}} = 53.3(\omega^{1/3}/r)^{1.13} \times 0.98 \quad 0.078 < \omega^{1/3}/r < 1.57 \tag{6-41}$$

$$\Delta P_{\mathrm{m2}} = 7.095\left(\sqrt[3]{\omega}/r\right) \tag{6-42}$$

式中：P_{m} 为冲击波峰值压力，MPa；P_{m2} 为二次压力波峰值压力，MPa；ω 为 TNT 炸药质量，kg；r 为测点距爆心的距离，m。

不同距离处，冲击波和二次压力波峰值压力的理论计算结果和实验测试结果如表 6.4 所列。

表 6.4 冲击波和二次压力波峰值压力

传感器编号	冲击波			二次压力波		
	理论	测量	误差	理论	测量	误差
1	9.206	8.881	4.3%	1.678	2.132	27%
2	7.476	7.095	5.1%	1.431	1.616	12.9%
3	6.238	6.212	1.1%	1.254	1.543	23%
4	5.383	5.178	3.8%	1.131	1.148	1.5%
5	4.196	4.202	0.1%	0.963	1.005	4.4%

6.6.4 弹丸全弹道过载存储测试

1. 实验原理

如图 6.40 所示，实验系统由火炮、实验弹、存储式过载测试系统、回收装置等 4 个部分组成。火炮作为发射器，高速发射实验弹；存储式过载测试系统安装于实验弹弹体内，采用压电加速度传感器测量弹体飞行过程中的加速度,并有实时存储设备记录动态载荷历史。回收设施由沙袋堆垒而成,置于实验弹飞行弹道末端,用于软回收实验弹。

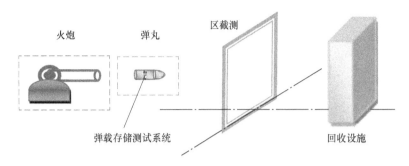

图 6.40　实验系统组成与测试原理

存储式过载测试系统原理框图如图 6.41 所示,测试系统由系统控制模块、信号采集模块(压电加速度传感器)、信号调理模块(放大、滤波)、信号转换模块(A/D 转换器)、存储模块、接口电路、计算机和电源等部分组成。当弹丸发射和撞击靶板时,存储式过载测试系统感受到外界的冲击信号,压电加速度传感器输出电荷信号到信号调理模块,经放大、滤波处理后,电荷信号被调理成合适的电压信号输出到信号转换模块,经 A/D 转换器转换成数字信号并存储在测试系统的存储单元。回收数据时,计算机数据处理软件通过接口电路获取实验数据。

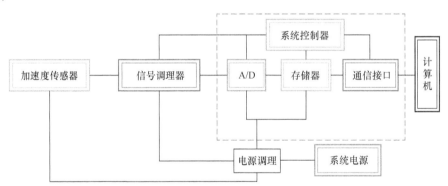

图 6.41　弹载存储式过载测试系统原理框图

2. 实验步骤

1) 实验步骤

(1) 按照预先设定的位置,布置靶板、火炮发射器、回收设施等;

(2) 调整火炮身管方位,瞄准靶板中心;

(3) 存储式过载测试系参数设置与安装;

(4) 火炮操作人员安装实验弹、发射药筒等,无关人员撤至安全区域;

(5) 实验总指挥发出"5、4、3、2、1、发射"指令,发射实验弹;

(6) 实验完成后,回收存储式过载测试系统,通过接口电路与计算机进行通信,提取测试结果,在计算机上进行信号处理与分析。

2) 存储式过载测试系统工作步骤

(1) 在弹体发射前,给测试系统上电,flash 存储器清空;

（2）对测试电路进行初始化，设置阈值等，系统断电再上电；

（3）将存储式过载测试系统推入实验弹体工位，确认尾部电源插件连接牢固（插上电源后，弹上电路通电）并扣上尾盖；

（4）用橡胶底盖盖封尾部，并用弹体结构（盖螺和压螺）将其紧固在弹体内部；

（5）测试电路通过指令控制不断地检测输入信号，输入信号经信号调理电路处理后与初设阈值进行对比；

（6）实验弹在火炮身管内加速运动时，弹载存储测试系统和弹丸承受较高的发射过载，A/D 转换器将模拟信号转化为数字信号，当过载值大于初设阈值时，以一定的速度将数据写入 flash 存储器，直至存储器存满，具体流程如图 6.42 所示；

（7）实验完成后，将存储式过载测试系统从实验弹体中取出，并与计算机相连接，进行数据传输，所有数据传输完毕后，传输状态结束。

3．实验结果

图 6.43 所示为弹载存储测试系统获得的典型过载曲线。

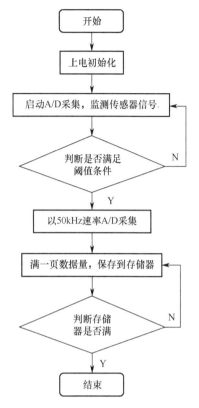

图 6.42　弹载存储测试系统工作流程图

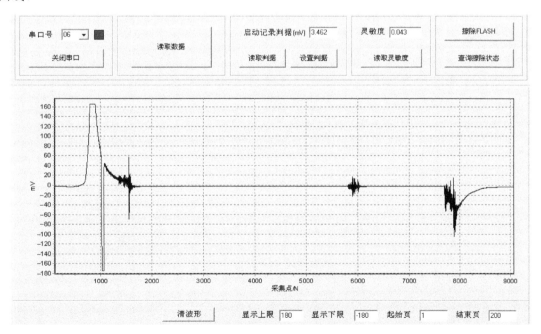

图 6.43　过载曲线

由图 6.43 可以看出，全弹道过载曲线包括膛内过载、弹幕作用过载、回收过载 3 部分。膛内过载超过传感器 20%、在 4000g（162mV）处截止，本发实验弹丸发射过程中出现短暂的卡滞现象，过载突然反向增大；弹幕作用过载曲线，因弹丸多次撞击水幕靶，冲击波在弹丸内反复震荡耦合；弹丸回收阶段为减速过程，过载曲线为负向，撞击回收设施前期，同样因冲击波在弹体内的反复震荡，形成图示过载曲线。

思考题

1. 什么是压电效应？
2. 典型压杆式和自由场式传感器的结构，它们各适用于那种压力场合测量？
3. 电压、电荷放大器测试系统各有何特点？
4. 测量障碍物表面反射压力、静压力和测量障碍物非表面总压力、静压力时传感器的选择原则。
5. 静态标定的目的是什么？标定哪些参数？
6. 动态标定使用的是什么装置？标定的主要参数有哪些？
7. 如何根据马赫数和低压室压力求激波管压力阶跃？

第7章 高速摄影技术

高速摄影技术是用照相的方法拍摄高速运动过程或快速反应过程，它把空间信息和时间信息一次记录下来，具有形象逼真的动画效果。和普通照相机不同的是，高速摄影以极短的曝光时间把高速流逝过程的变化历程记录在底片上，它提供的是物体瞬间的空间位置和时间坐标参量。这项技术被广泛应用于高温等离子体物理、爆炸物理、终点效应及火箭发射动力学等科学研究领域。

7.1 概　　述

人类感官对客观世界的感受能力十分有限，如人眼观察事物的时间分辨率只有 1/24s，在明视距离处观察某一目标的分辨率只有 0.1mm，如果目标的细节小于 0.1mm，人眼就无法识别出来。当被观察的事物已消失，它的影像在我们的视觉中仍要保留一定时刻，在正常照明条件下，人眼的视觉暂留约 0.1s。这种现象限制了人们对运动过程的感受，即对观测对象的时间和空间分辨率无法满足研究的需要。随着科学技术的发展，人们对客观世界的认识途径越来越多，当发现人类的视觉感官对自然界的认识受到极大限制时，快速和高速照相技术则应运而生。

世界上第一台摄影机出现在 1839 年，摄影技术由于能够逼真地反映被测物体的外貌变化，很自然地诱使人们使用这一技术拍摄高速运动目标。1884 年布拉格物理研究所马赫教授在弹道学研究中，首先用火花照明拍摄弹丸的飞行姿态。1851 年，英国人 Fox Talbot 用持续时间很短的电火花对一张迅速旋转的报纸进行拍照，得到一张较清楚的照片。从 Fox Talbot 的实验到第二次世界大战，几乎经历了一个世纪，尽管高速摄影技术仍在发展，但没有作为一种成熟而必备的工具得到社会的公认。第二次世界大战的爆发，激起了有关国家军火工业的迅速发展，作为武器研究的一个重要工具，高速摄影技术得到了重视。战争期间，高速摄影技术在美国、英国、德国、苏联有了较快的发展，从事有关研究的主要是军事机关和军火生产单位，研究结果很少公开。在 20 世纪 50 年代，随着火箭、导弹和核技术的发展，对高速摄影技术提出了更多更高的要求。

从第二次世界大战到现在，高速摄影技术经历了从保密到公开，从军事应用普及到民用；从较低的速度到超高速；从可见光到红外、紫外、X 射线；从研究宏观事物到微观物体的发展过程。在高速摄影比较先进的美国、英国、德国、苏联、法国，传统的光学-机械式高速摄影机，已经基本定型和商品化了。随着新的电子元件和光学元件的出现，摄影机不断得到改进。近代高速摄影技术发展的另一个特色是纯技术研究和应用研究处于并驾齐驱的局面，这是高速摄影技术日臻成熟并渗透到各科技领域的必然结果。高速摄影机解决实际问题的能力，吸引着越来越多的"外行"将其引入到自己的工作中，结合其他技术加以改造和应用。这不断扩大了高速摄影机的应用范围，必将反过来推动高速摄影技术的进一步发展。

早期胶片式高速摄影机将高速瞬发过程记录在胶片上，然后通过对胶片的冲洗、处理，用胶片判读设备对记录在胶片上的信息进行测量和分析。虽然，胶片式高速摄影机具有图像分辨率高，像面尺寸大、技术成熟等特点，但在实际应用中存在诸多不足，如操作使用复杂，摄影机胶片必须加速到预置频率才能对快速变化过程进行正确记录；拍摄后胶片需要显影、定影等处理，费时费事。

数字式高速摄影机作为一种全新的高速瞬发过程的测试记录手段出现在 20 世纪 70 年代，受当时技术及工艺水平等因素的限制，初期的高速摄影机无论拍摄速率还是拍摄分辨率都比较低，难以与胶片式高速摄影机相比。随着电子技术、计算机技术、微加工技术以及固体图像传感器（CCD、CMOS）和大容量存储技术的发展，高速摄影机的性能已有大幅度提高，像元数超过 1024×1024 的高速摄影系统业已出现，有些高速摄影系统的拍摄速率可达 10^6 帧/s。随着高速摄影系统性能的进一步提高以及价格的进一步降低，其替代胶片式高速摄影机的设想有可能成为现实。

在我国，1958 年开始研究高速摄影机，1962 年成立了专门的研究所。在一些学校、工厂、研究单位也陆续开展了高速摄影的研究、试制工作。1965 年，我国首次参加了国际高速摄影会议。1974—1985 年我国召开了第一、第二、第三、第四届高速摄影学术会议。1988 年首次在西安召开 18 届国际高速摄影和光子学会议。目前，我国已经能够自制 30 多种类型的高速摄影机，从事高速摄影和光子学的专业科技人员队伍有千人以上。在我国，高速摄影在许多领域都发挥出了应有的作用，与其相关的一些新技术也不断地得到完善，这为实验研究工作带来了巨大的益处。

对于未来高速摄影的发展前途，一些专家做出了预测：

（1）向飞秒发展，如可见光为 10^{-15}s、X 射线为 10^{-18}s；

（2）向高时空分辨率发展；

（3）小型化、自动化、提高稳定可靠性；

（4）与光学技术结合，向不可见光深入；

（5）实时输出信息；

（6）对危险区进行高速摄影；

（7）开拓新的应用领域。

爆炸冲击反应是典型的高速流逝现象和过程，高速摄影技术把这一过程经历的时间进行放大，使人们能确切、完整和形象地观察爆炸冲击历程并计算与爆炸冲击相关的物理参数。

7.2 高速摄影及分类

7.2.1 高速摄影的描述

高速摄影技术被定义为：能以极短的曝光时间把高速流逝过程的变化历程记录下来的专门摄影技术。摄影技术是在传统的光化学基础上发展起来的，随着光物理和光电子的发展，给这项技术注入了新的活力，如磁带、电摄影、光敏材料、液晶、动态透光片、膜片、高速录像等，把高速摄影和光电子学结合在一起，促进了高速摄影技术的发展。

高速摄影是一种光学测量技术，利用光对物体的反射、透射、折射、衍射等特性，观察事物的变化规律。光是一种电磁波，具有不同的波长，已用于高速摄影的有可见光、激光、

X 射线、红外光等。可见光、激光摄影利用光的反射、折射机理；X 射线摄影依据的是光的透射、吸收原理；而全息照相利用的是光的干涉和衍射理论。本章介绍的高速摄影技术主要针对可见光，也就是说拍摄的图像是可见光在被测物上的反射、折射映像。

就摄影最后获得结果的表现形式而言，高速摄影技术在拍摄方式上分为两种类型：获得过程逐个时期的完整画面的分幅摄影技术和将过程的变化历程沿时间坐标轴连续展开的扫描摄影技术，图 7.1 示出扫描和分幅摄影的区别。扫描摄影在一次曝光时间内获得在时间上连续的黑密度分布曲线；分幅摄影在一次曝光时间内获得一幅二维图像，在多次曝光中获得运动过程的变化状态。高速摄影技术是记录和研究高速运动物体及其瞬变现象的最有效方法之一，它使人们有可能对一些高速过程的发生、发展和运动规律得到最可靠、最直观的结果。高速摄影把空间信息以图像来表示，它抓拍了每一瞬间物体的状态及运动情况；而时间信息是以摄影频率来表示，提高摄影频率则大大提高了人眼对时间的分辨率。

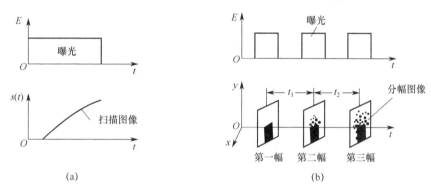

图 7.1 扫描和分幅摄影技术

(a) 扫描摄影；(b) 分幅摄影。

近几十年来，高速摄影技术在爆炸测试领域中已经得到广泛应用，其原因是光学测试方法不仅具有极高的响应速率，同时具有相当高的空间分辨率和时间分辨率。描述一个高速流逝过程，总可以采用空间位置坐标 x、y、z 和时间坐标 t 来表示，如：

$$s(x, y, z, t)$$

若某一个过程可以用函数 $F(x,t)$ 描述，则称为一维运动，这个过程可以利用高速狭缝扫描摄影记录，一张扫描相片可以提供所研究时域中一维时空连续信息 $F(x,t)$。一维运动摄影的时间分辨率是指对高速流逝过程能区分的最小时间间隔，即物象经过狭缝所切出的窄条像扫描过程自身的时间宽度。

若某一过程能够用函数 $F(x,y,t_i)$ 表示，则称为二维运动，相应地可以采用高速分幅摄影拍摄，一张分幅照片能间断地提供 t_i 时刻的二维空间信息 $F(x,y,t_i)$，其时间分辨率是一幅分幅画面的有效曝光时间。多张间断分幅照片可以处理完整的二维运动时空信息 $F(x,y,t)$。

若某一过程能够用函数 $F(x,y,z,t)$ 表示，则属于三维运动，相应的光学测试技术是高速分幅全息摄影。一张分幅全息照片上可以获得 t_i 时刻的三维空间信息 $F(x,y,z,t_i)$，多张分幅全息照片可以间断地提供三维运动的时空信息。

当然并不是说狭缝就只能拍一维照片，分幅只能拍二维照片。当多狭缝扫描照相时，也可获得二维或三维信息；同样，两个不同方向上的同步分幅照相，即分幅立体摄影，也能得到空间位置的三维信息。

高速摄影就其高速二字本身的含义，大致包括拍摄频率高、曝光时间短、扫描速率快三个方面，只要具备三者之一，就可称为高速摄影。一般把曝光时间小于 1ms，拍摄速度在 100 幅/s 以上的摄影统称为快速（或高速）摄影，这种定义和爆炸测试中的"高速"概念是不同的。高速摄影技术的整个过程包括：光信息变换、信息传输、时间分解、信息记录和信息处理。

7.2.2 高速摄影分类

高速摄影可按照记录方式、拍摄方式、摄影速度、工作原理进行分类。

1. 记录方式

1）胶片式

以胶片为存储介质，通过化学方法记录被摄物体的光学影像。

2）数字式

通过 CCD、CMOS 等固态图像传感器，将被摄物体的光学影像转换成数字信号（电子影像）并存储。

2. 拍摄方式

1）分幅摄影

其拍摄的信息为一幅或多幅二维图像，与普通照片一样。连续拍摄的运动过程在时间上是间断的。

2）扫描摄影

拍摄结果在一幅图像中，具有连续的时间坐标。

3. 摄影速度

1）快速

拍摄频率 $10^2 \sim 10^4$ 幅/s，曝光时间 $10^{-3} \sim 10^{-5}$ s，扫描速率 $10^{-3} \sim 10^{-1}$ mm/μs。

2）高速

拍摄频率 $10^4 \sim 10^6$ 幅/s，曝光时间 $10^{-5} \sim 10^{-7}$ s，扫描速率 $10^{-1} \sim 10$ mm/μs。

3）超高速

拍摄频率 $>10^6$ 幅/s，曝光时间 $<10^{-7}$ s，扫描速率 >10 mm/μs。

4. 工作原理

按工作原理高速摄影机可分为光机式和光电子式两大类。光机式高速录像机是利用几何光学原理和高速运动的机械结构，实现对快速运动物体的观测记录。光电子式高速摄影机是利用光电效应，将光学影像转换为电子影像，实现对快速运动物体的观测记录。光机式高速摄影机又可分为间歇式、补偿式、鼓轮式和转镜式。光电子式高速摄影机又可分为变像管式和数字式。

1）间歇式

采用间歇运动机构，曝光瞬间胶片是静止的，获得的影像分辨率高，稳定性好。拍摄频率比普通摄影机高 10 倍以上，可以进行长时间连续拍摄，所得胶片可以在普通机器上放映。

2）补偿式

使用胶片和影像同速连续运动的方法提高拍摄频率，其速度比间歇式高 1~2 个数量级。这种摄影机在高速机械运动和碰撞研究中发挥了重要作用。

3）鼓轮式

为了克服胶片强度对摄影速度的限制，采用把胶片贴附在鼓轮上的方法，由鼓轮的高速旋转带动胶片运动，鼓轮的强度远高于胶片。

4）转镜式

其特点是胶片固定不动，由高速旋转反射镜将图像沿胶片扫描成像。拍摄频率取决于转镜的转速。

5）变像管式

依靠变像管，将被摄物体的光学影像变成电子影像，利用电子扫描技术，再把电子影像变成光学影像记录下来。

6）数字式

依靠 CCD 或 CMOS 等固态图像传感器，将被摄物体的光学影像变成电子影像，利用大容量存储器，将电子影像记录下来。

7.3 光机式高速摄影机

7.3.1 间歇式高速摄影机

间歇式高速摄影机的基本结构如图 7.2 所示，间歇机构是它的主要部件。

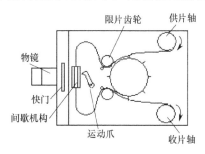

图 7.2 间歇式高速摄影机结构

工作期间，未曝光的胶片由供片齿轮带动供片轴均匀转动，使胶片经限片齿轮到高速动作的间歇输片机构，由匀速运动转换为间歇运动。运动爪与快门配合，在快门闭合期间，棘爪快速把胶片移动一个画面，等待快门打开曝光。此时胶片在片道位置上是静止的，快门开启实现胶片曝光。曝光胶片经弯道至限片齿轮，将间歇运动变回到匀速运动，然后由收片轴将照片均匀地缠绕在暗盒中。

间歇式摄影机在输片时，胶片总是由静止到运动，再由运动到静止这样不停地运动，每次从静止到运动棘爪给胶片孔一个冲击力。输片速度越快，冲击力越大，当达到一定速度时胶片孔的强度就不够了，所以这种摄影机的拍摄速度一般超不过 600 幅/s，适合拍摄慢速化学反应过程和机械碰撞等。

7.3.2 补偿式高速摄影机

为了提高摄影速度，必须提高胶片的运动速度，于是产生了不同于间歇式的胶片连续运动的摄影机。这种摄像机能使胶片和摄影相对静止，在胶片连续运动的同时，被摄的影像也和胶片同步运动，这就是补偿式高速摄影机的特点。

补偿式摄影机的一般结构和工作原理如图 7.3 所示。在物镜和连续运动的胶片之间放一个高速旋转的对应平面平行的玻璃柱棱镜补偿器，棱镜的面数必须是偶数。由光学原理可知，当一块玻璃板斜插入光路时，由于光折射原因，像点将发生平行位移，其位移量是玻璃平面倾斜角的函数。棱镜以一定的速度沿图示箭头指示的方向旋转，胶片也从下到上运动。当快门开启，光线经物镜照射到棱镜补偿器上，图像会随着棱镜平面与光线夹角的变化，和胶片一起由下至上平行连续运动，像的移动速度与胶片的移动相等时，就实现了像与胶片的相对静止。棱镜每转过一面，就获得一个画幅，这种方法称为补偿式高速摄影。

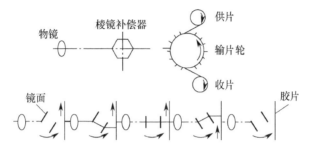

图 7.3 补偿式高速摄影机

拍摄频率 R 与棱镜转角速度 ω，棱镜面数 Z 有如下关系：

$$R = \frac{Z}{2\pi}\omega \tag{7-1}$$

式（7-1）说明棱镜的转速只和拍摄频率、棱镜面数有关，与画面的大小无关。另一方面，拍摄频率与输片速度 v、画面在运动方向上的幅距 H 有关：

$$R = \frac{v}{H} \tag{7-2}$$

于是得到输片速度和棱镜旋转速度的关系式，即

$$v = \frac{Z \cdot H}{2\pi}\omega \tag{7-3}$$

该式说明输片机构必须与棱镜驱动装置严格同步，而拍摄频率的稳定性完全由棱镜速度的稳定性所决定。

补偿式高速摄影机在美国有不下 70 种类型，我国有十余种。从成像质量，即分辨率来看，我国的 CBS-200 为 35 对线/mm；法国 UR-3000 为 20～80 对线/mm；美国的 Hycam 为 68 对线/mm；英国的 Hadland 比美国的 Hycam 高 5 对线，甚至可达 90 对线/mm；日本 16HB 摄像机为 60 对线/mm，E-10 在 80 对线/mm 以上。

用这种方法的摄影速度一般在 2000～8000 幅/s，有的可达到万幅/s，胶片的长度多在 30～150m。

7.3.3 鼓轮式高速摄影机

前面介绍的方法在摄影速度上仍受到胶片转速的制约，胶片的强度终归是有限的。鼓轮式高速摄影避开了胶卷强度的限制，把胶片附在一个鼓轮上，使胶片与鼓轮之间不存在相对运动。鼓轮在高速旋转时，带动胶片做高速运动，这样胶片的强度问题就转移到了鼓轮材料的强度方面。鼓轮式高速摄影有两种类型，狭缝式和分幅式，如图 7.4 所示为两种转轮机摄影的原理。

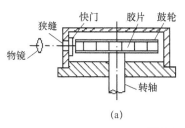 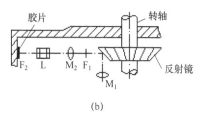

图 7.4 鼓轮示高速摄影机
(a) 狭缝式；(b) 转鼓分幅式。

图 7.4（a）所示为狭缝摄影方式。在高速旋转的鼓轮外盘上贴一圈胶片，圆盘和胶片都密封在固定的暗箱内；在暗箱的一侧开一条很窄的狭缝，狭缝里面是快门，外面是光学系统。狭缝摄影方式是线条采样，连续曝光，所以要求胶片、快门和景物必须严格同步，否则很难取得高质量照片。这种摄影机常用于弹道学中测试弹丸速度。当弹速大于片速时，测得的图像胖而短，反之图像长而瘦，弹速等于片速时，得到比例真实的图像。这种装置在快速旋转和飞行姿态测量中应用得也较广泛。

图 7.4（b）所示为一种转鼓分幅式摄影机，它可以测得过程中多幅独立画面，同时对像进行像移补偿。胶片贴在转盘壳体的内壁四周，由转轴带动旋转。M_1 是物镜，被测物体的反射光束经 M_1 照射到锥形反射镜上。反射光在 F_1 处成一次实像，这个像再被透镜 M_2 放大，在胶片上成放大的实像 F_2。在物镜 M_2 后加一个 90° 的棱镜 L，改变实像 F_2 的运动方向 180°，保证一次实像 F_1 与二次实像 F_2 的运动方向一致。同时准确计算转盘半径与成像距离的比例关系，使 F_2 点运动速度与胶片转动速度匹配。这种相机的拍摄速度可达 30 万幅/s。

鼓轮式摄影机除在弹丸速度、快速旋转和飞行姿态方面用得较多外，在测量点火药燃烧过程、延期药延期过程中也有应用。

7.3.4 转镜式高速摄影机

1893 年，BOYS 为了增大扫描速度，设计了旋转反射镜结构的高速相机，当扫描半径为 6m，几何光力为 1∶30 时，图像的扫描速度曾达到 12mm/μs 左右，时间分辨率为几十纳秒，这台仪器用于大功率火花放电研究。1922 年，Bull 使用具有一定倾斜度的反射转镜扫描，像的运动速度约 0.5mm/μs。随后他又研制出用于爆炸过程的摄影仪器，采用空气轮驱动反射镜，在保持同样的时间分辨率的情况下，提高转速，减小扫描半径。

1944 年，Cairns 等人设计制造了一种用于研究固体炸药爆炸现象的摄影记录仪，在仪器中采用带狭缝的双物镜系统，狭缝安装在两个物镜的公共交点上。被研究对象的摄影记录借助于空气涡轮驱动一个平面旋转反射镜，在胶片上扫描图像。这台系统的工作角具有局限性，同时存在死角。1956 年，Walker 介绍了用克尔快门防止转镜式摄影机的重复曝光。这种相机是按照带有中间狭缝的双物镜系统设置的，采用空气涡轮驱动，扫描速度达 20mm/μs，相对孔径 1∶11。

以上这些仪器是由实验人员自行研制的单台样机，第一个工业生产的转镜式高速相机的型号是 CΦP，是 1949 年由苏联科学院化学物理研究所设计制作的。扫描速度达 3.75 mm/μs，相对孔径为 1∶15。该研究所的光学和电子自动化实验室相继设计和制造了一系列高速摄影机，并获得广泛应用。他们设计的强光力高速摄影机，具有 1∶1 到 1∶6 的光力和 10^{-9}s 的时间分辨率。表 7.1 列出部分转镜式高速摄影机及其性能参数作为参考。

表 7.1 部分转镜式高速摄影机及性能参数

摄影仪名称	国家	研制年份/年	扫描速度/(mm/μs)	相对孔径	控制方式	驱动源	转镜速度/(千转/min)
CΦP 高速摄影机	苏联	1949	3.8	1:15	同步	电动机	75
简单小型摄影仪	美国	1956	2~10	1:25	同步	空气涡轮	70
ЖΦP-1 等待摄影仪	苏联	1958	3.8	1:22	等待	电动机	75
通用高速相机	英国	1958	0.5~40	1:22	同步	空气和氦气涡轮	360
ЖΦP-2 等待摄影仪	苏联	1959	0.4	1:17	等待	同步电机	7.8
高速摄影记录仪	瑞典	1958	8	1:15	同步	空气涡轮	180
简易摄影记录仪	加拿大	1959	5	1:14	同步	空气涡轮	180
高速摄影记录仪	美国	1959	15	1:10	同步	空气和氦气涡轮	600
紫外光摄影记录仪	美国	1958	1.0	1:1	同步	电动机	60
200 等待型摄影记录仪	美国	1959	30~60	1:8	等待	氦气涡轮	1920
ЖЛB-1 等待高速摄影机	苏联	1961	5	1:20	等待	电动机	90
ЖΦP-30 等待摄影仪	苏联	1961	18	1:50	等待	电动机、空气涡轮	200
ЖΦP-3 等待摄影仪	苏联	1963	2	1:15	等待	电动机	40
G.S.J 高速摄影装置	中国	1962	3.8	1:15	同步	电动机	75

转镜式高速摄影机在 20 世纪 70 年代发展到顶峰,成为性能稳定、技术成熟的摄影仪器。这项技术在我国已研制和运用了几十年,主要用于爆轰物理光学测量,如爆炸、高速燃烧、放电和激波传播等,它以极高的速度记录发光和不发光的高速流逝过程。

转镜式高速机按其与拍摄对象的关系分为等待式和同步式两种,按记录在胶片上的图像形式的不同又可以分为扫描式和分幅式。一般情况下,扫描摄影机多采用同步式,而分幅摄影机采用等待式。一台转镜式高速摄影机可以具有扫描和分幅两种功能,这种摄影机的特点是胶片固定不动,采用高速旋转反射镜使成像光束以极高速度沿胶片扫描成像。摄影频率的高低,主要取决于转镜的转速。用高速马达或空气涡轮带动的转镜,摄影频率可达 $10^6 \sim 10^7$ 幅/s。这种摄影机多用在爆轰与起爆机理的研究。

7.3.5 转镜式高速扫描摄影仪

1. 扫描摄影仪的工作原理

转镜式高速扫描摄影仪简称为扫描相机,由于它研究的是被测物体或反应过程沿某一特定方向的空间位置随时间变化的规律,从而得到反应过程在该特定方向运动的轨迹。这种摄影仪适合测量运动速度、加速度、同步性、时间间隔等爆炸参数。

扫描相机结构及光学原理如图 7.5 所示。被测量目标的光线经过入射物镜,成像在狭缝上,狭缝很窄,一般宽度在 0.02mm 左右,图像的大部分被狭缝面上不透光的区域所遮挡,只有一窄条光通过狭缝到达快门和投影镜(第二物镜)。狭缝宽度太窄,会产生衍射现象;太宽会使像点模糊,达不到扫描的效果。投影镜将图像投射到反射镜的最佳位置,反射镜在精密电动马达的带动下高速旋转,把狭缝像扫描在胶片上,依次曝光成像。扫描型摄影机记录在胶片上的不是一幅幅完整的独立照片,而是狭缝范围内被测目标的连续变化过程。

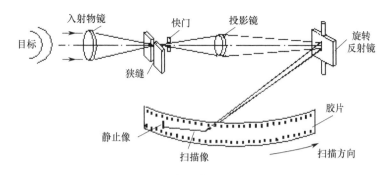

图 7.5　扫描型摄影光学原理

摄影设备有几种不同焦距的入射物镜。例如，焦距分别为 210mm、750mm 和 2000mm 等，可用于近距离、中等距离和远距离使用。反射镜的旋转轴与狭缝的长度方向平行，当反射镜旋转时，狭缝像就在胶片长度方向上平行移动形成条纹式记录。扫描摄影把狭缝上那部分目标的传播速度和方向记录下来，而不记录狭缝以外的信息。因此，这种摄影主要用来拍摄圆对称目标或用来观察狭缝上目标各点动作的同步性。

为了使被测信号正好处于胶片指定位置上，相机必须在一个适当的时刻给出一个激发脉冲指令，使高速反应过程立即发生，以便同步拍摄。为了使摄影仪和被测过程之间同步，还要随时测量旋转反射镜的转速。转镜系统中有一个电磁传感器，当反射镜旋转时，转镜上的一块软铁片不断地闭合传感器的磁路，在电磁传感器的线圈上感应出一个个电动势。电磁传感器可围绕反射镜做较大范围的调整，它的位置对于测量转速毫无影响，但对于给出同步指令的时间却有明显区别。在狭缝后面装有一个带电磁传动装置的双叶瓣快门。在拍摄开始之前自动打开快门。G.S.J 扫描摄影仪的胶片有效工作角为 90°，转镜的有效工作角是 45°，转镜转一周只有 1/8 是有效的。

转镜式高速录像机是由控制台（包括电路、电源和电动机 3 个模块）、摄影机（包括转镜机构部件和快门部件）、电缆等组成，虽然摄影仪的机型种类很多，但基本结构和工作原理类似。以 G.S.J 型摄像机为例，其设备组成的结构框图如图 7.6 所示。

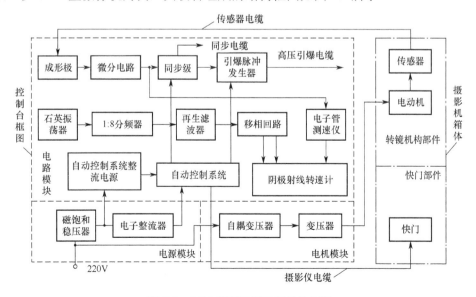

图 7.6　G.S.J 型高速摄影机结构框图

从传感器发出的脉冲信号经传感器电缆送到控制台的成形级,在成形级中,把传感器的脉冲信号改变成矩形脉冲送入微分电路做微分处理。同步级由自动控制系统控制,确保摄影过程各部分的一致性和多台摄影机同时使用时的同步性。G.S.J 型摄像机可以实现几台同步工作,例如,进行立体观测或同一次实验观测两个较长时间间隔的影像时,需要同步电缆把它们连接起来,这时,仅当两台相机传感器脉冲信号重合时,才能送出引爆脉冲。从成形到引爆产生的信号波形如图 7.7 所示。由于引爆脉冲的触发信号来自传感器,而传感器是安装在与反射镜位置对应的一定角度上,因此高压引爆脉冲发生的时间与反射镜的拍摄工作位置对应,此位置同时和胶片上开始记录的位置相符合。

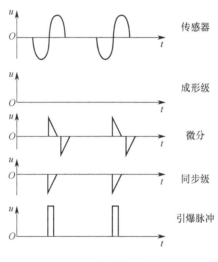

图 7.7 模块中的波形

自动控制系统的作用是安全联锁同步级和引爆脉冲发生器,防止高压引爆在非安全状态下动作;同时还要保证及时地打开或关闭摄影机的电磁快门。电子管测速仪通过微分信号精确测量转镜的转速,其测速精度为全量程的 1.5%,阴极射线转速计是一个速度指示示波器,安装在控制台上,通过李沙尔图形判断转速,测试精度不低于 0.1%。石英晶体振荡器的标准频率为 1000Hz,经 1∶8 分频后,成为 125Hz 的正弦波电压。此电压经移相回路获得两个频率相同、幅度不等并有相位差的正弦电压,分别加在阴极射线示波器的水平和垂直偏转板上,在荧光屏上显示出 125Hz 的椭圆基线扫描。从电磁传感器发出的电压信号经整形后,加到示波器垂直偏转板上,如果反射镜转速正好是 7500r/min(即 125r/s),则在示波管的基线扫描图像上,会出现一个稳定的矩形脉冲波形。如果转速稳定在 15000r/min,则出现两个矩形脉冲波形,22500r/min 则出现三个脉冲波形,其他依此类推,一般在 10 个固定速度上进行测量。

电路模块的电源由电源模块的磁饱和稳压器和电子整流器提供,包括 400V 充电电压、300V 电子管屏压,-1000V、-75V 电子管栅偏压,26V 指示灯丝电压等。电动机模块控制摄影机反射镜的转速。

2. 转镜式高速摄影机的技术参数

1) 扫描速度

狭缝在胶片上形成的像沿胶片某一方向运动的速度,称为扫描速度。从图 7.8 可知,该速度取决于反射镜旋转角度 Ω、光轴与镜面交点 m 到胶片的距离 mA,mA 称为扫描半径。

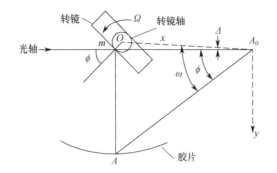

图 7.8 转镜像点轨迹和坐标

为了推导扫描速度公式，先确定像点在胶片上的运动轨迹。图中取虚像点 A_0 为 xA_0y 直角坐标系的原点，取 $\omega=\phi$，则像点 $A(x,y)$ 在该直角坐标中的参数方程为

$$x = 2(L\cos\omega + a)\cos\omega \\ y = 2(L\cos\omega + a)\sin\omega \tag{7-4}$$

式中：L 为转镜转轴中心 O 点到虚像坐标 A_0 点的距离，a 为反射镜的 1/2 厚度。由式（7-4）式可得到像点 $A(x,y)$ 的运动速度 v 为

$$v = \frac{ds}{dt} = \frac{\sqrt{dx^2 + dy^2}}{dt} \tag{7-5}$$

将式（7-4）微分后代入式（7-5）中，略去高次项，经整理、合并后得

$$v = 2L\Omega(1 + a\cos\phi/L) \tag{7-6}$$

从式（7-6）可以看出，当反射镜的旋转角速度 $\Omega = d\phi/dt = C$ 为常量时，胶片上像点 A 的扫描速度不是常量，而是随光轴入射角 ϕ 角的增大而减小，也就是随反射镜的位置变化。在 G.S.J 型相机中胶片的始端至末端的 ϕ 角相应从 22.5°变到 67.5°，a =5mm，L=235.2mm。根据这些参数，可求出胶片始端扫描速度比末端大 1.1%。通常称像点位于胶片不同位置具有不同扫描速度的差异为扫描速度的位置误差，也就是图像散焦的分辨率。只有在反射面与转轴重合，即 a=0 时，才有可能保证扫描速度 v 是一个常量。这种情况显然是不可能的，在设计相机时，反射镜总会有一定厚度，为了将这种误差控制在允许范围内，通常把扫描图像安排在胶片的中段和前段位置。G.S.J 型摄像机胶片中间位置的扫描速度误差为±0.3%，当反射镜旋转速度达 75000r/min 时，相应的最大扫描速度为 3.75mm/μs。

2）时间分辨率

转镜扫描摄影仪的时间分辨率定义为能分辨的最小时间间隔 τ。时间分辨率取决于狭缝的宽度 b 和扫描速度 v，即

$$\tau = b/v \tag{7-7}$$

由式（7-7）可知，提高时间分辨率有两条途径，一是提高像的扫描速度，也就是提高反射镜的旋转速度；二是减小狭缝宽度。除此之外，提高被摄物体的发光强度、改善感光胶片的性能也可增强时间分辨率。G.S.J 型摄像机的扫描速度可以事先确定，其最高转速达 75000r/min。狭缝的宽度不能无限度地减小，当 b 小于 0.01mm 时，出现严重的衍射现象。从保证图像质量出发，G.S.J 型相机的光学系统在胶片上可得到的空间分辨率是 20 对线/mm 时，令 b=1/20mm，最大扫描速度为 3.75mm/μs，可算得此时时间分辨率 τ=1.33×10^{-8}s。已知人眼的时间分辨率是 10^{-1}s，显然摄像机比人眼的时间分辨率提高了 7 个数量级。

3）光学特性

（1）相对孔径。

发光亮度一定的物体，经光学系统成像后，像面上（胶片像）的照度 E 是由光学系统的相对孔径 D/f 决定的，从几何光学公式可知

$$E = 0.25\pi L k (D/f)^2 \tag{7-8}$$

式中：L 为被测对象的发光亮度；k 为光学系统的透光系数；D 为镜头的孔径；f 为镜头的焦距。

通常把 $K(D/f)$ 称为光学系统物理光力。像面上的照度和光学系统相对孔径的平方成正比，可见相对孔径是相机的重要参数之一。

扫描相机中，光学系统的相对孔径等于第一物镜的相对孔径乘以第二物镜的角放大率。角放大率为横向放大率的倒数。G.S.J 型相机第一物镜的相对孔径是 1/5，第二物镜的角放大率是 1/3，因此光学系统的孔径为 1/15。

（2）物方线视场。

与像面尺寸对应的物方大小称为物方线视场，它和物方离第一物镜的距离有关。

以图 7.9 为例，在光学系统中，像面尺寸 D'' 是胶片尺寸，其固定大小为 24mm，故狭缝像高 D' 也为固定值，等于 24/3=8(mm)，f_1' 是第一物镜焦距。随着被摄物体离第一物镜的距离 L 不同，物方线视场 D 也不一样，对于第一物镜

$$\frac{1}{L'} - \frac{1}{L} = \frac{1}{f_1'} \tag{7-9}$$

$$L' = \frac{f_1' L}{f_1' + L}$$

又 $\dfrac{L}{L'} = \dfrac{D}{D'}$，所以

$$D = \frac{L}{L'} D' \tag{7-10}$$

将式（7-9）代入式（7-10）得

$$D = \frac{(f_1' + L) D'}{f_1'} \tag{7-11}$$

G.S.J 型相机的 f_1'=750mm，D''=24mm，D'=8mm，L=10000mm 时，D=115mm；L=15000mm 时，D=168mm。也就是说，当距离为 10m、15m 时，如果物方线视场为 115mm、168mm，则通过光学系统成像，像面上的高度正好是 24mm，最后的物像充满相机的整个像面。

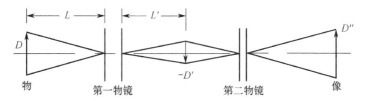

图 7.9 扫描相机的物方线视场

（3）成像质量。

像面上成像质量主要取决于光学系统衍射情况和光学像差消除情况，通常用像面上每毫米能分辨开黑白线条对数（空间分辨率）来衡量其好坏。除此之外，胶片质量、人眼感觉、目标的形状和对比度等，也对成像质量有影响。

在测量仪器的前方放置空间分辨图案，通过相机光学系统后，在像面上用目镜放大镜观察，所得结果称为照相分辨率。G.S.J 型相机的第一物镜焦距为 750mm 时，相机的目视分辨率为 40 对线/mm 左右。照相分辨率 N_Z，不但与目视分辨率 N_M 有关，还与胶片本身的分辨率 N_J 有关，它们之间用以下经验公式表示

$$1/N_Z = 1/N_M + 1/N_J \tag{7-12}$$

一般高速摄影用的胶片分辨率在 80 对线/mm 左右，过期胶片远小于这个值。

3．速度测量分析

狭缝扫描在底片上记录了某一物体的物理化学反应过程沿狭缝长度方向扩展的距离−时间函数，如雷管的破裂状态、药柱的爆轰过程等，其图像是一条或多条黑密度突变的曲线（包括直线）。如图 7.10 所示为炸药药柱爆轰时狭缝扫描拍摄的黑密度变化曲线，下面对它进行分析。

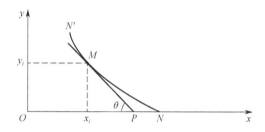

图 7.10　狭缝扫描的药柱爆轰

图 7.10 中建立了一个 xOy 坐标，使 Oy 轴与狭缝的静止像平行，Ox 轴与水平扫描基线平行。N'-N 是爆轰过程的扫描曲线，在这条曲线上取一点 M，经过 M 点做切线，与水平轴形成夹角 θ。M 点的坐标表示成（x_i，y_i），切线的斜率

$$\tan\theta = \frac{\mathrm{d}y_i}{\mathrm{d}x_i} \tag{7-13}$$

式中：$\mathrm{d}y_i = \beta\,\mathrm{d}h$，$\mathrm{d}x_i = v\,\mathrm{d}t$，$\beta$ 为光学系统的放大比（像物之比），$\mathrm{d}h$ 为平行于 Oy 方向的被测物长度的增量，v 为狭缝像在底片上的扫描速度，$\mathrm{d}t$ 为平行于 Ox 方向上的时间增量。

若令爆轰过程的扩展速度 $D = \mathrm{d}h/\mathrm{d}t$，则

$$\tan\theta = \frac{\beta}{v} \times \frac{\mathrm{d}h}{\mathrm{d}t} = \frac{\beta D}{v} \tag{7-14}$$

或

$$D = \frac{v\tan\theta}{\beta} = \frac{v}{\beta} \times \frac{\mathrm{d}y_i}{\mathrm{d}x_i} \tag{7-15}$$

当 $D = C$（常数）时

$$D = \frac{v}{\beta} \times \frac{\Delta y}{\Delta x} \tag{7-16}$$

根据式（7-14）～式（7-16），可以求出各时刻的爆速，也可求出爆轰的平均速度。

7.3.6 转镜式高速分幅摄影仪

1. 转镜分幅摄影仪的工作原理

转镜式高速分幅摄影仪简称为分幅相机，是一种接近电影摄影的相机，可以得到高速事件的一系列间断的平面图像，用来研究燃烧爆炸、冲击过程的速度、加速度、对称性和一致性等物理参数。如果把拍摄的分幅照片以电影形式放映出来，可以低速重现事件的运动状态。分幅型摄影机可以形象地记录目标的完整发展过程，即二维空间信息随时间的变化情况。分幅摄影二维空间信息是连接的，时间信息却是间断的，即相邻两幅图像间有一定的时间间隔。

分幅相机的结构原理如图 7.11 所示。从图中可知，被摄目标通过第一物镜成像在阶梯光栏平面上，由场镜二次成像到旋转反射镜的镜面，得到中间像。排透镜也称为分幅光栏，它与阶梯光栏通过场镜共轭，把中间像成像到胶片上。当反射镜旋转时，反射光线相继扫过一个个排透镜，胶片上就得到与排透镜数目相同的照片。这里，每个排透镜就像一部照相机，相互间以一定时间间隔依次拍摄。由于反射镜的高速旋转，使得来自目标的光线在每一个排透镜上一闪而过，起到光学快门的作用。这些照片在时间和空间上都是彼此独立的，每一幅照片都反映了目标在某一瞬间的实际影像，相邻的照片反映了目标变化过程的细微差别。

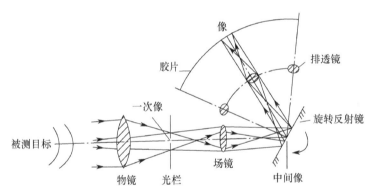

图 7.11　转镜式分幅型摄影光学原理

为了进一步理解分幅的原理，通过图 7.12 中光栏与排透镜的对应关系，分析成像的特点。光栏是呈阶梯形的长方形孔，因此也称阶梯光栏，图 7.12（a）所示为双长方孔排列，图 7.12（b）所示是四长方孔排列。排透镜的结构与光栏对应，双行排列的光栏对应双行透镜，四行排列的光栏对应四行透镜，以此类推。阶梯光栏要和排透镜共轭，排透镜也要和相纸共轭。场镜（聚光镜）将阶梯孔径光栏变为物体的空间视场光栏，以双长方孔光栏为例，如图 7.12（c）所示，当光栏的两个长方孔 1 和 2 落在排透镜上时，1 经小透镜成像在胶片上，2 出射在排透镜的间隙处，无法成像。物镜像经旋转反射镜以速度 v 扫描排透镜，当扫描到 1 落在下一列间隙内，无法成像，而 2 则成像在 1 相的下面底片上，这样，依次在胶片上拍摄出 $2 \times n$ 个图片。每个小透镜的大小和形状与光栏、场镜的出射窗一致，排透镜就相当于高速快门。

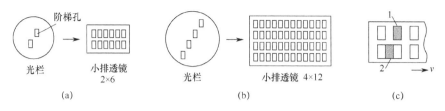

图 7.12　光栏与排透镜的对应关系

如果以每幅图像的照度作纵坐标，以时间为横坐标，则各幅图像在时间上的衔接如图 7.13 所示。图中 t_2 是图像的全曝光时间；$t_1=t_2/2$，定义为图像的有效曝光时间；t_3 是相邻两幅图像间的时间间隔，它的倒数就是拍摄频率。图像时间上的衔接状态，完全取决于阶梯光栏和排透镜的尺寸。当反射镜转速一定时，阶梯光栏和排透镜的宽度就决定了每幅图像的曝光时间，因此也将它们称为分幅相机的光学快门。

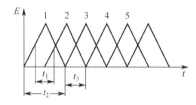

图 7.13　分幅图像时间衔接

每张底片的曝光时间为

$$\tau = (a_1 + a_2)/v \tag{7-17}$$

式中：a_1 为小透镜的孔径宽度；a_2 为场镜的出射窗宽度；τ 为有效曝光时间；v 为排透镜上光束的扫描速度。

在有效曝光时间 τ 内，场镜上的像是近似静止的，反射镜的反射光束以 v 的速度一个接一个的扫过每个小透镜，使被测物的像从一个小透镜后面的胶片转移到另一个小透镜后面的胶片上，这种顺序曝光的方法称为像转移法。

对于 G.S.J 型分幅相机，当反射镜转速为 75000r/min 时，如果采用 4 排（行）透镜，则此时的拍摄频率为 250 万幅/s，相邻两幅图像间的时间间隔为 0.4μs；画幅尺寸是 5mm×5mm。如果采用双排透镜，其拍摄频率为 62.5 万幅/s；相邻两幅图像间的时间间隔为 1.6μs；画幅尺寸是 10mm×10mm。

2．分幅摄影的主要技术性能

1）拍摄频率与时间分辨率

如前所述，相邻两幅图像的时间间隔的倒数就是拍摄频率，即单位时间内相机拍摄图像的幅数，它由相机参数和反射镜的转速确定。设在整个胶片圆圈上能够排列的图像幅数为 $(2\pi R/S)k$，R 是扫描半径，S 是胶片上相邻两列图像的中心距，k 是胶片上图像画幅排数。如果反射镜旋转速度为 N，并考虑到光线的扫描角速度是反射镜转速的 2 倍，则分幅相机的拍摄频率 F 为

$$F = \frac{2\pi R}{S} k \frac{2N}{60} = \frac{\pi R N k}{15 S} \quad (\text{幅/s}) \tag{7-18}$$

在 G.S.J 型分幅相机中，k 为 2 排（或 4 排），若 $k=2$ 时，$S=12$mm；若 $k=4$ 时，$S=6$mm；$R=239$mm。对于不同的反射镜转速 N，可求得拍摄频率 F。

由时间分辨率的定义可知，在分幅相机中，相邻的两幅图像的时间间隔就是该相机能分辨的最小时间间隔。因此 $\Delta t = 1/F$ 称为相机的时间分辨率。对于 G.S.J 型分幅相机，它的最高时间分辨率是 0.4μs。

2）空间分辨率

分幅相机中，分幅排透镜的衍射决定像的空间分辨率。如果排透镜前的分幅光栏是高度为 h，宽度为 a 的矩形，则分幅透镜对胶片的相对孔径可以有不同的形式：

（1）沿扫描方向即宽度 a 的方向，对胶片的相对孔径为 a/L。

（2）沿高度方向对胶片的相对孔径为 h/L。

显然 $a/L < h/L$，因此，每一幅图像沿各方向的空间分辨率是不一样的。为了描述整幅图像分辨率的平均情况，引入等效相对孔径的概念：将矩形通光孔径的面积化为等效圆面积，D 是等效圆直径。

$$ha = \pi D^2/4, \quad D = \sqrt{\frac{4ha}{\pi}}$$

等效相对孔径定义为等效圆直径 D 与距离 L 之比，用 η 表示，即

$$\eta = \frac{D}{L} = \sqrt{\frac{4ha}{\pi}}/L \tag{7-19}$$

当求得以上几种相对孔径值之后，便可以按衍射原理计算每幅图像上的空间分辨率 N_k，即

$$N_k = 1470\frac{D}{f} \quad (对线/mm) \tag{7-20}$$

式中：f 为第一物镜的焦距；$\dfrac{D}{f}$ 为光学系统的相对孔径。

G.S.J 型分幅相机的相对孔径小于 1/20。如果胶片上每一幅图形的宽度为 b，则称乘积 bN_k 为分幅相机的空间总分辨率，它表示在像平面上能取得的信息量大小。

3）时间和空间分辨率的关系

前面提到的时间和空间分辨率不是孤立的，它们之间存在一定的联系。

由于相机的结构参数确定后，式中的 R、k、S 均为常数，因此式（7-18）拍摄频率可以简化成

$$F = k_1 N \tag{7-21}$$

拍摄频率仅取决于反射镜的转速 N，又知

$$bN_k = \left(1470\frac{a}{L}\right)b = k_2\frac{b}{L} \tag{7-22}$$

式中：b 为图像宽度，它和反射镜尺寸有关；$\dfrac{a}{L}$ 为胶片的相对孔径，用它表示光学系统相对孔径 $\dfrac{D}{f}$。当光轴与反射镜法线的夹角 a 取最大值 a_{max} 时，如图 7.14 所示。

它对应最后一幅图像，反射镜的宽度 B 和像宽 b 有下列关系：

$$\frac{B\cos\alpha_{max}}{b} = \frac{L'}{L}$$

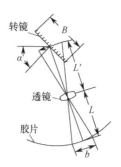

图 7.14 反射镜宽度

由此得 $L=\dfrac{bL'}{B\cos\alpha_{max}}$，将此式代入式（7-22），得

$$bN_k = k_2 \dfrac{B\cos\alpha_{max}}{L'} = k_3 B \tag{7-23}$$

将式（7-21）和式（7-23）相乘，得到

$$FbN_k = k_1 k_3 NB$$

因为 $(BN)/2$ 是反射镜的圆周速度，用 v 表示，则

$$FbN_k = Kv, K = 2k_1 k_3 \tag{7-24}$$

式（7-24）表明，以拍摄频率 F 所代表的时间分辨率和以 bN_k 所表示的空间总分辨率，二者的乘积与反射镜旋转时的圆周速度成正比。选定摄像机和确定反射镜的最高速度后，空间总分辨率和时间分辨率的乘积是一个常数。要想提高空间分辨率，就要降低时间分辨率，反之亦然。

反射镜最高转速受到材料强度的限制，这就使转镜高速分幅摄影机的时间分辨率和空间分辨率不能任意提高。例如 G.S.J 型分幅相机的反射镜最高转速为 75000r/min，如采用双排透镜，胶片上的图像尺寸加大了，即图形的空间分辨率提高了，但时间分辨率，也就是拍摄频率降低了。反之，若采用 4 排透镜，则提高了时间分辨率，降低了空间分辨率。

从上述原理图中可以看到，转镜的拍摄角度都很小，因此要求的同步性是十分高的，所以高速摄影机比较昂贵。

7.3.7 可控与等待工作方式

转镜式高速摄影机的电控系统是保证摄影机各部分按程序运行，准确可靠地拍摄的关键，因此它的性能好坏，是衡量摄影机质量的重要标志。电控系统的主要功能是：
（1）控制各个快门的开启和关闭；
（2）测量在拍摄瞬间转镜的旋转速度；
（3）控制转镜的驱动系统；
（4）转镜旋转速度的粗测及指示；
（5）照明光源的触发和摄影机拍摄的同步控制。

前面提到，转镜式摄影机的控制方式大体分为两种，即可控型和等待型。图 7.15 所示为可控型摄影机控制系统的原理框图。可控型拍摄过程的发生由摄影机本身的电控系统控制，快门的开启、被摄目标的触发与拍照、快门的关闭等均按固定程序进行。由速度传感器取得转镜转速信号，当转镜转速上升到预定的开门转速时，开门转速选择单元给出开门信号使机械快门开启。转镜速度再上升到预定的拍摄转速时,拍摄速度选择单元给出拍摄信号,此信号分成三路,一路去触发被拍摄物体引爆;一路去开启测速门,对拍摄速度进行精度测量;对具有快门的摄影机,快开快门也由此信号进行触发。拍摄信号经关门延迟单元延迟一定时间后,去控制快关快门和机械快门的关闭。转速粗测和指示是供操作人员监测用。

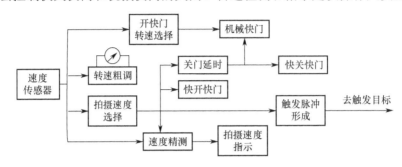

图 7.15　可控型摄影机控制系统

图 7.16 所示是等待型摄影机系统的原理框图。它的电控系统是按被动控制方式工作的,被拍摄目标的触发不是由摄像机控制系统控制,因此它的机械快门往往提前开启以等待拍摄。在外来同步控制信号到来之前的某一时刻,图中用$-t$时刻表示,快门信号使机械快门开启。如果把外来同步信号到达的时刻定为时间的零点,那么外来同步信号也称为零时信号,此信号开启快开快门进行拍照。由于快开快门的开启需要一定时间,因此零时信号经过延时单元延迟相应的时间后去开启测速门,测量拍照时转镜的速度。延时单元输出的信号再经关门延迟单元延迟适当时间后去关闭快关快门和机械快门。

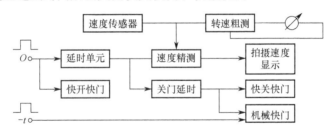

图 7.16　等待型摄影机系统的原理框图

7.4　光电式高速摄影机

前面介绍的方法是机械与光学的配合,高速摄影的实现主要通过机构的高速运动产生。从物理学得知,任何机械机构都有一定的质量,运动起来必然产生一定的惯性,这给提高拍摄速度带来一定的局限性。光电式高速摄影机避开了机构的运动,它是光电结合的产物。

7.4.1　变像管式高速摄影机

变像管式高速摄影机,首先把光学图像变成电子图像,然后利用电子扫描技术,实现高速图形扫描运动,最后再把电子图像变成光学图像进行记录。由于摄像管的记录速度极快,且具有能使光增强和从红外到紫外、X射线等各种不同波段摄影的能力,因此已成为$10^{-8}\sim 10^{-13}$s 范围超高速摄影的重要手段。

变相管高速摄影的不足之处是经过光电和电光转换后，图像的清晰度不如转镜式高速摄影机。

变像管的工作原理如图 7.17 所示。被拍摄的目标，通过光学系统成像在变像管输入窗的光电阴极上；光电阴极在光的照射下发射光电子，完成光学像转换成电子像的过程。由于光电阴极逸出的光电子数目正比于照射到阴极面上各点的照度，因此光电阴极面上发射的电流密度对应于光学图像上各点的亮度分布。光电子通过电子光学系统，被加速聚焦到输出窗的荧光屏上，荧光屏在电子的轰击下发光，屏幕上各点的发光亮度正比于落到各点的电子数目和电子能量，它们与被测目标图像亮度分布相对应。荧光屏上构成的一幅幅可见光图像，可直接或通过光学透镜用胶片或胶带纸记录下来。

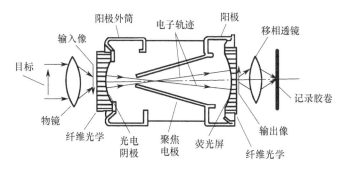

图 7.17 变像管高速摄影原理

变像管摄影可采用扫描型或分幅型方式。分幅摄影得到的是二维图像记录，它可形象地分析高速运动过程，灵敏度高，可不用像增强器。正如前面介绍的转镜高速摄影机中的分幅型一样，这种摄影机用于非连接性记录，拍摄不对称目标及其各部分相互作用效果很好。扫描摄影机则具有连续记录和时间分辨率高的优点。用作扫描型摄影时，扫描速度可达 10^5mm/μs，时间分辨率可达 5ns。当作为分幅摄影时，拍摄频率可达到 $6×10^7$ 幅/s，甚至更高。除这两种方式外，还有单幅和像分解摄像等。

变像管由加在其电极上的脉冲进行控制，反应极为灵敏，因而起到高速快门的作用。若在变像管中增设光增强器，能使荧光屏上的亮度比光阴极上的亮度大几十到几百倍，可以进行微光摄影。又因为它能把一种光谱区的图像转换为另一种光谱区的图像，所以能对肉眼看不到的红外、紫外目标进行摄影。

变像管的电控系统对变像管进行控制，它的主要功能是：聚焦控制、快门控制、偏转控制和同步控制。其电控系统框图如图 7.18 所示。

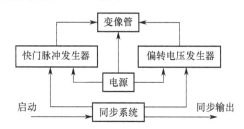

图 7.18 变像管高速摄影电控原理

为了使变像管给出清晰的图像，电控系统应能提供可在一定范围内调节的高稳定稳压电源，以便调节聚焦性能，提高图像分辨率。快门控制（快门脉冲发生器）是指对变像管中电子束的通-断控制，可以采取向快门电极上加余弦电压，使电子束偏转而不能通过孔径板的小孔飞向荧光屏；也可采用向快门施加持续时间极短的矩形脉冲，在瞬间让电子束通过小孔，而平时管中的电子束因受快门电极上的偏置电压作用而被关闭。偏转控制（偏转电压发生器）是对电子束的偏转与电子束的通-断同步性的控制。

工作在扫描方式时，先向偏转板加预偏电压，使电子束偏至屏边缘，在快门脉冲未加时电子束相当截止。快门板上先加负偏压，使电子束被拦截。摄影时，向快门和偏转板分别加上互相同步的快门脉冲与线性扫描电压，触发脉冲使快门板上的电压降为零，于是电子束导通，电子束移至孔径板的小孔中央，荧光屏上形成一条垂直狭缝像。一旦快门打开，狭缝像从荧光屏的一端向另一端高速扫描，形成条纹图像。扫描偏转控制电压如图7.19所示。

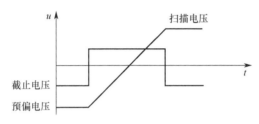

图 7.19 扫描摄影的偏转控制

工作在分幅方式时，同样先向偏转板加预偏电压，使电子束偏离孔径板上的小孔，因而电子束被孔径板拦截。摄影时，向快门和偏转板分别施加同步的快门脉冲序列和阶梯形电压，如图 7.20 所示。快门脉冲电压使电子束在孔径板上来回扫描，当电子束每次扫过板上的小孔时，就有一束光电子穿过小孔聚焦成像在荧光屏上，于是在屏上获得相分离的图像序列。图像在屏上空间与时间关系的分布规律取决于所施加的偏转电压的大小和阶梯电压的波形，任一图像位置对应的偏转电压必须恒定，以保持该图像位置不变；每次快门脉冲作用时，对应的各阶梯电压要平坦，不能有振荡，否则图形位置晃动，降低分辨率，使图形模糊。

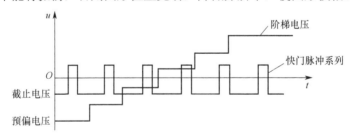

图 7.20 分幅摄影的偏转控制

英国 Hadland photonics 公司生产的 IMACON 变像管高速摄影机的技术指标如下。

（1）拍摄频率：$7.5 \times 10^7 \sim 6 \times 10^8$ 幅/s；

（2）幅数：6～15 幅；

（3）幅面尺寸：幅数为 8 时幅面尺寸为 15mm×15mm，幅数为 16 时幅面尺寸为 15mm×7mm；

（4）空间分辨率：5 对线/mm；

（5）扫描速度：10～60mm/μs；

（6）时间分辨率：5ps。

由上述指标可知，变像管高速摄影机的最大缺点是空间分辨率低。

7.4.2 数字式高速摄影机

数字式高速摄影机具有以下方面的优点。

（1）使用简单，记录介质可反复使用，具有较高的性价比。图像处理不需要冲洗胶片，缩短实验时间。高速摄影机体积小、重量轻，便于携带和灵活布设，使测试变得方便和简捷。

（2）数字式高速摄影没有复杂精密的光补偿及机械传动机构，属于常压小电流驱动方式，因而启动快，记录完善，测试成功率高。

（3）同步性好。易于实现相机与拍摄对象、相机与相机间的同步。多台高速摄影机可以从不同的角度记录事件的发生过程，可同时触发，或按一定的时序进行触发。

（4）即时重放。对实验过程可立即重放，使工程人员知道是否需要下一个实验，这样可以加快在整个过程中发现问题，并进行改正。

1. 固态图像传感器

固态图像传感器是将许多布设在半导体衬底上实现光-电信号转换的小单元用所控制的时钟脉冲实现读取的一类功能器件。感光小单元简称"像元""像点"。它们本身在空间和电气上是彼此独立的。固态图像传感器具有体积小、重量轻、解析度高和可低电压驱动等优点。目前广泛应用于电视、图像处理、测量、自动控制和机器人等领域。

固态图像传感器主要有 CCD（电荷耦合器件）、CMOS（互补金属氧化物半导体器件）、CIS（CID 电荷注入器件）等类型。

CCD 和 CMOS 固态图像传感器共同点是在光探测方面都利用了硅在光照下的光电效应原理，而且都支持光敏二极管型和光栅型，不同点是像元里光生电荷的读出方式不同。

CCD 是用时序电压输入邻近电容把电荷从积累处迁移到放大器里，因此这种电荷迁移过程导致一些根本缺点：必须一次性读出整行或整列的像素值，不能提供随机访问；需要复杂的时钟芯片来使时序电压同步，需要多种非标准化的高压时钟和电压偏置；而 CCD 的优点是分辨率高、一致性好、低噪声和像素面积小。

在 CMOS 传感器中，积累电荷不是转移读出，而是立即被像元里的放大器所检测，通过直接寻址方式读出。CMOS 传感器可以做得非常大，并有和 CCD 传感器同样的感光度，CMOS 传感器非常快速，比 CCD 传感器要快 10～100 倍，因此非常适用于高速摄影机。CMOS 传感器可以将所有逻辑和控制环都放在同一个硅芯片块上，可以使摄像机变得简单并易于携带，因此 CMOS 摄像机可以做得非常小。CMOS 摄像机尽管耗能等于或者高于 CCD 摄像机，但是 CMOS 传感器使用很少的圆环如 CDS、TG 和 DSP 环，所以同样尺寸的总能量消耗比 CCD 摄像机减少了 1/4 到 1/2。总之，CMOS（APS）的主要优势是低成本、低功耗、简单的数字接口、随机访问、运行简易、高速率、通过系统集成实现小型化，以及通过片上信号处理电路实现一些智能功能。

2. 数字式高速摄影机结构及工作原理

数字式高速摄影机由主机、镜头、电源适配器、多功能线缆、以太网数据线缆、主控制计算机、控制和分析软件、三脚架云台、灯光等组成。主机外观形态和主要外部接口如图 7.21 所示。IEEE1394 为串行接口，通过以太网数据线缆与主控计算机相连，向主控计算机传送数字图像信号。直流电源输入端外界电源，用于给主机供电；直流电源输出端与其他外接设备相连（视频监视器），为其供电。视频输出 1、2 接口与视频监视器相连，向监视器输送模拟视频信号。外触发输入接口与触发线相连，通过 5V 的高低电平触发、启动高速摄影机。外触发输出接口与另一台数字式高速摄影机相连，向其输送高低电平触发信号，实现多台高速摄影机的同步触发。

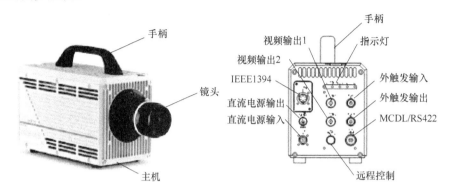

图 7.21　数字式高速摄影机主机外观结构和接口

数字式高速摄影机主机工作原理如图 7.22 所示，主要由 CMOS/CCD 芯片、缓冲存储器、时钟控制电路、A/D 和 D/A 转换器、数字接口等组成。

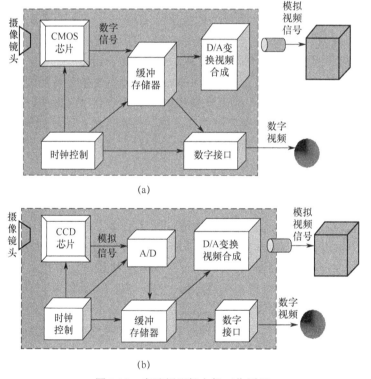

图 7.22　高速摄影机主机工作原理
(a) CMOS 摄影机；(b) CCD 摄影机。

缓冲存储器是存在于主存与 CPU 之间的一级存储器，由静态存储芯片（SRAM）组成，容量比较小，但速度比主存高得多，接近于 CPU 的速度。缓冲存储器的作用是存放当前一段时间的图像信息，当拍摄时间大于缓冲存储器所能容纳图像信息的时间长度时，最后拍摄的若干帧图像就会覆盖最早拍摄的若干帧图像。

时钟控制电路的作用是控制拍摄频率、画幅大小、电子快门频率、图像信息存储、触发方式以及与主控制计算机的数据传输，这些参数的设置和具体控制都是通过主控制计算机上的软件操作来实现的。

A/D、D/A 转换器分别用于实现"模拟信号→数字信号""数字信号→模拟信号"的转换。缓冲存储器需要接收来自传感器和始终控制电路的数字信号，CMOS 传感器输出的为数字信号，可直接与缓冲存储器相连，而 CCD 传感器输出的为模拟信号，因此必须经过 A/D 转换器转换后与缓冲存储器相连。缓冲存储器输出数字信号，可通过数字接口直接保存为数字视频，也可通过 D/A 转换器转换为模拟视频。

数字式高速摄影机的工作过程：当相机内部的 CMOS 图像传感器接收到外部的光信号，就将其转化成数字信号输出并暂时存储在相机内部的缓冲存储器中；当相机内部的 CCD 图像传感器接收到外部的光信号，就将其转化成模拟电压信号输出，这些模拟电压信号通过相机内集成的 A/D 转换器阵列转换成数字量阵列信息并暂时存储在相机内部的缓冲存储器中。拍摄结束后，缓冲存储器中的数字图像信息，可通过主机的数字信号接口、网线与主控计算机相连，将图像存储在主控计算机的存储器中，经过进一步的处理或格式转换输出。也可以通过 D/A 转换器转换为模拟视频信号，通过主机的视频输出接口与视频监视器相连，输出视频。

3. 高速摄影机主要参数及设置方法

高速摄影系统的应用领域与胶片式高速摄影机相同，具体采用何种摄像机视具体测试需求而定。高速摄影机的主要设置参数包括：分辨率、拍摄频率（帧频/幅频）、触发方式、曝光时间等。本节对高速摄影机主要设置参数的含义、设置方法、注意事项等进行介绍。

1）分辨率

分辨率是指图像的像素点数。在高速摄影机中，分辨率的大小直接影响所拍摄图像的尺寸，最大尺寸图像（满屏图像）对应的分辨率最大，称为满屏分辨率，一般为 1024×1024，即图像横、纵方向各包含 1024 个像素点。当降低图像的分辨率时，图像尺寸也相应降低，如 512×512，则图像尺寸横向和纵向分别减小一半。实验时，需综合考虑视场范围、拍摄频率、拍摄时间等，合理设置分辨率。

2）拍摄频率

拍摄频率，又称帧频或幅频，指 1s 所拍摄的图像幅数，单位 f/s。在分辨率、高速摄影机存储容量一定的条件下，拍摄频率越高，存储时间越短，图像细节越清晰、准确。

拍摄频率的设置与目标运动速度、摄像机布站位置、存储器容量等息息相关，下面以初始或终端弹道高速摄影实验为例，讲述拍摄频率计算方法：

（1）根据测试要求，确定水平和垂直方向上的拍摄空间范围 x 和 y，根据 CCD 芯片成像区尺寸 $a×b$ 计算影像缩小率 $m=x/a$。

（2）根据目标尺寸 L 及影像缩小率，计算目标像尺寸 $L'=L/m$，要求目标像在任何方向都能覆盖 3～10 个像元。

（3）根据安全因素确定布站距离 s，镜头焦距设置为 $f=s/m$。

（4）根据目标速度 v 和 CCD 像元尺寸确定拍摄频率，要求摄像频率应满足像移量要求，即由于目标运动引起的像移量不应大于一个像元尺寸 d，由此可推出摄像机拍摄频率设定值应大于目标速度与像元线量之比 $f>v/d$。

（5）根据计算出的拍摄频率要求和存储器容量，计算摄像机总的可记录时间。

拍摄频率应满足画幅数要求。在某些拍摄中通常对拍摄的有效画幅数提出要求，而即使在无画幅数要求的前提下，也应在实验前从满足实验测试要求出发分析计算出有效画幅数 $N_{有效}$。此时，拍摄频率应根据下式求得的值进行设置：

$$f \geqslant \frac{N_{有效}}{t} = \frac{N_{有效}}{x/v} \tag{7-25}$$

式中：x 为线视场宽度；v 为目标速度；t 为被拍摄事件的流逝过程经历时间。

对于爆炸、穿甲机理、引信瞬发度等高速流逝过程的测试，由于持续过程很短，一般要求一个流逝过程应能拍摄到 10 幅以上画幅，即拍摄频率应满足 $f > 10/t$。例如，某事件的持续时间只有 200μs，则摄像机的拍摄频率应设置为 $f = 10/(200 \times 10^{-6}) = 5 \times 10^4$ 幅/s。

3）触发方式

数字式高速摄影机提供内、外两种触发方式，其中内触发是通过鼠标点击控制软件的 "trigger" + "record" 键进行触发，而外触发为接受外界提供的 TTL 电平进行触发，TTL 电平的来源有多种，可以通过"电池" + "开关"提供，也可通过光电传感器、声传感器将光信号和声信号转换为电信号后提供。

根据实验需要，数字式高速摄影机提供多种触发模式（trigger mode）：开始触发（start）、中心触发（center）、结束触发（end）、手动触发（manual）、随机触发（random）等。开始触发用于记录触发后的图像，中心触发用于记录触发前、后各一半时间的图像，结束触发用于记录触发前的图像，手动触发可根据需要设置记录触发前、后的图像幅数或记录时长，随机触发可设置触发次数并记录不同时间段的图像。

高速摄影机的触发存储原理如图 7.23 所示。当高速摄影机启动后，触发信号发出之前，高速摄影机的缓冲存储器处于循环记录状态，当缓冲存储器存储空间满后（存满 n 张图像），第 $n+1$ 张图像将覆盖第 1 张图像，并依次逐渐覆盖。高速摄影机接收到触发信号后，缓冲存储器将按照指定触发模式保存照片。比如：采用开始触发模型，当接收到触发信号后，高速摄影机仍处于录像状态，并存储触发后的第 $mn+1$ 到 $(m+1)n$ 张图像（m 为循环次数）；若采用结束触发的模式，则高速摄影机停止录像，存储触发前的第 $(m-1)n+1$ 到 mn 张图像；若采用中心触发的方式，高速摄影机仍处于录像状态，并持续录 $n/2$ 张图像，存储触发前的 $mn-n/2$ 到 $mn+n/2$ 张图像；若采用手动触发的方式，可通过控制软件设置存储触发前、后图像的张数。

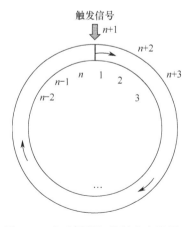

图 7.23 高速摄影机的触发存储原理

4）曝光时间

曝光时间是指相机的传感装置曝光于所捕捉物体的时间，即快门打开到关闭的时间间隔。曝光时间的长短即为快门速度，1/1000 的快门速度是指传感装置曝光时间为 1/1000s。曝光时间越长（快门速度越低），图像越明亮，但曝光时间的增长也同时增加了移动物体传递图像的距离，从而产生模糊效果；曝光时间越短越可以抓取运动的物体，获得清晰图像。因此曝光时间的设定应该根据实际需要，综合考虑摄像机曝光量和影移量的要求。

曝光量的多少直接影响了图像的明亮程度，可以通过控制软件调整曝光时间/快门速度获得，也可以通过相机光圈调节。光圈 F（焦距）值=镜头的焦距/镜头口径的直径，光圈 F 值越小，光圈开得越大，$F/2$ 就是指光圈孔径是透镜直径的一半，$F/11$ 是指光圈孔径是透镜直径的 1/11，光圈孔径的设置直接影响到景深和快门速度。光圈孔径越大，景深越小，快门速度越快；光圈孔径越小，景深越大，快门速度越低。

光圈和快门共同影响着曝光量，曝光量一定时，光圈和快门有不同的组合形式。不同的组合虽然可以达到相同的曝光量，但是所拍摄出来的图片效果是不相同的。这与景深息息相关，所谓景深就是指当镜头对焦于被摄体时，被摄体及其前后的景物有一段清晰的范围，这个范围就称为景深。

高速摄影机的各个参数并非相互独立的，它们之间有一定的约束关系，因此在实际操作当中，应该根据实际情况，找到各个参数间的最佳平衡点。

FASTCAM SA-Z 型高速录像机的主要参数如表 7.2 所列。由表可以看出，FASTCAM SA-Z 型高速录像机的满屏分辨率为 1024×1024，满屏时高速录像机的拍摄频率最大可设置为 10000f/s。当分辨率一定时，随着拍摄频率的增加，所能拍摄的时间越短；而在存储量一定的情况下拍摄总幅数为一定值。如表中所示，在满屏和 10000f/s 拍摄频率下，8G 存储量时的拍摄总时间仅为 0.55s；减小分辨率后（减小图像尺寸），则拍摄频率可大幅度提高，当分辨率为 512×56 时，拍摄频率最大可设置为 480000f/s。

表 7.2 FASTCAM SA-Z 型高速录像机主要参数

拍摄频率/(f/s)	分辨率		存储量（12bit）			
	横向	纵向	时间/s		幅数	
			8G	32G	8G	32G
500	1024	1024	10.91	43.68	5455	21839
2000			2.73	10.92	5455	21839
10000			0.55	2.18	5455	21839
67200	512	512	0.33	1.31	24508	98092
360000	128	128	0.97	3.88	349267	1397843
480000	512	56	0.42	1.66	199580	798766

高速摄影机的分辨率、拍摄频率、图像大小、拍摄时间、曝光量之间存在下列关系：分辨率越大，图像尺寸越大，可设置的最大拍摄频率越小；相同分辨率下，拍摄频率越大，拍摄细节越多，拍摄时间越短，所需曝光量越多。因此，实验时需综合考虑所拍细节、图像大小、拍摄时间、图像清晰度（曝光量）等因素，设定各个参数。实验后，仍需根据拍摄图像的质量，适当调整各参数值。当出现拍摄图像黑暗的情况时，是光线不足所致，应考虑增大光圈尺寸、延长曝光时间、增加光线强度（添加光源）等，若仍达不到要求，则需适当降低拍摄频率。

7.5 高速摄影相关技术

7.5.1 光源

高速摄影中光源的选择和布置直接影响图片的拍摄效果。常用的光源主要包括自然光源和人工光源两种。

1. 自然光源

太阳、火焰、闪电、萤火虫等都属于自然光源，通常我们所说的自然光源主要指太阳光（日光），它是普通摄影的主要光源，它可分为直射和漫射两种。当阳光直接照射在被摄物体上时，称为直射光；当阳光被其他物体遮挡时，光线间接照摄在被摄物体上，称为漫射光。对于快速运动的物体，可采用中午前后的光线，最好是直射光，一般摄影速度不超过 5000 幅/s，高于这个速度，则要采用人工光源。

2. 人工光源

人工光源品种很多，按发光形式分为爆炸光源、热辐射光源、气体放电光源、固体发光光源和激光光源等。

1）爆炸光源

在爆炸测试中许多高速流逝过程本身就发强光，且延续时间很短，这种情况可以不用光源照射而直接在背景光下摄影，如炸药药柱、传爆网络和药盘等。

另外有一些燃烧、爆炸作用过程本身不发光或发弱光，这时必须用强脉冲光源照明（如爆炸光源），才能实现高速摄影。爆炸光源是通过炸药爆炸后产生的巨大光强提供照明，一般要求其有足够的光强度、能维持几毫秒，且作用时间应适当滞后于被测装药的起爆时间，以保证摄影能在底片上记录下实验的全部变化过程。爆炸光源可用黑索令、铝粉和硝酸钡按一定的比例混合配制，也可采用镁和硝酸钡进行配制，它可以达到 45 万烛光（4.586×10^5cd）的发光强度。

2）热辐射光源

电流流经导电物体，使之在高温下辐射光能的光源，如白炽灯、卤钨灯（如碘钨灯、溴钨灯等）。实验中，白炽灯和卤钨灯通常用于静止像拍摄或低频拍摄。

3）气体放电光源

电流流经气体或金属蒸气，使之产生气体放电而发光的光源。高速摄影实验中常用的气体放电光源为弧光放电光源，放电电压有低气压、高气压和超高气压 3 种。弧光放电光源包括：荧光灯、低压钠灯等低气压气体放电灯，高压汞灯、高压钠灯、金属卤化物灯等高强度气体放电灯，超高压汞灯等超高压气体放电灯，以及碳弧灯、氙灯、某些光谱光源等放电气压跨度较大的气体放电灯。采用高速摄影机进行高频拍摄时，常用高压、超高压的直流弧光放电光源，如直流金属卤化物灯、直流镝灯、直流氙灯等。

4）固体发光光源

固体发光光源是指固体物质在一定的电场作用下被相应的电能所激发而发光的光源，如发光二极管（LED）。高速摄影同步闪光源由阵列排布的直流大功率 LED 构成，是一种高亮度高速闪光直流光源，可与高速摄影机同步触发，具有响应速度快、亮度高、寿命长、功耗低、光脉冲宽度可调等特点。

5）激光光源

激光光源是一种相干光源，它通过激发态粒子在受激辐射作用下发光，输出光波波长从短波紫外直到远红外。与其他光源相比，激光具有单色性良好、方向性强、光亮度高、光线平行度好、发光时间容易精确控制等优点，在高速摄影中得到广泛应用。在高速摄影相机的物镜前加上滤光片只让激光通过，而排除其他杂光（爆炸时产生的火光）的干扰，能够拍摄到物体的清晰照片。

7.5.2 采光技术

为了提高画面的清晰度、分辨率及拍摄效果，在拍摄过程中对光线的位置、角度有严格的要求。采光主要有以下几种方式。

1．顺光

光源从摄像机的方向，正面照射在被摄物体上，这样拍摄的照片比较清楚、真实，成功率比较高。当拍摄的物体表面比较光滑时，如金属和玻璃等，它会对顺光进行反射，反射光进入镜头内，产生眩光，破坏画面。顺光缺少光影的对比，反差较小，照片上的立体感和空间感不够强烈，显得平淡。这种方法在高速摄影中使用较多。

2．侧光

光源从侧面斜角度照射在被测物体的表面，在另一侧产生具有明显方向性的投影。它能比较突出地表现被摄物体的立体感和表面质感，但光线不宜过强，否则造成物体反差过大，形成木刻效果。

3．逆光

光源正对摄影机镜头，从被摄物体背面照射。它有较强的表现力，可勾画出被拍摄物的轮廓线，但逆光的曝光不宜控制，如果对物体的暗部曝光不足，会出现分辨率很低的黑暗画面，因此要熟悉逆光的照明规律。

7.5.3 胶片

胶片是由片基、感光材料和附加层组成。高速摄影用的片基多为涤纶片基，具有足够的强度、耐水性、化学稳定性。感光乳剂层是感光材料的核心部分，它是由明胶、银盐和补加剂组成。附加层指涂在乳剂表面的明胶薄膜，涂在片基和乳剂之间的黏合层，涂在片基背面的假漆层。对高速摄影胶片要求有：

（1）足够的机械强度，在以约 100m/s 速度输片时，不断裂；
（2）尽可能高的感光灵敏度，以便在曝光量很低的情况下，仍能得到清晰的图像；
（3）反差系数尽可能高，获得高反差影像；
（4）灰雾密度（也称非曝光密度）尽可能低。

常用的高速黑白胶片有航高 11032、流光片 1087、新高速片和柯达 2485 等，其中保定胶片厂生产的新高速片在各项指标上都可满足高速摄影的需要，选用比较方便。

7.5.4 图像处理

高速摄影拍摄的系列图像，会存在曝光不足或图像模糊的现象，在图像传输、转换的过程中，由于噪声、光照等原因，也会引起图像的模糊或退化。所以在进行图像分析前，要对退化、模糊的图像进行处理，以增强有用的信息，并降低图像的噪声影响。图像处理算法框图如图 7.24 所示。

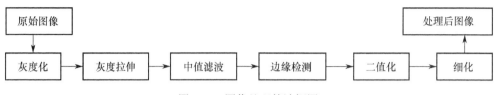

图 7.24　图像处理算法框图

具体的处理方法是：

灰度化转换公式　Gray(i, j) =0.11$R(i, j)$ +0.59$G(i, j)$ +0.3$B(i, j)$，把彩色图像转化为灰度图像。其中 Gray(i, j)为转换后的黑白图像在(i, j)点处的灰度值，转换时可以直接使用 G 值作为转换后的灰度。

灰度拉伸主要对图像中的灰度级进行修正，扩大图像的灰度范围，改善视觉效果，达到增强的效果。一般灰度修正包括：线性、非线性以及分段线性这三种手段。这里介绍分段线性的灰度变换手段。其数学表达式为

$$g(x,y) = \begin{cases} (bY_1/bX_1)f(x,y) & 0 \leqslant f(x,y) \leqslant bX_1 \\ [(bY_2-bY)/(bX_2-bX_1)][f(x,y)-bX_1]+bY_1 & bX_1 \leqslant f(x,y) \leqslant bX_2 \\ [(255-bY_2)/(255-bX_2)][f(x,y)-bX_2]+bY_2 & bX_2 \leqslant f(x,y) \leqslant 255 \end{cases} \quad (7\text{-}26)$$

图像平滑一般用领域平均、空间域低通滤波、中值滤波等方法。采用中值滤波的方法，在一定条件下可以克服线性滤波、均值滤波带来的图像细节模糊。

边缘检测提取出图像的边缘信息，可有效减少图像分析的信息量，提高分析的效率。目前常用如 Marr 边缘检测法、Facet 模型边缘检测法、模板匹配算法和小波变换法等。在一幅图像中，边缘有方向和幅度两个特征。沿边缘走向的灰度变化平缓；而垂直于边缘的变化剧烈，这种变化有阶跃式或斜坡式两种。在边缘上，灰度的一阶导数幅度较大，而二阶导数为零，也就是说边缘对应于一阶导数较大和二阶导数为零处。因此，可利用梯度最大或二阶导数为零的特征，来作为提取边缘的一种有力手段。像传统的边缘检测方法大多依据这种特征。图 7.25 介绍两种边缘检测算法：Robert 算子法和 Sobel 算子法。

1	0
0	-1

0	1
-1	0

(a)

1	2	1
0	0	0
1	2	1

1	0	1
2	0	2
1	0	1

(b)

图 7.25　典型边缘检测算法框图

(a) Robert 算子；(b) Sobel 算子。

图像二值化是指将采集获得的多层次灰度图像处理成二值图像，以便分析理解图像信息，识别并减少计算量。选择某个阈值 T，将原始图像变换为二值图像。

$$f(i,j) = \begin{cases} 1 & f(x,y) \geqslant T \\ 0 & f(x,y) < T \end{cases} \quad (7\text{-}27)$$

7.6 高速摄影技术应用

7.6.1 电雷管爆炸初始冲击波拍摄

1. 测试原理

利用转镜式高速摄影机，记录雷管被引爆后，雷管轴向输出端端面直径方向上的初始冲击波波形。测试原理如图 7.26 所示。

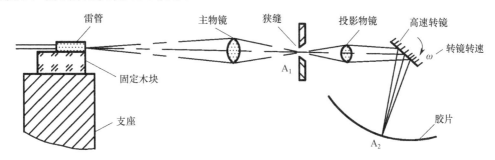

图 7.26 雷管冲击波测试原理

A_1—雷管波形在狭缝上的成像；A_2—雷管波形在胶片上的成像。

雷管输出端端面正对摄影机主物镜，固定木块的作用是使雷管轴线（即底部中心点）与摄像机的光轴重合。固定木块上加工一个半圆槽，雷管正好固定在槽内，使其不易移动。支座的高低和位移，可完成对雷管位置的粗调，然后通过移动摄像机的机械传动部件，确定主物镜的精确位置。主物镜的焦距选择，可根据雷管安放位置到物镜的距离来确定，近距离选择 210mm，中距离选 750mm。测试前，先在雷管旁边放一把标尺，使它与雷管底端面平行，开启照明灯光，拍摄一幅雷管和标尺的静止像，为胶卷图像分析和计算使用。当雷管爆炸时，被摄雷管冲击波波形通过主物镜在狭缝平面上成一次像 A_1，然后通过投影物镜和高速转镜反射后，在固定不动的胶片上再次成像 A_2，当转镜以 ω 角速度旋转时，A_2 以 2ω 角速度在胶片上扫描。由于摄影机狭缝对准雷管输出端的端面中心，因此当雷管爆炸时，胶片上就记录了雷管底部冲击波波形的图像。通过对底片测量和数值计算，可获得雷管底部波形的有关数据。

2. 测试步骤

（1）根据所拍摄的雷管和所要求的时间分辨率，选择高速摄影机型号、主物镜、拍摄距离、扫描速度、狭缝宽度。调好传感器角度，装好暗盒胶片。

（2）接通摄影机电源预热 20~30min，检查摄影机控制台工作是否正常。取出控制台高压钥匙。

（3）将雷管的管脚线短路后放置在固定木块的定位槽内，使雷管输出端面与木块的一个端面相平，用胶布或胶带把二者固定在一起。

（4）将雷管和固定木块放在爆炸罐内的支座上，在旁边放上标尺，使标尺和雷管输出端面处在同一平面内。

（5）按照高速摄影机操作程序进行精细的调焦和对象，当瞳孔处在光轴位置时，应使被摄雷管和标尺在调焦显微镜的分划板上清晰成像。当狭缝处在光轴位置时，狭缝必须对准雷管底部输出端端面的中心。

（6）连接雷管与起爆器，再检查一次雷管是否处在视场中央，狭缝是否对准雷管输出端端面的中心。

（7）把暗盒装入摄像机暗箱，拍摄标尺和雷管静止像及底片测量基准线。

（8）取出爆炸罐内标尺等物，关闭防爆门。将高压钥匙插入高压锁内，狭缝转到光轴位置，拍摄雷管爆炸的动态像。

（9）关闭仪器电源，冲洗胶片。

（10）如果雷管发光较弱，使胶片上获得的图像黑密度达不到 1.0D 时，可采取适当降低转镜转速、增大狭缝宽度、采用高感光度胶片或在雷管上涂一层增光剂等措施。

3. 图像处理

（1）在底片测量仪上调整底片位置，使底片运动时分划板上的十字线与底片测量基准线始终保持重合。

（2）测量标尺高度和标尺静止像的高度、波形时间零点、雷管波形终点、波形图上若干对对称点（包括波形图的端点、波谷、波峰等）的 X_i'、Y_i' 值。其中 X_i' 为波形前沿上某点的水平坐标，Y_i' 为波形前沿上某点的垂直坐标。

（3）计算像物放大倍率 β：

$$\beta = I' / I \tag{7-28}$$

式中：I' 为标尺的像高，mm；I 为标尺的物高，mm。

（4）计算与 X_i' 值相对应的时间 t_i：

$$t_i = \Delta X_i' / v \tag{7-29}$$

式中：t_i 为波形前沿上某点与时间零点的时间差，μs；$\Delta X_i'$ 为波形前沿上同一点与时间零点的水平坐标差，mm；v 为扫描速度，mm/μs。

（5）计算与 Y_i' 值相对应的距离 h：

$$h = \Delta Y_i' / \beta \tag{7-30}$$

式中：h 为波形前沿上某点与时间零点的垂直距离，mm；$\Delta Y_i'$ 为波形前沿上同一点与时间零点的垂直坐标差，mm；β 为像物放大倍数。

（6）列出数值表格，绘制波形曲线，确定波形时间极差。

（7）计算一组雷管波形时间极差的平均值及标准差。

某雷管底部冲击波高速摄影波形如图 7.27 所示。测得标尺静止像高度：I'=19.28mm，标尺高度：I=40mm，扫描速度：v=1.5mm/μs。在波形图上测量若干个点 X_i'、Y_i'，并根据式（7-28）和式（7-29）求出对应的 t_i 和 h，测量数据如表 7.3 所列。

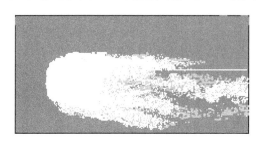

图 7.27 雷管扫描图像示意图

表 7.3 底片测量值和计算数据

X'_i/mm	36.15	36.08	36.03	35.99	35.95	35.94	35.91	35.95	35.98	36.04	36.08	36.15	36.21
t_i/μs	0.16	0.11	0.08	0.05	0.03	0.02	0	0.03	0.05	0.09	0.11	0.16	0.20
Y_i/mm	57.79	58.19	58.59	58.99	59.39	59.79	60.20	60.61	61.01	61.41	61.81	62.21	62.61
h/mm	5	4.17	3.34	2.51	1.68	0.85	0	0.85	1.68	2.51	3.34	4.17	5

计算放大倍数：

$$\beta = I'/I = 19.28/40 = 0.482$$

根据表 7.3 所列的数据，选波形对称轴为时间坐标轴（设波形曲线上滞后时间零点的时间为负），绘制时间和空间坐标曲线，如图 7.28 所示。波形的时间差大约是 0.02μs。

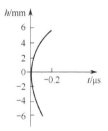

图 7.28 波形曲线

根据式（7-15）可以求出雷管的爆速。冲击波在某种介质中传播，当测量到冲击波速度和质点运动速度时，也可以求出冲击波的冲击压力

$$p = \rho_0 D u \qquad (7\text{-}31)$$

式中：ρ_0 为传播爆轰波介质的密度；D 为冲击波速度；u 为质点运动速度。

7.6.2 传爆药柱爆速增长过程拍摄

用 IMACON790 变像管式高速摄影机测试传爆药柱爆速增长过程，可以得到清晰理想的图像。其原理如图 7.29 所示，当爆轰波沿药柱轴线方向以速度 D 从上至下传爆时，所发出的光经狭缝照射到高速摄影机的光电阴极上，光电阴极受光后发射电子，电子经聚焦后打在荧光屏上，将电信号又转换成光信号。当电子束以一定的速度 v 在荧光屏上扫描时，底片就记录下爆轰波的传播轨迹。图 7.30 所示是药柱传爆轨迹的摄影图片，黑密度分界线就是爆轰波运动轨迹。根据图形和已知条件，可求出爆速 D 为

$$D = \frac{v}{\beta}\tan\varphi \qquad (7\text{-}32)$$

式中：D 为爆速，km/s；φ 为爆轰波轨迹与扫描速度方向的夹角，(°)；v 为扫描速度，由扫描插件的标称值给出，km/s；β 为像物之比，表示放大倍数。

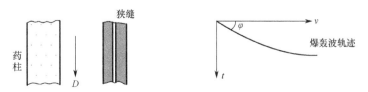

图 7.29 爆轰波经狭缝后的轨迹

图 7.30　药柱爆轰波摄影照片

测试时，应先在药柱上确定出一个长度 L，并在两端作出标记 A 和 B。在静态像胶片中可量得爆轰波的起点 A 和终点 B，并测出放大倍数。

实验步骤如下：

（1）压制药柱。取一圆柱形有机玻璃壳，内径 6mm，外径 16mm，长 20~25mm，内壁经光洁处理。将 600mg 黑索金基炸药分三次压入壳内，然后测量药柱长度，计算药柱平均密度。

（2）取一块有机玻璃板，直径 6mm，厚度为 5mm。取一发 3 号火焰雷管，安装引火头，先将起爆线路短路。

（3）制作一个电探针，按图 7.31 把测试系统安装好。

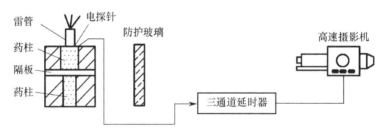

图 7.31　测爆速增长过程实验装置

（4）打开摄影机电源，预热 15min，选用适当的扫描插件，将照相机置于"聚焦"档，把狭缝对准药柱轴线，计算像物比。

（5）调通道延时器，将触发拨至"Make"档，输出脉冲宽度 10μs，为单次触发脉冲。将 50V/50Ω 输出端与摄像机的触发通道连接，把探针引线与延时器的输入端连接，置延时器于"准备"状态。

（6）把摄像机置于"工作"挡，选择合适的光圈，安装好底片。光源可选用自然光、爆炸光源或人造光源。

（7）引爆雷管，打开抽风机排气，15min 后取出底片，定影。

（8）计算爆速。β 值经判读后可计算出比值；若爆轰速度连续变化，通过测量 φ 值计算 D 比较困难，可计算药柱不同位置冲击波到达的时间，继而算出爆速，并计算测试误差。

7.6.3　桥丝的爆炸过程测试

用 IMACON790 变像管式高速摄影机测试桥丝的爆炸过程，其实验原理如图 7.32 所示。为清晰观测桥丝爆炸全过程，背景闪光灯、桥丝和高速摄影机诸部分启动的时序应遵循光照在先，照相在后，最后启动桥丝爆炸。

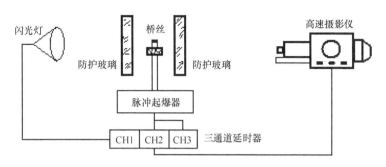

图 7.32　桥丝爆炸过程高速摄影原理

为了达到上述规定的时序，采用三通道延时器做同步。实验操作步骤如下：

（1）准备被测桥丝，精确测量桥极的间距，以便确定像物比。
（2）准备背景闪光灯，并确定其上升时间。
（3）准备可调输出脉冲起爆器，开启允许被动触发方式工作。
（4）按图 7.32 的设置，安装和调试系统。
（5）根据背景闪光的上升时间、桥丝的响应时间调节三通道延时器的时间延迟量。
（6）手动触发三通道延时器的通道 1，即可实现闪光灯照明、摄影仪启动、桥丝爆炸的启动过程，摄影仪会自动拍摄桥丝的爆炸过程。

如图 7.33 所示为某爆炸桥丝的爆炸过程高速分幅摄影图片。其中桥极距 6.5mm，桥丝长 8mm，起爆电压 100V，分幅速度 10^6 幅/s。图中 12 幅照片清晰地拍摄出桥丝的爆炸过程，其拍照顺序是从上至下，从右到左。

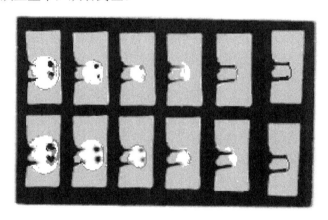

图 7.33　爆炸桥丝摄影图片

7.6.4　近水面水下爆炸气泡和水幕形成过程拍摄

用数字式高速摄影机拍摄水下爆炸气泡和水幕形成过程，其实验装置组成与现场布置示意图如图 7.34 所示。实验系统由敞口水箱、高速录像系统、起爆控制装置、光源和标杆等 6 部分组成。敞口水箱由钢板焊接而成，四壁开有观察窗，观察窗为防爆玻璃。水箱所有钢板的内壁粘贴橡胶板，用于吸收冲击波能。高速录像系统由两台高速录像机、两台笔记本电脑和数据线组成，用于同步拍摄气泡和水幕的运动过程。光源在自然光线不足的情况下使用，为高速录像机提供附加光线，提高拍摄清晰度。

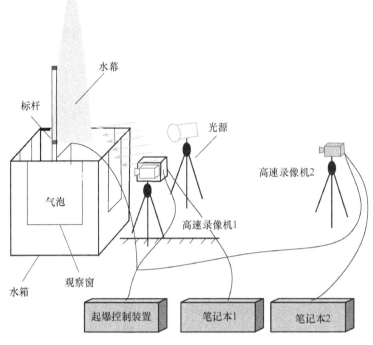

图 7.34 实验装置与现场布置示意图

实验步骤如下:
(1) 实验装置布置。

选择一片空旷的实验场地放置水箱,向水箱注入清澈的水;完成标杆、光源、高速摄影机等布放,进行线路连接、设备调试和参数设置;对两台高速摄影机位置、参数、清晰度、视场等进行调试。

(2) 火工品准备。

检验雷管可靠性,将雷管短路;将雷管放置于药柱中;用胶带将电线固定于炸药体表面;将装药放入气球内,两端用绳线扎紧;气球下方坠上重物;药柱上捆绑绳线,在距药柱预置起爆深度距离的位置处做标记;悬挂装药到预置深度。图 7.35 所示为装药布置图。

图 7.35 装药布置图

（3）打开高速摄影机，使之处于等待触发信号（Trigger）状态。

（4）实验总指挥下达"3，2，1，起爆"口令，起爆控制人员按下起爆按钮，发送起爆信号和短路信号。

（5）进行测量数据转录，检查数据采集情况。

（6）排放水箱内的水，重新注入清澈的水。

（7）根据实际情况，适当调整参数等，准备进行下一发实验。

图 7.36 所示为两台高速录像机拍摄的 0.06m 起爆深度下，水下气泡脉动及水面上水幕成形过程。水下为气泡膨胀、破裂、收缩、穿透、失稳等气泡脉动过程，水面上为水冢、垂直喷射水柱和水射流三种形态水幕的演变过程。

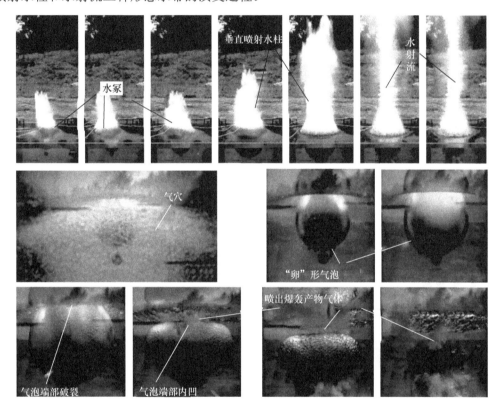

图 7.36　高速录像拍摄的图片

7.6.5　间隙发光法测量飞片冲击速度

本例使用的是间隙发光法测飞片冲击速度，这种方法在测量材料动态压缩特性中使用较普遍。

测试装置和原理如图 7.37 所示。在试样靶上固定了 6 个透明的小光探板，它们与试样靶之间有很小的间隙，间隙中装有发光剂。试样靶的材料可以是需要研究的材料。当飞片打击试样靶，强冲击波通过试样靶到达间隙时，强压缩作用或高速自由表面打击作用，导致间隙中的发光剂受到强绝热压缩，温度急剧上升，在高温高压下电离，同时产生强光辐射效应。由于间隙很小，且光探板在发光物质反应后表面光洁度受到破坏，透光率严重下降，所以摄影中使胶片感光的有效时间是很短的。

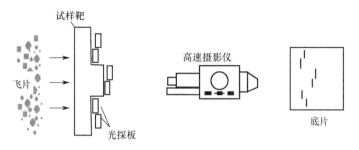

图 7.37 间隙发光法的测试装置和图片

图中底片上拍摄了 6 个黑密度变化的窄条,它们与 6 个间隙闪光时刻相对应,经过在底片上判读数据,可以得到每个窄条图像的相应时间间隔。通过测量试样靶的每个台阶尺寸和发光间隙之间的距离,可以计算出相应的波速或质点速度。这时的高速摄影机就相当于一台多通道时间记录仪,在并联输入状态下,记录各点时间间隔信号。

平均速度计算公式为

$$D(u) = \frac{\Delta h}{\Delta t} \tag{7-33}$$

式中:D 为冲击波速度;u 为自由表面速度;Δh 为两个光探板底面的间距;Δt 为两个光探板距离内闪光时间间隔。

发光间隙之间可以填充发光剂、氩气等,常用的发光涂料有 $Ba(NO_3)_2$、$NaCl$、CuO_2、KBr、CaO、MgO、NH_4Cl 等。制作发光间隙时,只需要将 $Ba(NO_3)_2$ 粉末等均匀撒在透明胶纸上,然后再贴在被测材料表面。也可以在被测样品表面或光探板上涂抹一层厚度为 0.01~0.02mm 的真空油脂,再撒上一层发光剂粉末,制成发光间隙。

由于 $Ba(NO_3)_2$ 不易吸潮,发光效率较高,并且经济实惠,因此用于发光剂很普遍。在实验中发现,$Ba(NO_3)_2$ 粉末发光间隙的闪光亮度与其颗粒度关系密切。在狭缝扫描摄影中,为确保测试精度,必须严格控制曝光量和闪光剂的颗粒度。

有时在测试炸药药柱的爆轰波形时,微观出现不均匀性,使底片的判读带来误差。可以采用间隙发光法把爆轰波中的高次波动分量去掉,就相当于电容在电路中的滤波作用一样,如图 7.38 所示。

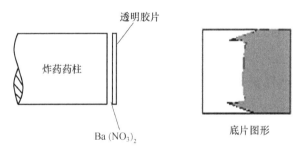

图 7.38 经过间隙发光法修整的波形

图 7.38 中炸药药柱从左至右爆炸,爆轰波激发底层 $Ba(NO_3)_2$ 发光,通过透明胶片被摄影仪拍摄。图片中上下两侧的凸出部分,是由于炸药爆炸时从侧向透露的炸药自身发光光强。

如果想求得某段时间内冲击波或自由表面的速度,可以用发光间隙斜镜法来完成,其安装结构和摄影图像如图 7.39 所示。

发光间隙斜镜法测试系统是由炸药平面波透镜、主装炸药、Mo 金属板试样，有机玻璃光探板、反射镜、防爆窗和高速摄影机等组成。图 7.39 中发光间隙为倾斜的氩气间隙，当氩气把原间隙中的空气全部排出之后，密封好出入口。当高速摄影机的转镜达到预定转速时，高速摄影机控制系统在一个适当时刻给出一个高压脉冲，引爆雷管，起爆平面波发生器，继而使高级猛炸药爆炸，在金属板中形成一个衰减的冲击波。冲击波使发光材料氩气自左向右连续地发生闪光，闪光信号透过有机玻璃光探板以一定入射角入射到平面反射镜上，再由反射镜把信号光穿过防爆窗送至高速摄影机的物镜，最后在底片上得到所需要的信号波形。

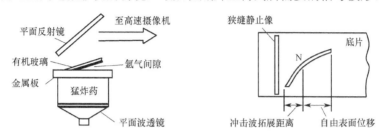

图 7.39 发光间隙斜镜法

狭缝扫描摄影记录底片上有一条直线和一条曲线，直线是爆炸实验前拍摄的狭缝静止像，通常在它的旁边应该有一个标尺指示，以便计算光学放大比。曲线分两部分，在 N 点左边的线段与金属板试样中的冲击波有关，它代表冲击波扩展距离和时间的函数关系；N 点右边的线段与金属板试样的自由表面速度相关，它代表金属板自由表面位移和时间的函数关系。这时高速摄影的功能相当于数字示波器的作用。

7.6.6　杆式侵彻体穿靶形态和破片速度拍摄

激光高速摄像机的红宝石脉冲激光的亮度高于弹靶碰击火光，能够排除炮口火焰和终点弹道的爆炸强光对影像的干扰，一般用于着靶前期和后效的图像记录。如图 7.40 所示，激光高速摄影机主要可用来测量杆式侵彻体侵彻装甲的着靶姿态和侵彻后的剩余速度等。当杆式侵彻体发射后，其弹托被捕获器挡住，在穿过测速靶Ⅰ和Ⅱ时，可测得其飞行速度，以此速度作为杆式侵彻体着靶速度。杆式侵彻体继续飞行，穿过同步靶时产生一个同步脉冲信号输出给脉冲激光器，经一定延时，当快要碰靶时，激光器瞬间发出 20～30 个高亮度序列脉冲激光（脉冲激光的最小时间间隔可达 8μs），照亮穿靶后的飞行过程。

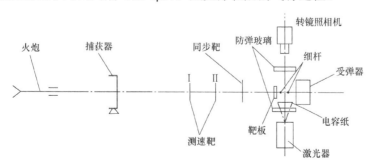

图 7.40　杆式侵彻体侵彻靶板实验布局示意图

图 7.40 中的电容纸是用于脉冲激光照亮它时，作为转镜摄影机的背景光源；两根细杆用来确定和计算杆式侵彻体真实位移量的比例系数 k。

杆式侵彻体飞抵视场后，飞行过程就被等待式转镜高速摄影机记录在胶片上。由杆式侵彻体影像在两幅画面上的位移量和 k 值就可求出杆式侵彻体在两幅间时间间隔内的真实位移量，进而求出杆式侵彻体侵彻后的剩余速度。

同样，激光光源还可用于高速摄影机测量战斗部破片速度及飞散域，测试系统如图 7.41 所示。由于战斗部爆炸伴有强烈的电磁波，弹丸爆炸后，强烈的电磁波易使激光器误启动，造成同步失败，该系统设置了同步抗干扰隔离装置，利用光信号启动激光器，以便使飞行破片与激光脉冲同步。同步光信号的产生不仅需要提供高电压，还需要提供大电流，所以爆炸电磁波难以启动同步抗干扰隔离装置。

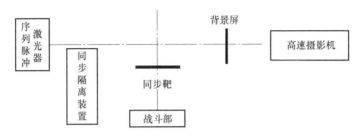

图 7.41 战斗部破片速度和飞散域测量系统示意图

摄影机采用扫描式高速摄影相机，所以摄影机本身不分幅，分幅依靠序列脉冲激光。调整激光器产生的光脉冲间隔，就可以改变拍摄频率，得到连续多幅清晰照片。

当破片飞过同步靶时，产生一脉冲信号，经同步抗干扰隔离装置处理后，脉冲信号进入激光器，激光器产生激光，当破片到达视场时，激光脉冲刚好照亮被测破片飞散场，破片的像通过光学系统进入摄影机，在底片上成像。拍摄的底片经数据处理，可以得到破片的速度及飞散域等重要参数。

思考题

1. 叙述扫描和分幅高速摄影的特点和工作原理。
2. 按摄影速度分类，高速摄影有哪些种类？
3. 用转镜狭缝扫描得到底片图形如图 7.42 所示，已知图中标尺每格为 10mm。

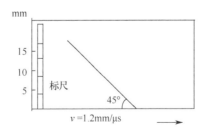

图 7.42 高速摄影底片

（1）求炸药爆速。
（2）分析影响爆速测试精度的原因。
4. 变像管高速摄影的原理是什么？
5. 如何拍摄雷管底部冲击波输出波形？
6. 高速摄影图像误差分析包括哪些内容？

第 8 章 脉冲 X 射线高速摄影

脉冲 X 射线高速摄影利用 X 射线的穿透能力，测量强炽光、浓烟雾遮挡物或金属、非金属屏蔽体内部的快速变化过程，利用被测物体对光的透射、吸收原理在底片（胶片或成像板）上成像，与可见光光学测量、电学测量一起成为在爆炸、冲击实验中相辅相成的三大测试手段。

8.1 概　　述

1895 年，德国渥茨大学教授、物理学家伦琴（W.C.Rontgen）在研究阴极射线时发现，用高速电子流撞击某些固体表面时，将从固体表面发出一种特殊的射线，这种射线能穿透可见光不能穿透的物质，可以感光胶片，也可以使荧光物质发光，因为当时对于这种射线的本质和属性还了解得很少，所以称它为 X 射线（也称为伦琴射线）。伦琴就用这种射线拍摄了人类第一张人手的 X 射线照片，照片清晰地显示出了手骨结构和无名指上的戒指。

此后科学家们逐渐揭示了 X 射线的本质，它是一种波长极短，能量很大的电磁波，它的光子能量比可见光的光子能量大几万至几十万倍，具有强穿透、荧光、反射、吸收等特性。因此，X 射线在科学研究、医学及技术工程上得到了广泛应用，相应的脉冲 X 射线摄影设备向小型化、便携式、数字化和计算机控制方向不断发展，形成了 CT 扫描、核磁共振成像（MRI）、计算机放射成像（CR）、数字放射成像（DR）、发射式计算机断层成像（ECT）等技术，并成功应用于军事、医学、材料学等领域。

在军事领域，脉冲 X 射线高速摄影主要用于弹道学（内弹道、外弹道、终点弹道）、战斗部机理和爆炸力学研究。在内弹道中的应用包括：火药燃烧过程以及火药气体在加速过程中的密度分布；弹丸在炮膛中运动的过程，氢气炮、电炮等加速过程；机械零件的运动情况。在中间弹道的应用包括子弹飞行稳定性和完整性、弹托分离过程、弹丸内部结构分布等。在外弹道中的应用包括：弹丸内部结构；弹丸头部的烧蚀等。在终点弹道中的应用包括：弹与靶相互作用过程，如弹丸变形，靶的穿透与破碎过程；爆炸现象；创伤弹道学。在战斗部机理研究中的应用包括：聚能射流的形成过程；爆炸成型弹丸形成过程；破片飞散过程；冲击波的形成和传播等。在爆炸力学研究中的应用包括：测定炸药及其驱动装置边界的精确位置和流体动力学间断；观测爆轰波阵面后反应气体的膨胀情况；观察高能炸药的爆炸产物、固体中的冲击波及稀疏波和层裂现象；研究马赫现象等。此外，脉冲 X 射线摄影技术也应用于装药质量密度区域分布的统计测量、对雷管起爆过程的研究等。

脉冲 X 射线摄影技术在兵器领域的广泛应用前景，促使世界各国都在积极开展脉冲 X 射线摄影系统的研制工作，从产品性能、可靠性、系列化等方面，国际上具有影响力的当属瑞典 Scandiflash AB 公司和美国 L3 公司（原美国 HP 公司）的产品，国内中国工程物理研究院、上海探伤机厂均成功研制出脉冲 X 射线摄影系统，并成功应用于兵器科学与技术研究。

8.2 脉冲 X 射线的产生及其物理特性

8.2.1 脉冲 X 射线的产生

X 射线是由高速带电粒子与物质原子的内层电子作用而产生的，任何具有一定能量的带电粒子与某物质相碰撞时，都可以产生 X 射线。产生 X 射线的装置是 X 射线管，其典型结构如图 8.1 所示。

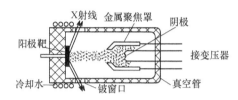

图 8.1　X 射线产生原理

X 射线管实质上是一个真空二极管，它主要由阴极、阳极、真空管、聚焦罩和窗口组成。阴极是电子源，用于产生自由电子，如加热钨丝发射热电子；阳极是阻碍电子运动的金属靶，使电子突然减速或静止，阳极由熔点高、导热好的铜制成，为了获得各种波长的 X 射线，常在阳极靶面镀一层 Cr，Fe，Co，Ni，Mo，Ag 和 W 等金属；高电压（几十到几百千伏）加在阴极和阳极上，阴极经高压电加热至白热后放出热电子，阳极和阴极间形成的高压电场，使电子作定向高速运动，轰击阳极而产生 X 射线；阴极和阳极都密封在高真空（$1.3\times10^{-4}\sim1.3\times10^{-3}$Pa）管内，用于保持两极洁净并使加速电子无阻地撞击到阳极靶上；金属聚焦罩设置在灯丝外，用于聚焦电子束，其电位较阴极低 $100\sim400$V，并用高熔点金属钼或钽制成；窗口是 X 射线从真空管内出射的地方，通常开设 2 或 4 个，窗口材料要有足够的强度，还应尽可能少地吸收 X 射线，常用铍作为窗口材料。高速运动的电子与物体碰撞时，发生能量转换，电子的运动受阻失去动能，其中一小部分（1%左右）能量转变为 X 射线，而绝大部分（99%左右）能量转变成热能使物体温度升高，因此为避免高温烧熔靶面常用水进行冷却，如图 8.1 所示。也可以采用油冷方式，油冷是将 X 射线管浸在绝缘油中，用油泵将绝缘油不断循环或以绝缘油的冷热对流自行冷却来降低阳极温度。

8.2.2 X 射线的物理特性

X 射线是一种波长极短的电磁波，它以直线传播，经过电场时不发生偏转，具有很高的穿透能力，可以穿透对可见光而言是不透明的物质，如穿透几毫米厚的钢板、铁板等。它穿透物质时被偏振化，能量被物质吸收而使强度衰减。

X 射线波长在 $6\times10^{-10}\sim1.019\times10^{-4}$mm 之间，与 γ 射线和紫外线相邻。一般测量金属晶体的 X 射线波长较短，多在 $5\times10^{-9}\sim10^{-7}$mm；测量其他物质的波长可根据情况加长。X 射线波长与穿透能力成反比，波长越短，穿透能力越强。波长的长短取决于 X 射线管的管电压，当管电压小于 70kV 时，产生的 X 射线称为软 X 射线，其他称为硬 X 射线。

X 射线作为一种波长极短，能量很大的电磁波，除了具有可见光的一般性质外，还具有以下物理特性：

（1）穿透作用。X 射线因其波长短，能量大，照在物质上时，仅一部分被物质吸收，大部分经由原子间隙透过，表现出很强的穿透能力。X 射线穿透物质的能力与 X 射线光子的能量有关，X 射线的波长越短，光子的能量越大，穿透力越强。X 射线的穿透力也与物质密度有关，利用差别吸收这种性质可以把密度不同的物质区分开来。

（2）电离作用。物质受 X 射线照射时，可使核外电子脱离原子轨道产生电离。利用电离电荷的多少可测定 X 射线的照射量，根据这个原理可制成 X 射线测量仪。在电离作用下，气体能够导电，某些物质可以发生化学反应，有机体内可以诱发各种生物反应，能杀伤生物细胞，因此在使用时要有足够的安全防护手段。

（3）荧光作用。X 射线波长很短，但它照射某些化合物时，如磷、铂氰化钡、硫化锌镉、钨酸钙等，可以使物质发荧光（可见光或紫外线），荧光的强弱与 X 射线量成正比。这种作用是 X 射线应用于透视的基础，利用这种荧光作用可制成荧光屏，用作透视时观察 X 射线穿透物质的影像，也可以制成增感屏，用于增强胶片的感光量。

（4）热作用。被物质吸收的 X 射线能大部分被转变成热量，使物质温度升高。

（5）干涉、衍射、反射、折射作用。这些作用在 X 射线显微镜、波长测定和物质结构分析中得到应用。

8.2.3　X 射线特征参量

1．X 射线的波长

X 射线是波长很短的电磁波，根据量子学说，电磁波放射能量来自辐射源。量子能量 E 的大小，直接与其频率 f 成正比，用数学公式表示为

$$E = hf = hc/\lambda \tag{8-1}$$

式中：λ 为射线的波长，cm；c 为电磁波传播速度，3×10^{10} cm/s；h 为普朗克常数，6.62×10^{-34} J·s。

根据以上关系，可以推算出加在 X 射线管两极间的电压 U 与可能产生 X 射线的最短波长 λ_0 的关系。X 射线的能量是由撞击阳极的电子失去的动能转变而得到的，每一电子带有一定的电荷 e，静电单位 $e=4.803\times10^{-10}$，电子在电位差为 U 的电场作用时具有的能量为 eU，而每一电子静止时的质量 m 是一定的。假设电子在撞击阳极前的速度是 v，撞击后速度为零，且电子的动能全部转变为 X 射线能，则

$$eU = mv^2/2 = hc/\lambda_0 \tag{8-2}$$

从式（8-2）可以看出，加在 X 管两极的电压越高，则电子撞击阳极的速度越大，所产生的 X 波波长也越短，穿透力也越大。把各个常数代入后得

$$\lambda_0 = hc/eU = 12.42\times10^{-7}/U \tag{8-3}$$

式中：U 为 X 射线管管电压，V。

在实际应用中，加在 X 管两极间的电压是脉动式的，所有与阳极相撞的电子能以不同的方式滞止。其中有的在阳极表面停止，有的则深入阳极之内，在与阳极物质相撞时逐渐衰减其速度。这样，电子就不会以全部的动能或以相等动能转化为 X 射线的能量，因此 X 射线管出射的 X 射线包括了从最长到最短的各种波长，即为连续线谱的射线。

2．X 射线量及其衰减

在一定管电压、一定阳极材料的情况下，从 X 射线管中发射出的 X 射线量与撞击阳极的电子数成正比，也就是与 X 射线管中从阴极射向阳极的电子流成正比。前面提到，通常一

束射线包括了各种波长,如果细致地来测量对应于各种波长的射线强度,其 X 射线强度的分布情况如图 8.2 所示。

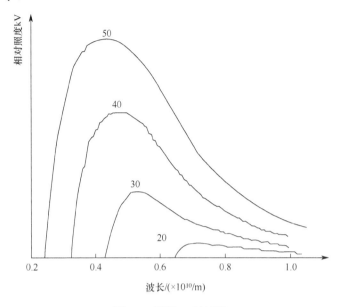

图 8.2 连续 X 射线谱

从图 8.2 可以看出,单位面积所受的 X 射线量,对于各个波长来说,其强度并不是均匀的,而是依照连续不同的波长作曲线分布,它的总强度 I 应该是曲线和横轴包围的面积。X 射线的强度 I,可以表示为

$$I = KZU^2 i / L^2 \tag{8-4}$$

式中:K 为常数,与仪器和度量单位有关;Z 为阳极原子序数;U 为阳极电压;i 为阳极电流;L 为测量点与阳极的距离。

X 射线透过物质后,由于各种效应的作用,其辐射强度降低,这种现象就是 X 射线的衰减。一般来说,组成物质的原子序数越大,物质对 X 射线的吸收就越强。在实际测试中,X 射线遇到的物体往往是由多种不同的成分组成,而且这些物质在其内部存在的状态也不一致,因此它们对 X 射线吸收也不一样。

实验证明,当 X 射线穿过物质时强度衰减,而衰减的程度和所通过物质的距离 dx 成正比,其强度损失部分 dI 为

$$dI = -\mu I dx \tag{8-5}$$

就均匀材料而言,在单色 X 射线情况下,系数 μ 称为线吸收系数,与距离 x 无关。当射线强度为 I_0 的一束平行 X 射线,通过厚度为 b 的物体时,其强度的衰减遵循下列规律。

$$I_b = I_0 e^{-\mu b} \tag{8-6}$$

式中:I_b 为 X 射线通过厚度为 b 物体后的强度;I_0 为 X 射线通过物体前的强度;μ 为线吸收系数;b 为物体厚度。

$\mu_m = \dfrac{\mu}{\rho}$,为质量吸收系数,$\mu_m$ 与辐射波长 λ、材料的原子序数 Z 有关,关系为

$$\mu_m = k \lambda^3 Z^3 \tag{8-7}$$

物体对连续 X 射线的衰减如图 8.3 曲线所示。

图 8.3 连续 X 射线衰减曲线

当吸收物体不是单一元素，而是由 p 种元素所组成的化合物、混合物、粉尘、溶液等时，该物质的质量吸收系数 μ'_m 可用下式求出。

$$\mu'_m = w_1\mu_{m1} + w_2\mu_{m2} + \cdots + w_p\mu_{mp} \tag{8-8}$$

式中：w_1，w_2，$\cdots$，w_p 为吸收体中各组成元素的重量百分比；μ_{m1}，μ_{m2}，$\cdots$，μ_{mp} 为其各自在一定 X 射线波长时的质量吸收系数。

3. 脉冲 X 射线持续时间

用一个闪烁器把 X 射线转换成光脉冲，再用高速光电二极管或光电倍增器将光脉冲转换成电信号，并由示波器显示出来。为了清除电磁场的干扰，测量电路应在屏蔽室内进行。

因为 X 射线脉冲的前沿和衰减时间为纳秒量级，所以闪烁器的荧光上升和余辉时间必须小于 X 射线脉冲的上升和衰减时间。为了提高灵敏度，还应选择对 X 射线具有高发光效率的闪烁体。目前常用的是发光塑料，其余辉时间为 5ns，缺点是吸收功率比较小。

一般脉冲 X 射线高速摄影仪的脉冲宽度在 $20\times10^{-9} \sim 60\times10^{-9}$ s。高速摄影中如果 X 射线脉冲的持续时间小于 10ns，而闪烁器响应时间不够时，则可用响应时间非常短的（如 1ns）具有高灵敏度的光敏二极管或光电倍增器进行信号转换和测量。根据记录到的 X 射线强度对时间变化的波形，取在脉冲最大值一半处的宽度作为脉冲宽度 τ，如图 8.4 所示。

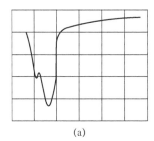 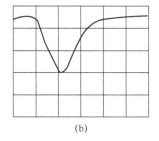

(a)　　　　　　　　(b)

图 8.4　脉冲 X 射线持续波形

图 8.4 所示是用塑料闪烁器和光电倍增管记录的 X 射线脉冲波形，其中图 8.4（a）所示是连续抽气的闪光 X 射线三极管脉冲持续时间，时间横坐标 500ns/格；图 8.4（b）所示是闪光 X 射线二极管的脉冲持续时间，时间横坐标 40ns/格。

4. 单个脉冲剂量

脉冲 X 射线的剂量是脉冲 X 射线装置的一个非常主要的参数，以"伦琴"为单位。它是 X 射线的剂量单位。1 伦琴等于使每 0.001293g 空气（在标准状态条件下 1cm^3 干燥空气的质量）中由于射线照射而产生的电离，当离子荷有一个静电单位电量时的辐射量。剂量是表示电离的总量。因此可用剂量仪直接读出累积射线剂量。一般把剂量仪放在距离辐射源 1m 处辐射强度最大的方向上，常用袖珍式剂量仪测量。此方法的优点在于使用方便，然而关于 X 射线源辐射能量的准确数据，只能借助量热计测得。

应当注意到，真空放电管在第一次放电后剂量下降，此后在数百次放电期间，剂量基本保持稳定，每次脉冲的剂量可能在 5%~10%范围内波动，这是由于电极表面的变化造成的。所以稳定性也是相对的。

根据累积剂量值和 X 射线脉冲宽度，就可推算出剂量率（即辐射强度 I_d）的近似值。

脉冲 X 射线管发射的精确 X 射线谱分布可用分光镜法来测量，但这种方法较复杂，可采用简单、近似的滤光镜法。

发射频谱的研究主要是在理论方面，而在脉冲 X 射线摄影中重要的是在不同距离上对吸收体的穿透的关系。因为对某一确定的设备来说，射线的脉宽是一定的。

从射线源发出的辐射脉冲 X 射线的辐射强度为 I_0，它是指单位时间内在所考虑方向上单位立体角内发射的能量。在距离辐射源为 r 的地方，照射到吸收体（厚度为 b）背面的 X 射线底片上的 X 射线强度 I 为

$$I = \frac{I_0}{r^2}\exp(-\mu b) \tag{8-9}$$

设射线是单色的，则吸收系数 μ 为常数，式（8-9）取对数，得直线方程

$$\ln r = -\frac{\mu}{2}b + M \tag{8-10}$$

式中：M 为常数。

对式（8-11）求导，得其斜率为

$$\frac{d(\ln r)}{db} = -\frac{\mu}{2} \tag{8-11}$$

一般情况下，将吸收体做成阶梯状，与 X 射线底片的暗盒接触。在距辐射源不同距离处取得一系列相应的照片，用密度计读出数据，根据数据可以画出在一定电压、一定 X 射线底片光学密度及恒定辐射强度下的 $r = f(a)$ 曲线。选择的基准光学密度取决于 X 射线底片和增感屏的组合效果，最好的情况是近似等于 1。测量时要注意消除散射 X 射线的影像、对 X 射线底片应选择适当的显影、定影和冲洗，以使误差减到最小。

8.3 脉冲 X 射线摄影系统组成及工作原理

脉冲 X 射线摄影系统主要由控制系统、高压脉冲发生器、X 射线管和成像系统组成。控制系统为脉冲 X 射线摄影系统的总控制装置，用于调节并控制高压脉冲发生器、真空管中绝缘气体压力，控制高压脉冲发生器的充、放电过程。高压脉冲发生器是形成脉冲 X 光的瞬时高压驱动电源，用来产生幅值从数百 kV 到数 MV、持续时间从几十纳秒到数微秒的脉冲高压。X 射线管为 X 射线形成装置，根据驱动电压的高低，形成所需的软、硬 X 射线。成像系统用于获得所摄目标运动过程的胶片或电子像。

图 8.5 所示为脉冲 X 射线摄影系统拍摄弹丸运动过程的示意图。实验前，根据弹丸速度、飞行距离，预测弹丸运动至可拍摄区域的时间，在控制系统中进行延时设定。延时时间是基于触发零点而定的，一般在弹丸出膛口或炸药起爆瞬间设置通、断靶形成触发信号，输送至控制系统作为延时控制的计时零点。达到预设延迟时间后，控制系统向高压脉冲发生器

输送触发信号,高压脉冲发生器产生高压脉冲输至 X 射线管,X 射线管发出曝光时间极短的 X 射线,部分 X 射线穿过被摄物体透射到成像板上。

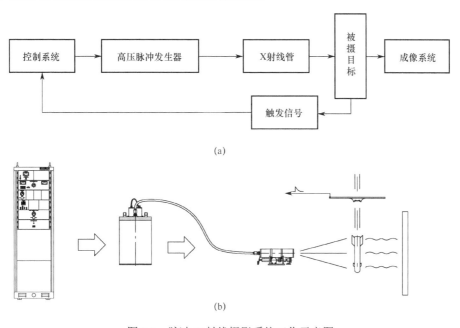

图 8.5 脉冲 X 射线摄影系统工作示意图

(a)系统组成框图;(b)设备示意图。

8.4 控 制 系 统

以美国 HP 公司的 HP43733A 型和瑞典 Scandiflash AB 公司的 450kV 脉冲 X 射线摄影系统为例,介绍脉冲 X 光高速摄影的控制系统。图 8.6 所示分别为美国 HP 公司和瑞典 Scandiflash AB 公司的控制系统外形图。美国 HP 公司 HP43733A 型为手动式控制柜,通过手动触发、调节各按钮,进行参数设置和控制,调节充填的惰性气体压力、控制高压脉冲发生器的充/放电过程等。瑞典 Scandiflash AB 公司 450 型控制系统为数字式,由控制柜和计算机组成,通过电脑控制软件进行参数设置,并通过网线将参数调节、开关动作等信号传输给控制柜,进而调节充填的惰性气体压力、控制高压脉冲发生器充/放电等过程。

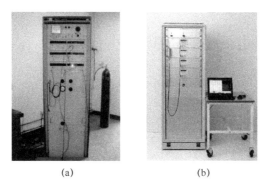

图 8.6 控制系统

(a)美国 HP43733A 型;(b)瑞典 Scandiflash AB 450 型。

虽然两个公司的控制系统结构和操作方式不同,但其组成单元和工作原理基本相同。如图 8.7 所示,控制系统由时间延迟控制、延迟时间显示、脉冲信号输出、高压电源控制和气压控制等 5 个单元组成。

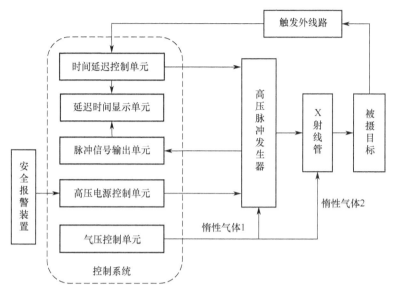

图 8.7 控制系统组成单元及其工作原理示意图

时间延迟控制单元用于人工设定高压脉冲发生器每个通道高压脉冲输出时间(与触发信号的时间间隔),并将输入的触发信号作为起始信号同步输出给延迟时间显示单元。触发外线路用于获得一个触发脉冲信号,输送给时间延迟控制单元和延迟时间显示单元,作为计时零点。

脉冲信号输出单元用于接收高压脉冲发生器输出电脉冲后同步输出的一个终止信号,并将该信号输出给延迟时间显示单元,延迟时间显示单元自动显示高压脉冲发生器每个通道高压电脉冲的输出时间(与触发信号的时间间隔)。

高压电源控制单元用于为高压脉冲发生器充电。安全报警装置用于检测 X 射线系统控制柜门、高压安全锁、X 射线控制室防护门、爆炸洞门等装置的线路连接情况,只有全部连接正确无误时,该系统方能接通高压电源为高压脉冲发生器充电。

气压控制单元用于调节高压发生器内的绝缘气体(干燥空气或氮气)压力和 X 射线管内惰性气体(氟利昂)的压力,干燥空气或氮气可保证高压储能组件在充电时具有良好的绝缘环境,氟利昂气体用于防止高压放电时沿管外壁"爬电"。

8.5 X 射 线 管

产生 X 射线的方式主要有以下 4 种:X 射线管、激光等离子体、同步辐射和 X 射线激光。脉冲 X 射线高速摄影系统中主要采用 X 射线管产生 X 射线。X 射线管是利用高速电子撞击金属靶而产生 X 射线的电子器件。

根据电子产生方式不同,X 射线管可分为充气式 X 射线管(又称离子式 X 射线管或冷阴极 X 射线管)和真空式 X 射线管(又称电子式 X 射线管或热阴极 X 射线管)。1895 年伦琴发现 X 射线时,使用的克鲁克斯管就是最早的充气式 X 射线管,充气式 X 射线管是早期的 X 射线管。这种充气式 X 射线管接通高压后，管内气体发生电离，在正离子轰击下，电子从阴极逸出，经加速后撞击靶面产生 X 射线。充气式 X 射线管价格低廉，阳极可拆换，阳极靶面不易受污染，但功率小、寿命短、X 射线强度和连续谱波长控制困难，已逐渐被淘汰。1913 年，考林杰发明了真空式 X 射线管，钨灯丝被加热到白炽状态后发射热电子，电子束经数万至数十万伏高压加速后撞击阳极靶产生 X 射线。随后，真空管不断被改进，采用添加栅极、减小焦点直径、场效应发射电子等方法，大大提高了 X 射线的影像质量。

根据密封方式不同，真空式 X 射线管可分为开放式和密闭式。开放式 X 射线管在使用过程中需要不断抽真空，而密闭式 X 射线管在生产时抽真空到一定程度后立即密封，使用过程中无需再次抽真空。瑞典 Scandiflash AB 公司 450kV 脉冲 X 射线摄影系统配用的 X 射线管为开放式真空管，需配备相应真空泵/离子泵，由于每次实验前对 X 射线管进行抽真空处理，实验准备时间增长，但同时 X 射线管具有可拆卸的特点，可多次更换 X 射线管的阳极，X 射线管的使用寿命增长、成本降低。美国 HP 公司的 HP43733A 型脉冲 X 射线摄影系统配用的 X 射线管为密闭式真空管，其优势在于实验前不需要抽真空、节省时间，缺点在于不能更换阳极、使用寿命短。

根据阳极类型，X 射线管可分为固定阳极 X 射线管和旋转阳极 X 射线管。固定阳极 X 射线管的阳极头由钨靶和铜体组成，通过真空焊的办法把钨靶焊在无氧铜铜体上。旋转阳极 X 射线管典型结构如图 8.8 所示。它的热量分布面积要比固定阳极 X 线管大得多，焦点可做得很小，并且能加大瞬间负载功率；采用旋转阳极结构，使得电子束轰击位置不断改变，加大瞬间负载功率也不会烧坏靶面，因此提高了阳极靶的使用寿命。现在使用的 100kW 旋转阳极，其功率比普通 X 射线管大数十倍。

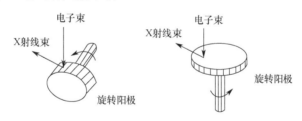

图 8.8　旋转阳极结构

为提高 X 射线管的使用寿命，除采用旋转阳极 X 射线管和水冷/油冷等方式外，还可以采用一些特殊结构的 X 射线管，如细聚焦 X 射线管和闪光 X 射线管。细聚焦 X 射线管是采用一套静电透镜或电磁透镜使电子束高度聚焦，管内单位面积上的功率（比功率）可显著提高。目前细聚焦 X 射线管的焦点尺寸可小至几微米，比功率为 $50\sim200\text{W/mm}^2$。比功率提高后，曝光时间可大大缩短。

闪光 X 射线管是 20 世纪 60 年代以后发展起来的新型 X 射线管，其中一种是利用高压大电流瞬时放电，以获得瞬时强功率的 X 射线管，如有的闪光 X 射线管参数为管压 50kV，管流 50kA，曝光时间 30ns，这种 X 射线管可进行瞬时衍射分析。

闪光 X 射线管的种类很多，按发射电流的不同机制可分为：热阴极管、热-场发射管；按 X 射线出光的方向分为：反射式、透射式；按电极结构分为：二极管式、三极管式。图 8.9 列出几种常见的电极种类。

从图 8.9 中 4 种电极结构可以看出，为了便于极间放电产生大的电子流，环形阴极的内刀口非常锐利,阳极的轰击界面也做成锥形,这样有利于聚焦获得小焦点的 X 射线。三极管型电极中的触发极相当于基极,起控制发射脉冲 X 射线作用。环形阴极材料为镍或不锈钢,如果要求冷发射电流必须很稳定而且重复性很好,则可采用场发射管类型的多针阴极,其材料以钨为主。

阳极材料的选择取决于所需 X 射线的强度和光谱等,钨是比较理想的材料,因为它具有高原子序数和高融化温度,但是如应用于辐射结晶学,则必须在一特征谱线下工作,而钨的 WL 系直接干扰试样中许多元素的 K 系或 L 系特征谱线,故选用铜或钼等材料作为阳极。

透射式结构主要用于 100kV 以上管电压的装置,阴极发射的电子穿过阳极产生 X 射线。其阳极由厚度为 10~100μm 的薄箔做成,材料通常用钨,这种结构不能得到很小焦点的 X 射线源。但是,可借助外磁场把电子束聚焦在阳极上来克服这个缺点。

图 8.9(a)~图 8.9(c)也可看成反射式电极结构,很适合几百 kV 管电压结构的真空管。

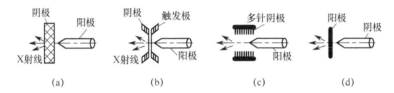

图 8.9 X 射线常用典型电极示意图

(a)二级管型;(b)三级管型;(c)场发射管;(d)透射式。

由于阳极表面承受很强的电子流密度,这就导致阳极的局部被加热而造成烧蚀。例如:一个脉冲 X 射线管在 50ns 内平均电流为 1000A,平均工作电压为 400kV,那么在阳极上耗散的平均功率为 $4×10^8$W。如果阳极表面积为 $10^{-5}m^2$,那么电子流脉冲功率密度将是 $4×10^{13}$W/m^2。假定采用钨做阳极,则其表面温度将达到 $5×10^5$℃ 左右。考虑到这个过程持续时间很短,热交换可以忽略不计,阳极材料将在几微米的深度内汽化,即使对脉冲 X 射线管的阳极进行冷却也无太大效果,因此经过反复轰击后的 X 射线管阳极寿命是很有限的。

阳极的材料取决于所需 X 辐射的强度和光谱等。X 射线强度为

$$I = \frac{KZU^2 i}{L^2} \tag{8-12}$$

式中:I 为 X 射线强度;U 为阳极电压;K 为常数,与仪器和度量单位有关;i 为阳极电流;Z 为阳极原子序数;L 为测量点与阳极的距离。

从式(8-12)看,原子序数大射线强度也大。钨原子序数是 74,融化温度高,是较理想的阳极材料。但钨对 L 系、K 系元素有干扰,不适合用在谱线分析上,此时可选用铜、钼等作阳极。

近年来,国内外相继出现了几种新型 X 射线管,主要是:

(1)周向辐射 X 射线管:为了实现大口径工件的高效率 X 射线检验,近年来出现了一种周向辐射 X 射线管,它可以通过一次曝光完成整个圆周的检验,因而大大提高了效率。这种 X 射线管分为平阳极和锥阳极两种形式,如图 8.10 所示。

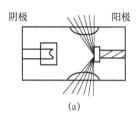 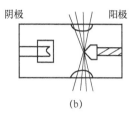

图 8.10 轴向辐射 X 射线管

(a) 平阳极；(b) 锥阳极。

（2）棒阳极 X 射线管：它主要用于深孔部件或普通 X 射线机不能接近的部件的测试。它的阳极实际上是一种电子透镜系统，用以加速电子使其轰击靶板而产生 X 射线，它可以进行圆周透照，适用于筒形样品测量。

（3）金属陶瓷 X 射线管：它的诞生可以说是 X 射线管的一次革命，有以下一些优点：

① 抗震性能高。

② 金属陶瓷管钢制外壳接地，电子不会在外壳上积累，因此管电流和焦点稳定性高。

③ 陶瓷电绝缘强度比玻璃高得多，因此体积可以做得比较小。

④ 金属陶瓷可在高温 800℃时排气，其真空度比玻璃的高出一倍，因此金属陶瓷 X 射线管的电性能和使用寿命得到提高。

焦点形状、大小是 X 射线管的重要特征，主要取决于灯丝的形状，焦点越小，分辨率越高。常见的焦点尺寸有 2mm×2mm、2mm×1 mm、0.5mm×0.5 mm 等。

铍窗口是 X 射线出射的地方，可开设多个窗口，窗口材料要有强度，不吸收或少吸收 X 射线，铍材料比较理想。

图 8.11 所示是同轴 X-1000 型脉冲 X 射线机主要部件的示意图。由于耐高压、大容量电容占空间多，所以一般的闪光脉冲 X 射线机的高压脉冲电源体积都比较大。为了保持球隙和各放电间隙间的绝缘性能，还需要对高压脉冲电源充氮气。X 射线管外部可通过油浸泡冷却，也可以采用水冷却。有些 X 射线管仅用于闪光脉冲高速摄影，而不必产生连续的 X 射线，这时可不用冷却水或油，但为了提高真空管的绝缘性和保持温度，可以填充氟利昂气体。

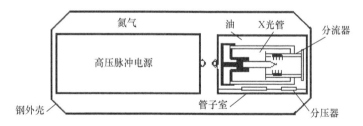

图 8.11 同轴 X-1000 型脉冲 X 射线机主要部件的示意图

8.6 高压脉冲发生器

高压脉冲发生器（High-Voltage Pulse Generator）广泛应用于科学研究领域，作为驱动电源用于产生脉冲 X 射线、高功率脉冲激光、电磁脉冲、高功率微波等。常见的高压脉冲发生器有 Marx 高压脉冲发生器、传输线型脉冲发生器等类型。这些高压脉冲发生器各有特点，通常根据负载对输出脉冲电压、电流、脉冲平顶宽度、单脉冲能量、脉冲前沿陡度、重复频率等性能参数的要求以及系统的费用来选择。

8.6.1 Marx 高压脉冲发生器

Marx 高压脉冲发生器又称冲击电压发生器，是目前脉冲 X 射线摄影系统中应用最多的脉冲高压驱动源，能够产生幅值从数百千伏到数兆伏、持续时间从几十纳秒到数微秒的脉冲高压，加到 X 射线管上可形成不同强度和硬度的 X 射线。

1. Marx 高压脉冲发生器结构组成

瑞典 PG450 型 Marx 高压脉冲发生器结构如图 8.12 所示，由支架、压力容器、脉冲发生器组件、输入端和输出端接口等组成。脉冲发生器放在一个有轮的支架上，以便自由移动。

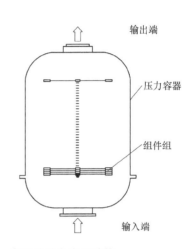

图 8.12　PG450 型 Marx 高压脉冲发生器结构

脉冲发生器组件结构如图 8.13 所示，一个脉冲发生器组件由一个电容器、两个电阻

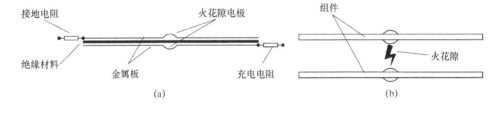

图 8.13　脉冲发生器组件结构

(a) 单个组件示意图；(b) 两个组件示意图；(c) 单个组件实物图。

（充电电阻和接地电阻）和两火花隙电极组成。多个组件同轴叠放在充高压气体的压力容器内并相互连接，形成了脉冲发生器组件组，多组件的同轴叠放有效减少了线路电感。

高压脉冲发生器的输入端与控制柜相连接，图 8.14 所示为脉冲发生器输入端连接示意图。控制柜的绝缘气体压力控制单元用于控制脉冲发生器压力容器内绝缘气体压力、改善容器内的绝缘特性，压强大小与电容充电电压相匹配，保证充电时的第一个火花球隙断路，放电时第一个火花球隙击穿导通。高压电源控制单元用于给 Marx 发生器电容充电。延迟触发控制单元用于控制触发信号后输送时间。实验前根据目标特性预设拍摄时间，当达到预设延时时间后，延迟触发控制单元向高压脉冲发生器输送触发信号，触发信号经放大和变压后，输送到第一个火花球隙，使其击穿导通，并启动脉冲发生器放电。

高压脉冲发生器的输出端与 X 射线管相连接，输出的高压脉冲激发 X 射线管产生特性强度的脉冲 X 射线。

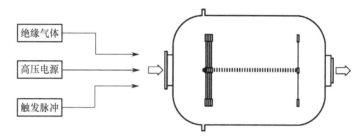

图 8.14　脉冲发生器输入端连接示意图

2. Marx 高压脉冲发生器工作原理

单个电容的充放电原理如图 8.15 所示。图中，采用一个三极管式 X 射线管与一个电容 C 连接，电容器先充电至所需的电压 E，然后加一个负脉冲电压到触发电极上，引起电容对管内阳极和阴极放电，从而产生 X 射线。

单一电容放电只能产生 E 伏电压，为了增大阳极电压，采用多个电容连接，形成 Marx 脉冲发生器。Marx 脉冲发生器主要由电容器组和隔离开关构成，通常有 6~20 级，发生器开始以并联的形式对电容器充电，然后借助火花隙放电使之串连起来，产生一个幅度很高的脉冲输出电压，其原理如图 8.16 所示。

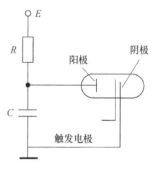

图 8.15　单电容充放电原理图

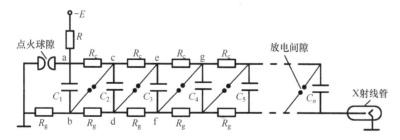

图 8.16　Marx 脉冲发生器

图 8.16 中，电源提供的是负电压 E；R 和 R_c 是充电电阻，R_g 是接地电阻（阻值在 10~100kΩ），R_c 和 R_g 组成负载电阻，各自的阻值相等；C_1，C_2，…，C_n 是充电电容，电容

0.06μF，内电感 5μH，储能 0.3kJ，耐压 100kV 以上。点火球隙和放电间隙起到控制开关的作用，点火球隙通过点火脉冲启动，放电间隙在点火球隙启动后依次动作，使各级电容串联。

Marx 脉冲发生器利用电容充、放电原理制成，其特点是并联充电、串联放电。Marx 脉冲发生器的工作原理是：首先，电源通过电阻 R 和 R_c 向电容并联充电，充电电压为 $-E$，使电容积累下正上负的电量，此时 a、c、e 等点为负电压 E，b、d、f 等点为正电压 E；然后，触发点火球隙，使 a 点接地，电位变成 0，而电容 C_1 两端的电压在瞬间不能突变，仍保持在 E，c、e 等点的电位也无变化，b、c 点间的电压 $U_{bc}=U_{c1}+U_{ac}=E+[0-(-E)]=2E$，该电压使 b、c 点间的放电间隙击穿，造成 c 点电压和 b 点相同，都为 E。d、e 点之间的压降变成 $U_{de}=U_{c2}+(U_c-U_e)=E+[E-(-E)]=3E$，它使 d、e 间的放电间隙击穿，同时在 f、g 点的间隙上产生 $4E$ 的压降，……；依此类推，最后在电容 C_n 上产生 nE 的高压，送至 X 射线管的阳极与阴极电极之间。

从以上分析可以看出，如果电容器的级数为 n，则其空载输出脉冲的幅度理论上可写成

$$E_{out}=nE_{in} \tag{8-13}$$

而此时的等效电容则为 C/n。由于分布电容的存在，故实际情况是 $E_{out}<nE_{in}$。

当脉冲发生器加上真空管作为负载时，X 射线管可以看作是一个电阻，并且是一个阻值变化的电阻，即从初始的无穷大降到放电终了的 10Ω 左右。整个工作过程的电流和电压的变化曲线如图 8.17 所示。这些曲线是在一个含有九级电容，每级电容为 4400μF，充电电压为 24kV 的 Marx 脉冲发生器上记录得到的。理论上讲电压应为 216kV，但是在电阻为无穷大的负载上电压仅达 184kV，测得的脉冲前沿 t_r 值为 14ns。

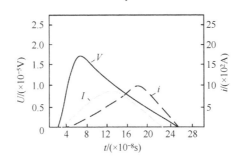

图 8.17　Marx 脉冲电源电参数曲线

图 8.17 中，$V(t)$、$i(t)$、$I(t)$ 分别是 X 射线管电压、电流和 X 射线强度（无单位的相对值）随时间变化的曲线。此时 X 射线管是 Marx 脉冲电源的负载，其阴极直径为 6mm。

8.6.2　传输线型高压脉冲发生器

Marx 脉冲发生器具有高电压、大电流、长脉冲等优点：由于脉冲电容器的最高工作电压一般在 100kV 左右，因此 Marx 脉冲发生器能产生几兆伏至 10MV 以上的高电压。由于放电过程是串联进行的，放电时间非常短，因此采用 Marx 脉冲发生器作电源的 X 射线管，可输出大约 1μs 脉宽的 X 射线。但是 Marx 脉冲发生器也有一些缺点，如大量间隙开关同步触发困难，系统体积庞大，串联放电回路电感大，影响电流上升率(dI/dt)，能量传递效率不高，重频运行困难等。该电路在时间上有一定延迟，在输出电压波形前沿会出现时间增长，如果需要，使用时可加额外措施。

在一般情况下，利用 Marx 发生器配合 X 射线管做成脉冲 X 射线摄影仪是能满足性能要

求的。但在要求持续时间非常短的脉冲 X 辐射时，可用比较复杂的装置来获得，如传输线型和电子加速器等。

以传输线型装置为例，假设一传输线一端开路，将它充电到电压 V_0，如图 8.18 所示，然后向负载 R 放电，R 的值等于特性阻抗 $Z=\sqrt{L/C}$，L 和 C 分别为传输线每单位长度的电感量和电容量。则放电持续时间为 $t=2l\sqrt{L\cdot C}$，其中 l 为传输线的长度。这时放电电压幅度为

$$V_R = \frac{V_0}{2} \tag{8-14}$$

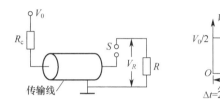

图 8.18 传输线型脉冲电源

S 是点火球隙，V_R 是负载电阻 R 两端的电压，电阻 R 两端出现的是脉冲电压。这种传输线的优点是可以获得非常短的脉冲，缺点是产生的电压脉冲幅度只有充电电压的一半。使用布卢姆莱线可以克服这个缺点。图 8.19 所示是采用 Marx 和布卢姆莱线组合的高压脉冲电源设备示意图，是由法国汤姆森/CSF 制造的 3MV 布卢姆莱闪光 X 射线系统，整个系统长 12.9m，宽 3.5m，高 2.0m，体积比较庞大。

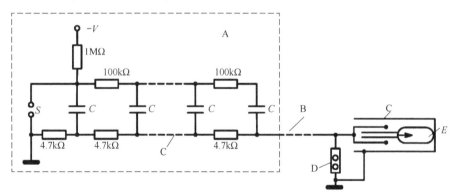

图 8.19 汤姆森/CSF 脉冲高压示意图

图 8.19 中 A 是 Marx 脉冲发生器；B 是自感线圈；C 是布卢姆莱线；D 是充填六氟化硫的火花隙；E 是闪光 X 射线管。布卢姆莱线是由 3 个同轴圆筒或 3 个平行平板组成，它的作用如同在两传输线间接一充电电阻。如果 $R=2Z$，Z 是传输线的特性阻抗，将有一个极好的电压脉冲出现在电阻的两端，且脉冲幅度等于充电电压 V_0，脉宽 $t=2l\sqrt{L\cdot C}$，其中 L 和 C 分别为传输线单位长度的电感和电容。和简单传输线一样，可以用 Marx 脉冲发生器对它充电。在这种情况下，常常引入一个自感线圈，使得到的电压超过 V_0。

8.7 成像系统

成像系统是脉冲 X 射线高速摄影的最后一步，由图像记录和处理装置组成。根据图像记录方式的不同，成像系统可分为传统 X 射线成像系统、计算机 X 射线成像系统和数字 X

射线成像系统。数字化 X 射线成像技术（Direct Radiography，DR）不需要胶片、成像板及激光扫描设备等，它采用探测器直接探测 X 射线信号，并将其转化为数字信号输出，具有高实时性，且能动态成像，是未来重要发展方向。

8.7.1 传统 X 射线成像系统

传统 X 射线成像技术是采用胶片或荧光增感屏+胶片，捕获穿透被测目标的 X 射线，在胶片上形成潜影，并通过暗室显影、定影等洗相技术，形成被拍摄目标的 X 射线图像。

1．胶片

1）胶片结构

胶片是一种将被测目标信息进行记录、存储和传递，并将影像信息进行转换的介质，是获得永久影像记录的载体。胶片在脉冲 X 光高速摄影的图像记录中扮演着重要角色，主要由片基、感光乳剂层和附加层三部分组成，如图 8.20 所示。片基是一层透明塑料薄膜，是感光乳剂层的支持体，高速摄影片基多为涤纶片基，具有足够的强度、耐水性、化学稳定性。它的表面涂有一层不感光的乳剂，可以使整个 X 光片具有适当的硬度和平挺度，便于拿取和冲洗加工。感光乳剂层由明胶、银盐和补加剂组成，是底片的核心部分，涂于片基上，吸收光线与化学药液作用，形成影像。附加层包含涂在乳剂表面的明胶薄膜、涂在片基和乳剂之间的黏合层，及涂在片基背面的假漆层或防光晕层。

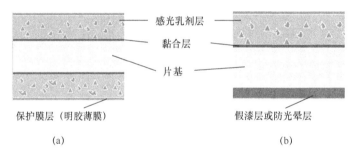

图 8.20　胶片结构示意图

(a) 双面涂布型胶片；(b) 单面涂布型胶片。

2）胶片成像原理

胶片感光层曝光时，光量子作用于卤化银晶体上，卤离子首先吸收光量子，释放一个自由电子后变成卤原子，卤原子组成卤分子后离开晶体晶格结构被明胶吸收，自由电子迅速移向感光中心并固定下来，这样感光中心便成了吸附很多电子的负电场带电体。晶体内的晶格间银离子在电场作用下被引向电场，银离子反过来俘获聚集在感光中心的电子，结果被还原成银原子。还原后的金属银原子也被固定在该感光中心上，从而使感光中心进一步扩大，扩大了的感光中心又不断地俘获光解出来的电子，周而复始，感光中心不断长大，达到一定程度就曝光，这时的感光中心形成的显影中心构成影像的潜影核，潜影则是由无数显影中心构成，经过后期化学显影和定影过程形成我们需要的影像。

3）胶片存储

X 射线胶片感光性能的保持与其存放条件有很大关系，一般将尚未感光的胶片按照"生物制品"要求进行存放。其存放必须注意以下问题：

（1）标准存放条件：温度 10～15℃，湿度 40%～60%；防止辐射光线照射，否则易引起胶片严重灰雾而影响使用。

（2）防止产生压力效应：胶片受到弯折或挤压会使成像前产生人工伪影，尤其对于感绿胶片，局部压力效应容易导致卤化银颗粒或防荧光交迭效应，引起染料不均匀，影响后期成像效果，一般建议胶片盒竖直存放。

（3）避免有害气体接触：有害气体如福尔马林、发动机尾气、煤气等接触胶片容易使胶片产生灰雾。

胶片存放环境温度如果较低，需在使用前 24～36h 取出，在室温下逐渐自动平衡后方可使用，否则容易出现感光怠迟的现象。

一般，胶片外包装均标注有效期，一般为 18 个月，且该有效期是指在标准存放条件下的有效期，恶劣存储条件直接影响胶片寿命。

2. 荧光增感屏

对于软 X 射线（<70 kV），一般直接用 X 射线胶片记录，随着 X 射线硬度增加，X 射线光电子在胶片乳胶层上的衰减变得非常少，如 500 kV 能量的光子，衰减只有 0.01%。因此，对于硬射线，由于 X 射线光子能量较高，仅有不到 10%的 X 射线光子能直接被胶片吸收形成潜影，绝大部分 X 射线光子穿透胶片，得不到有效利用，因此，必须采用一种增感方法来增加 X 射线对胶片的曝光。常采用的增感措施是在暗盒中将胶片夹在两片荧光增感屏（intensifying screen）之间进行曝光。

荧光增感屏是传统 X 射线胶片摄影过程的重要组件，其表面的荧光物质受到 X 射线照射会发出易被胶片吸收的可见荧光，且 X 射线停止照射后仍可持续一段短暂的发光时间（余辉现象），从而增强了对 X 射线胶片的感光作用。X 射线胶片正反面配合使用荧光增感屏进行 X 射线拍摄时，胶片感光主要通过增感屏荧光物质把 X 射线转换成可见光能，再对胶片曝光。曝光后的 X 射线胶片 95%以上的黑化度由荧光曝光所形成，若直接依靠 X 射线所形成的黑化度则不到 5%，即增感屏能充分吸收发散的 X 射线，从而更有效地利用 X 射线中的反射光和折射光。

荧光增感屏的构造如图 8.21 所示，一般由基层、荧光屏、保护层及反射层（或吸收层）组成。不同增感屏发射不同波长范围的荧光，而 X 射线底片有感色性，所以不同的底片和不同的增感屏组合会得到差别很大的拍摄效果。根据发出荧光的颜色，增感屏可分为蓝敏胶片用的感蓝增感屏、绿敏胶片用感绿增感屏、蓝敏/绿敏兼用增感屏以及特殊类型增感屏。常用的荧光物质有发射蓝色荧光的钨酸钙（$CaWO_4$），发射绿色荧光的稀土物质 Gd_2O_2S：Tb，以及近几年新使用的钇氧化物（渗有铕）等。由于感绿型增感屏较其他增感屏的发光光谱主峰波长高出很多，增感系数及分辨率更高，因此在爆炸类 X 射线实验拍摄时一般采用感绿型增感屏。根据增感效率，增感屏可分为低速增感屏、中速增感屏和高速增感屏。增感效率越低，影像清晰度越高。根据粘贴位置，增感屏可分为前屏和后屏（目前有的增感屏已不分前后屏）。前屏荧光物质涂层薄（以便于 X 线到达胶片和后屏），粘贴于暗盒前面内侧，荧光体层朝向胶片。后屏粘贴于暗盒后面内侧，荧光体层厚，成像清晰度差，而且有些后屏背面衬有一层铅箔，用以吸收反向散射，提高清晰度。因此，增感屏的前后屏不能颠倒。

图 8.21 荧光增感屏结构示意图

余辉现象是荧光增感屏的重要特点，不同类型增感屏的余辉现象持续时间不同，且与随着增感屏的使用和老化，余辉时间会延长。因此，若在余辉时间内装入胶片，可使胶片重复感光，即在摄取的照片上残留上次影像的痕迹。为避免余辉对后一张胶片的影响，同时使前一张胶片充分曝光，增感屏在一次 X 射线照射后需静置一段时间（时间长短因屏而异）。

增感屏的使用增加了胶片的厚度，因此对影像效果产生影响，使得胶片上的图像对比度增加，清晰度下降，颗粒度变差。图像光学密度的对比度取决于底片和增感屏的种类、显影条件（显影药的活性、温度、时间等）和操作环境的光强等因素。由于脉冲 X 射线照相多数处在曝光不足状态，即使运用较好的胶片和增感屏也很难满足实验的要求。因此需采用强化显影等底片冲洗技术加以补偿，或者采用效率更高的接收方法。

3. 洗相

因自然光能够使胶片曝光，为保证获得所需实验影像，胶片在存储、运输、使用以及洗相过程中都必须在黑暗环境中进行。因此，胶片在存储、运输及使用时必须放置在暗盒中，取胶片和洗胶片的操作必须在暗室中进行。

暗盒是装载胶片的器具，其内外结构如图 8.22 所示。暗盒主要由高耐力铝板、特种塑料制成，具有轻巧坚固、耐冲击、开启灵活等特点。

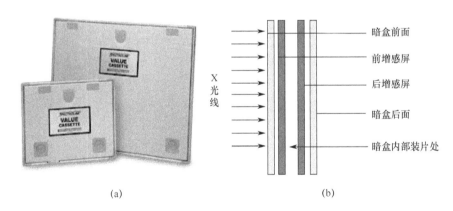

图 8.22 暗盒结构

（a）外观；（b）内部。

暗室是用来储存胶片、装卸暗盒胶片，进行显影、定影等洗相操作的带有遮光设施的房间。暗室的窗户和门缝等位置必须采用不透光窗帘等进行严密遮挡。因胶片对橙红色光源没有敏感性，且人眼可在橙红色光源下进行操作，暗室常采用橙红色照明光源。

曝光后 X 射线胶片的冲洗主要有显影、漂洗（中间处理）、定影、水洗和干燥等步骤。根据中间处理方式的不同，洗相方式主要有以下 3 种。

（1）显影→水洗→定影→水洗→干燥；

（2）显影→停显→定影→水洗→干燥；

（3）显影→水洗→停显→定影→水洗→干燥。

显影的作用是将曝光后的 X 射线胶片中的潜影变为可见像，使感光乳剂层受光中心处银盐分子的银离子还原成银原子，银原子增多到肉眼可观察到的过程。它与曝光的作用一样，是靠药物来完成的。因此，显影过程也可认为是再曝光过程。显影液是对感光卤化银具有适当还原性的溶液，由显影剂、保护剂、促进剂、抑制剂和溶剂组成。常用显影剂有米得儿、对苯二酚、菲尼酮几种，保护剂主要成分为亚硫酸钠（Na_2SO_3），氢氧化钠（$NaOH$），偏硼酸钠（$NaBO_2$），抑制剂主要为溴化钾，溶剂为水溶剂。

定影的作用是将感光片上未受光和未受显影液作用的卤化银进行溶解，并保留已还原的银原子。因此定影剂要求能溶解卤化银，而不破坏已还原的银。属于这样的药剂有很多，但有的有毒，有的能使底片染色，所以通常用硫代硫酸钠（$Na_2S_2O_3$）。定影液由定影剂、坚膜剂、保护剂、酸等主要成分组成。常用的定影剂为五水硫代硫酸钠（$Na_2S_2O_3 \cdot 5H_2O$），俗称大苏打，坚膜剂为钾明矾（$K_2SO_4 \cdot Al_2(SO_4)_3 \cdot 24H_2O$），定影液中的酸常为醋酸、硼酸、硫酸等，由于硫代硫酸钠在酸溶液中易析出硫而表现极不稳定，故需要保护剂亚硫酸钠（Na_2SO_3）来形成亚硫酸氢根离子（HSO_3^-）防止定影剂中硫的析出。

定影完毕后，用清水冲洗净胶片上余存的定影液，消除影像膜层内所含的硫代硫酸钠及其他可溶性盐。水洗不彻底则残存的硫代硫酸钠日久分解出硫而使底片变黄。需要说明的是，一般水洗时间应至少保持 30min，水洗完毕后将底片悬挂在无尘处晾干或风干，严禁用烘烤的办法使其脱水，以免引起胶片变形。

8.7.2 计算机 X 射线成像系统

计算机 X 射线成像（Computer Radiograph，CR）是采用成像板代替传统胶片/荧光增感屏来记录 X 射线，再用激光激励影像板，通过专用的读设备读出成像板存储的数字信号，再用计算机进行处理和成像。计算机 X 射线成像系统具有以下特点。

（1）图像以数字形式读出；
（2）易使用图像处理技术；
（3）处理过程无需任何化学溶液，均处于干燥环境；
（4）无需暗室；
（5）系统容易搬运；
（6）操作简单易处理；
（7）通常可用标准 X 射线暗盒；
（8）软 X 射线应用时可采用塑料袋防护成像板。

计算机 X 射线成像系统主要由成像板（Imaging Plate，IP）、成像设备和控制计算机组成。

成像板是一种数字式底片，用一种微量元素铕的钡氟溴化合物结晶制作而成，是能够采集（记录）影像信息的载体，可以代替 X 胶片并重复使用 2～3 万次。瑞典 450kV 型脉冲 X 射线摄影系统配套使用的成像板为数字扫描式，在使用时常配套底片暗袋、底片夹进行封装。该成像板需要从国外购置，成本昂贵。因此，在爆炸冲击类实验中必须考虑实验件 TNT 当量及带壳时的破片威力增添防护装置（一般为与底板尺寸相当的具有一定厚度的钢板、铝板或环氧树脂板。由于防护越厚，拍摄图像清晰度越差，实验时应视防护的穿透情况由厚减薄至适宜厚度。）

瑞典 450kV 脉冲 X 射线摄影系统配套使用成像系统为数字扫描式成像系统，其成像设备为 CR 35NDT 型底片扫描成像仪，属于精密型光学仪器，如图 8.23 所示。底片扫描成像设备在专业的计算机扫描软件控制下，对 X 射线照射曝光后的数字底片进行扫描，通过扫描软件完成图像数字化和图像处理，扫描的过程即完成了底片擦除，因此一张底片可重复多次使用。这套装置的缺点在于短期使用成本较高。

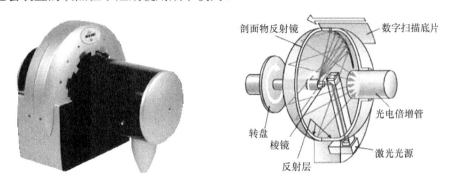

图 8.23　CR 35NDT 型 X 射线数字底片扫描成像仪

CR 35NDT 型扫描成像仪具有 25μm 超高分辨率，16bit 灰度分辨率、12.5μm 激光焦点尺寸等特点。与传统 X 射线底片成像大为不同的是，该系统大大减少了耗材使用量和成像时间。此外，扫描后的图像便于存储携带，满足使用者间图像自由共享。

基于光电子原理，成像板在经过 X 射线曝光后，成像板荧光层就会存储透过拍摄物的 X 射线图像信息。如图 8.23 结构所示，扫描仪发出的激光束对成像板进行扫描，成像板上的潜在影像被激光束激发释放出可见光，该光束被捕获收集定向到接收的光电倍增管上，进行处理后转换成电信号，该信号经过数字化处理，以数字图像的形式通过 USB 输送到扫描控制计算机中进行显示，其工作流程如图 8.24 所示。

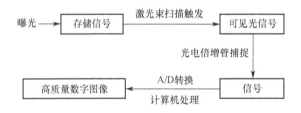

图 8.24　数字扫描式成像系统工作流程

8.8　脉冲 X 射线摄影相关技术

8.8.1　摄影方式

为了研究一个现象的变化过程，必须应用连续 X 射线摄影来记录物体在不同时刻的状态图像。连续脉冲 X 射线摄影分为多机组合型和单机重复型，其中多机组合型包括多 X 射线管多高压脉冲发生器组合型和单脉冲 X 射线管多高压脉冲发生器组合型，单机重复型包括序列脉冲控制式和高压脉冲调制器式。

1. 多 X 射线管多高压脉冲发生器组合型

多个 X 射线管和多个高压脉冲组合后，按照实验预先设定好的顺序和时间间隔脉冲触发，各个 X 射线管依次放电，可得到不同时刻、不同角度或距离上的 X 射线照片。这种结构的优点是适合拍摄目标分散范围大的实验，连续拍摄速度快（两幅图像间的时间差可达微秒量级）。缺点是设备数量多、体积大，占地面积大，成本高，而且胶片的定位和数据处理复杂。

根据被摄目标的运动特点，多 X 射线管可采用平行排列和交叉排列的形式进行脉冲 X 射线高速摄影，通常我们称之为平行摄影和交叉摄影。

平行摄影装置分布如图 8.25 所示，多个 X 射线管呈直线并列安置，安置位置方向与被摄物体的运动方向平行，通过严格控制各管的触发时序，拍摄运动或反应物体的动态过程。这种排列形式常被用于弹道学研究领域中，适用于大视场拍摄运动目标。

交叉摄影的装置分布如图 8.26 所示，被摄物体成转轴中心（或中心）对称时，多个 X 射线管呈圆周形式排列，多个 X 射线管的交点位于被摄物体的中心。这种组合对研究不对称对象比较困难，而且拍摄帧数有限，但其优点是连续两幅图片之间的时间间隔不受限制，适合拍摄小视场高速目标。一般成型装药的作用过程大多采用交叉摄影。

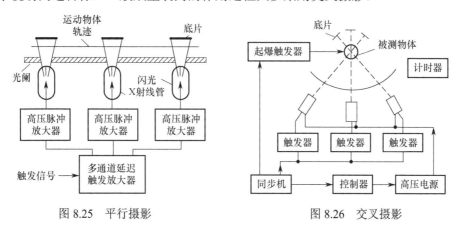

图 8.25　平行摄影　　　　图 8.26　交叉摄影

2. 单 X 射线管多高压脉冲发生器组合型

这种组合型采用多个高压脉冲器共用一个脉冲 X 射线管，为避免高压放电时的互相影响，需要在引出线上加接高压硅堆，但高压硅堆的存在一定程度上影响了高压脉冲发生器的输出脉冲宽度和效率。此外，这种组合形式下各高压脉冲发生器的放电延迟时间各不相同。而多 X 射线管多高压脉冲发生器组合型，各高压发生器的放电延迟时间根据实验需求可以相同也可以不同。

3. 序列脉冲调制式

这种结构的特点是一个 X 射线管配合一个高压脉冲发生器和一路控制系统。序列脉冲控制模式是由低压序列脉冲到高压序列脉冲的逐级控制。这种结构工作脉冲的高压峰值在 500kV 以下，因此适用于拍摄速度小于 200 幅/s 的情况。

4. 高压脉冲调制器式

当要求连拍速度高于 200 幅/s 时，高压脉冲发生器工作电压脉冲需大于 50kV，此时需要特制的高压脉冲调制器。在高压脉冲发生器充放电过程中，它的阻抗是变化的，充电时阻抗最小，便于快速充电；放电时阻抗最大，便于快速灭弧。此外还有以下优点：将高压直流调制成高压脉冲；点火与充电脉冲密切配合，准确、及时；高压快速通断；简单、经济、耐用。

8.8.2　图像质量

评价图像质量的两个重要指标是对比度和清晰度。对比度是指 X 射线底片上两相邻面积间的光学密度差，它的产生是由于入射到底片上的 X 射线强度受到空间调制。清晰度指图像的可分辨率，即能分辨出多大直径的金属丝或最小孔径。一张对比度差的图像，其高清晰度也可使人们能读出画面的细节。对比度和分辨率虽然是独立的概念和评价指标，但它们彼此间是密切相关的。光学密度 D 与曝光量 B 之间的函数关系为

$$D = f(\lg B) \tag{8-15}$$

式中：曝光量 B 是 X 射线强度和曝光时间的乘积，也就是 X 射线的剂量。

在底片、增感屏、显影药、光路材料特性一定的情况下，以曝光量 B 为横坐标，以光学密度 D 为纵坐标，改变 B，即改变 X 射线剂量，就可得到某种底片的特性曲线。图 8.27 所示是由于材料厚度变化引起的光学密度变化曲线。

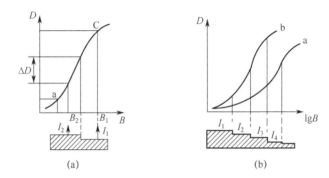

图 8.27　材料厚度与光学密度关系

图 8.27（a）中，D 表示光学密度，B 表示曝光量，a 点以下为曝光不足部分，C 点以上为曝光过度部分，中间为曝光正常部分。

对可见光照相底片的性能鉴别，一般用每毫米宽度内能够分辨出若干条平行线（或线对）来表示。其方法是拍照一个标准平行线板，经显影后用 50~70 倍显微镜观察测定其分辨参数。一般中速底片的鉴别率为 70~100 线对/mm，快速底片为 40~70 线对/mm；超细的平行线板可达几千线对/mm。

X 射线图像的质量可以用一张照有"图像质量指示器"的 X 射线底片估计出来。它一般是用一种均匀材料做成具有不同厚度的阶梯板。阶梯厚度按几何级数排列，阶梯上还有一个或几个小孔，小孔的直径等于它的厚度。另一种"图像质量指示器"是利用不同直径的金属丝（一般用铜丝）各数根，按与金属丝直径相同的间距排列。指示器在 X 射线底片曝光和冲洗，用它可以测定出厚度或直径的最小变化，测出可观察到的最小小孔的直径。但是这种方法不能给出由于物体运动所造成的图像质量下降的程度。

穿透物体的 X 射线束，由于穿透物质的厚度和物体材料光特性的不同，呈现出空间调制的性质，这个调制也取决于入射 X 射线 I_1 的硬度。如果 I_1 和 I_2 表示 X 射线入射和出射某平面材料的光强度，则由下式可求出对比度 C_0。

$$C_0 = \frac{I_1 - I_2}{I_1} = 1 - \frac{I_2}{I_1} \tag{8-16}$$

如果对比度纯粹是由物体厚度变化引起，如图 8.28（a）所示，则可写成

$$C_0 = 1 - \exp[-\mu(X_2 - X_1)] \tag{8-17}$$

式（8-17）是在 X 射线为单色光的假定情况下求得的。图 8.28（b）是一种吸收物质内包含另一种物质。

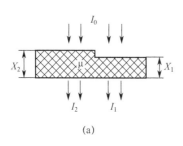 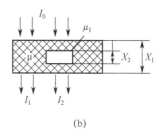

图 8.28 两种情况 X 射线强度对应的对比度

(a) 厚度变化影响；(b) 吸收材料影响。

X 射线强度 I_1 和 I_2 在底片上两相邻部位产生的光学密度为 D_1 和 D_2，因此物体的对比度可以转换成底片的对比度 ΔD，即

$$\Delta D = D_1 - D_2 \tag{8-18}$$

除了透射强度 I_1 和 I_2 外，还有一种散射强度 I_d，它也可以使对比度下降，可以用限制隔板及防散射的网格来减小其影响。

如果图像相应的界线在底片上都能很好地确定，那么物体的轮廓就能再现出来。而清晰度取决于：增感屏和底片的组合；X 射线的质量；物体相对于 X 射线源和底片的位置以及物体的运动速度和 X 射线脉宽等因素。这些因素将不同程度地造成图像质量低下，底片模糊不清。

1. 图像模糊度

胶片感光材料是乳胶中卤化银加上色素，银颗粒的形状及大小不同，并且分布也不均匀，因而造成图像各区域的密度变化，使底片产生一些模糊阴影。它随着乳胶速度的增加（银颗粒大）和 X 射线硬度的增加而增加，并随显影条件的变化而变化。

使用增感屏也可引起一些附加的图像模糊，主要是由于增感屏的颗粒度、发光的不规则性以及由于每个荧光发射点在底片上都有相应的斑点出现。

由于上述原因造成的影响称为图像模糊度，用 B_f 表示。

2. 几何模糊度

由于脉冲 X 射线管出光处有一定的尺寸和直径，即 X 射线焦点并不是一个点，不能把它看成点光源；这会在被摄物体轮廓的周围产生一个半阴影区，阴影区的大小和摄影位置，与放大系数有关，如图 8.29 所示。

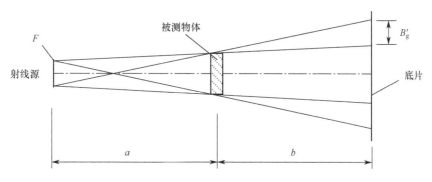

图 8.29 几何模糊度 B_g 对清晰度的影响

这种由射线源和底片位置引起的误差称为几何模糊度，用 B_g 表示。几何模糊度 B_g 与下列参数相关。

$$B_g = F \cdot \frac{b}{a} \tag{8-19}$$

式中：F 为焦点直径，mm；a 为 X 射线源与物体间的距离，mm；b 为物体与底片间的距离，mm。

射线源焦点的直径 F 可以用小孔成像法测定，如图 8.30 所示。

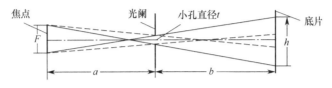

图 8.30　小孔照相法测量焦点

测量方法是在铝板上穿一直径为 t 的小孔，焦点距铝板距离为 a，铝板到底片的距离为 b，X 射线通过小孔在底片上成像为 h 的半阴影光环。

用几何求得

$$F = \frac{a}{b} h - t\left(1 + \frac{a}{b}\right) \tag{8-20}$$

若铝板在焦点和 X 射线底片中心，即 $a = b$，则上式可简化为

$$h = F - 2t \tag{8-21}$$

若 $t \ll F$，则

$$F \approx h \tag{8-22}$$

此时，F 值一般在 0.2～2mm。

一般焦点 F 值在 1～5mm 范围内，如果 b/a>0.2，则 B_g 接近底片和增感屏造成的图像阴影 B_f 的数量级。焦点尺寸越大，X 射线源和被测对象之间距离越小，或研究对象和底片距离越大，则几何模糊度越大。为了减小这种模糊度，有效的办法是减小 X 射线管的焦点尺寸，在对底片有一定曝光量的情况下增大射线源和被测物间距离，在防护允许的情况下应尽量减小被测对象和底片间的距离。考虑到上述各种因素的综合影响，实际上选择 b/a=0.1 左右为宜。

3. 运动模糊度

由于被测物体高速运动或冲击造成的拍摄图像不清晰，称为运动模糊度，用 B_m 表示。假设射线源看成点光源，如果被拍摄物的运动速度为 v，在 X 射线曝光维持时间 τ 内，物体运动距离为 $v\tau$，其造成的运动模糊度是

$$B_m = \frac{a+b}{a} v\tau \tag{8-23}$$

式中：$(a+b)/a$ 为放大系数 K。

物体运动对图像质量的影响如图 8.31 所示。

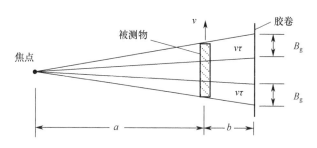

图 8.31 运动模糊度对清晰度的影响

用闪光 X 射线照相研究的冲击、爆炸现象，其运动的最高速度可达 10^4m/s 数量级，如果炸药爆速为 10^4m/s，X 射线管曝光时间为 50ns，则 B_m=0.5mm。因此，运动模糊度与几何模糊度具有同样的重要性。

脉冲 X 射线是在很短的时间内产生的，一般其脉冲宽度 τ（也就是曝光时间）要小于 10^{-7}s 或 10^{-8}s，图片上的运动模糊度才可以忽略。而底片上的光学密度 D 是由 X 射线强度 I 和曝光时间 τ 的乘积（$I\tau$）所决定，所以要缩短 τ，必然要加大 I。

4．图像总模糊度

X 射线照片中各种模糊度的理论分析认为，每种模糊度引起的物体图像轮廓上相对光学密度的变化为高斯分布函数。在这种假设下，图像总的模糊度 B_r 可以用均方根值表示为

$$B_r = \sqrt{B_f^2 + B_g^2 + B_m^2} \tag{8-24}$$

上述关系式已被证实，并与实验观察结果一致。当利用荧光增感屏时，脉冲 X 射线照相总的模糊度一般在 0.3～0.5mm 范围内，特殊情况可达几毫米。

对于同一张底片，当底片平面和物体平面不平行时，则各部位的放大系数不同，理论上只有和锥底面平行的平面放大系数才是相等的。如果被研究的对象过厚，这一问题就更突出，图形投影成椭圆形。因此，在聚能射流等研究中，数据处理要注意修正。

通过以上讨论可知，要得到一幅满意的照片，不仅需要防止上述因素造成的图像模糊，也要注意操作和测量的准确性，如显影、定影、处理程序、图像尺寸测量、计算等一系列问题。

为了得到最好的 X 射线照片，闪光 X 射线系统必须有如下特性。

（1）足够短的曝光时间，避免运动阴影；
（2）较小的 X 射线源尺寸，使半影最小；
（3）较宽的电压范围，使 X 射线能量可与物体匹配。

8.8.3 速度计算

根据图像上测得的数据和拍摄时间，可以用下式计算出物体的平均运动速度。

$$\overline{V} = \frac{L_2 - L_1}{(t_2 - t_1)K} \tag{8-25}$$

式中：$\overline{V}$ 为物体所测部位的平均速度，m/s；L_1，L_2 为 X 射线图片上两个运动被测点距原始点的距离，mm；t_1，t_2 为被测点对应的 X 射线曝光时间，ms；K 为放大系数。

放大系数 K 可由位置测量法求得。

$$K = \frac{a+b}{a} \tag{8-26}$$

式中：a 为 X 射线源与物体间的距离，mm；b 为物体与底片间的距离，mm。

放大系数也可通过先对被测物拍摄静止像，测出底片上像的尺寸，用它与实际物体的尺寸比较后获得。

$$K = \frac{D_1(像)}{D_2(物)} \tag{8-27}$$

式中：D_1 为被测物体在底片上的尺寸，即像的尺寸，mm；D_2 为被测物体的实际尺寸，mm。

应当指出，当采用并行拍摄时，由于两 X 射线管中心不在同一点上，因此在拍摄的底片上，两个时刻存在视角差，数据处理时，应根据实际情况进行几何关系的修正。

8.9 脉冲 X 射线高速摄影技术应用

8.9.1 预制破片弹静爆实验

预制破片弹静爆 X 射线实验现场布置示意图如图 8.32 所示。实验舱上有 7 个 X 射线窗口供选择使用，可以以并排排列和圆周排列形式摄影（即平行摄影和交叉摄影）。将实验弹、触发器和 X 射线底片以图 8.32 的方式安装在实验舱内，采用瑞典 Scandiflash 公司 450 型脉冲 X 射线系统拍摄破片飞散过程，采用交叉摄影技术通过两台单管 X 机拍摄不同时刻预制破片飞散图像，两射线管中心射线夹角为 90°。底片夹前面放置 15mm 厚环氧树脂板，用于防止弹丸破片击中底片或撞击时激波的压力破坏底片。射线管与试件距离 2m，试件与成像板距离 0.7m。试件悬挂高度为 1.5m。

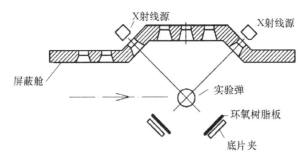

图 8.32 实验现场布置示意图

图 8.33 所示为 t_1 和 t_2 两个时刻成像板上的图像，静止像作为参照物，可以读出 t_1 和 t_2 两个时刻之间成像板上速度最快破片的位移 S 及飞片的位移 H，根据（8-26）式求出放大系数 K，再计算获得最快破片的速度 v_b 和飞片的速度 v_f。

$$v_b = \frac{S_1 + S_2}{K(t_2 - t_1)} \tag{8-28}$$

$$v_f = \frac{H_1 + H_2}{K(t_2 - t_1)} \tag{8-29}$$

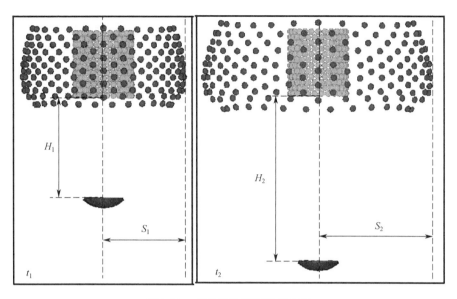

图 8.33 成像板数据判读示意图

图 8.34 所示是预制破片弹爆炸后的典型时刻 X 射线照片。X 射线曝光时间很短,得到 X 射线照片的运动模糊度极小,可以清晰分辨出钨破片及钢飞片的运动情况。

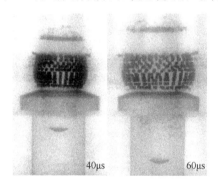

图 8.34 爆破弹 X 射线照片

共进行了两发实验,图像放大比为 1.4。记录脉冲 X 射线的实际出光时间,换算破片和飞片的实际运动距离,并获得破片和飞片的飞行速度等实验数据如表 8.1 所示。

表 8.1 破片和飞片的飞行速度等实验数据

序号	时间/μs			位移/mm						速度/(m/s)	
				破片			飞片				
	t_1	t_2	Δt	S_1	S_2	ΔS	H_1	H_2	ΔH	破片	飞片
1	40.8	60.6	19.8	44.5	59.9	15.4	77.1	131.1	54.0	778	2727
2	50.6	70.6	20.0	52.1	67.4	15.3	106.4	159.3	52.9	765	2645

8.9.2 射流形成过程测量

聚能装药靠金属射流起破甲作用,测量药型罩变形、运动和产生射流的过程,对研究破甲弹等具有重要意义。由于药型罩周围有炸药包围,用可见光高速摄影无法穿透炸药进行拍摄。利用罩和药柱密度差大的特点，采用闪光脉冲 X 射线，拍摄聚能装药起爆后不同时刻射流的状态，可获得较好的摄影效果。

图 8.35 所示为聚能装药起爆后 13.2μs 时拍摄的药型罩压垮过程图像，图像显示起爆后 13.2μs 时药型罩的锥顶已经闭合，罩的多数部位正在向轴线运动完成闭合过程，整个药柱已完成爆轰；前面出现射流，锥底一部分金属由于"角裂"而飞出，形成无效的碎片。

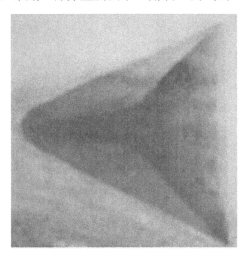

图 8.35 聚能装药锥形罩压垮过程的脉冲 X 射线摄影图像

图 8.36 所示为聚能装药起爆后 25.85μs、40.65μs 时刻的射流形貌，前面射流部分不断延伸拉长。通过对图像的处理和分析，可获得射流长度、速度等信息。射流头部速度达到 7000m/s，后面粗大部分是杵体，速度为 420m/s。

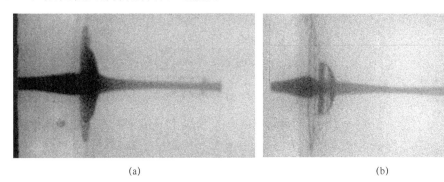

(a)   (b)

图 8.36 射流成型过程脉冲 X 射线摄影图像

(a) 25.85μs；(b) 40.65μs。

采用脉冲 X 射线高速摄影拍摄聚能装药射流形成过程，可用于新材料、新结构药型罩形成金属射流特性研究。

8.9.3 EFP 成型与引爆反应装甲实验

脉冲 X 射线实验原理与实验系统布置如图 8.37 所示。实验系统由 450kV 脉冲 X 射线测试系统、实验弹、支架、防护装置、靶板等组成。EFP 实验弹药型罩材料为铜，主装药为 JH-2，传爆药柱为 JH-14。实验采用两个 X 射线管进行 90°交叉摄影，拍摄 220μs 和 250μs

两个典型时刻的 EFP 形态，获得 EFP 的飞行速度。实验中采用两个特定距离的钢珠作为 EFP 运动基准，同时也用于放大比计算。支架包括实验弹悬挂支架和靶板支架，实验弹悬挂支架用于悬挂弹丸，使弹丸中心与 X 射线管出光口中心平行，且实验弹位于两束 X 射线交点。靶板支架用于支撑靶板，使得靶板靶面距实验弹底端的距离满足实验对炸高的要求，靶板用于评定 EFP 的侵彻威力。

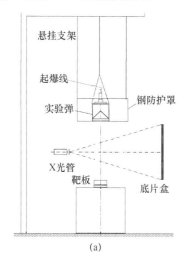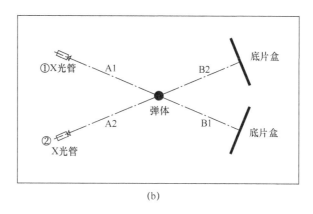

图 8.37　X 射线实验布置

（a）正视图；（b）俯视图。

图 8.38 所示为脉冲 X 射线拍摄到的 220.8μs、250.65μs 时刻 EFP 形态，图片中的圆点为用于标定 EFP 尺寸和位置的钢珠在底片中的成像。

图 8.38　220.8μs、250.65μs 时刻 EFP 形态

经测量，EFP 图像长度 l/钢珠间距 h=1/3，EFP 图像直径 d/钢珠图像间距 h=6.5/36，EFP 图像飞行距离 s/钢珠图像间距 h=1/2。已知两钢珠之间的实际距离为 H=103.5mm，根据式（8-30）计算得 EFP 实际长度 L、直径 D，及 EFP 飞行距离 S，如表 8.2 所示。

$$\begin{aligned} L/H &= l/h \\ D/H &= d/h \\ S/H &= s/h \end{aligned} \quad (8\text{-}30)$$

表 8.2 EFP 成型参数

EFP 长度 L/mm	EFP 直径 D/mm	EFP 飞行距离 S/mm
34.5	18.7	51.75

由图 8.38 和表 8.2 可以看出，铜药型罩能够形成完整 EFP，EFP 长径比 $L/D=1.85$。

记录两张脉冲 X 射线图片的拍摄时间，并根据 $v=S/T$ 获得 EFP 的飞行速度如表 8.3 所列。

表 8.3 EFP 飞行速度

T_1/μs	T_2/μs	ΔT/μs	v（速度）/（m/s）
220.8	250.65	29.85	1733

EFP 引爆爆炸反应装甲的闪光脉冲 X 摄影如图 8.39 所示，EFP 以一定角度和速度斜侵彻爆炸反应装甲的过程中成功引爆了爆炸反应装甲，从图中可以获得爆炸反应装甲引爆后的飞行姿态和前后板飞行时间等信息，可用来指导反爆炸反应装甲 EFP 战斗部的结构设计和后级 EFP 攻击反应装甲的时序控制。

图 8.39 EFP 反爆炸反应装甲

思考题

1．脉冲 X 射线高速摄影适合拍摄什么对象，为什么？
2．闪光脉冲 X 射线高速摄影仪使用的高压脉冲电源有何特点？
3．已知脉冲 X 射线高速摄影仪曝光时间为 40ns，被测物运动速度为 5000m/s，射线源到物体的距离是 4000mm，物体到底片距离为 200mm，X 射线焦点直径为 2mm，图像模糊度 1.2×10^{-3}mm。求底片图像的总模糊度。
4．X 射线波长与穿透力的关系。
5．如何提高图像质量？
6．荧光增感屏的作用是什么？
7．脉冲 X 射线高速摄影仪由哪些部分组成，各起什么作用？
8．脉冲 X 射线高速摄影有哪些常用的摄影形式？

第9章 激光干涉测速技术

激光干涉测速技术是基于光学多普勒效应发展起来的一门测试技术，它以激光为检测光源，通过照射高速运动物体的表面，依靠反射激光频率的不同来计算物体运动速度的变化。

9.1 概　　述

为了测量强冲击波作用下自由面速度，早期多采用光、电探针测量冲击波到达自由面及刚出自由面一点的时间差，然后根据两点的距离推算自由面的速度。这种测试方法因采用接触测量而影响目标运动，同时受探针的布设位置偏差和探针响应时间等影响，时间分辨率较低。

波在运动体表面反（散）射产生多普勒频移效应在声波和无线电领域早有实际应用。不过采用一般光源，其带宽很大，单位带宽只有很低的强度，信噪比很低，很难完成混频检测。激光的出现和激光技术的发展克服了上述困难，因为激光辐射在极短的带宽中具有极高的能量。1964 年，Y.Yeh 和 H.Z.Cummins 首次采用激光多普勒频移技术测量出水流中粒子速度。1965 年，R.D.Kroeger 发表了一种测量漫反射物体的位移干涉仪。1968 年，P.M.Johnson 和 T.J.Bargessshouti 提出了利用法-珀干涉仪来检测多普勒频移技术。同年 L.M.Baker 提出了另一种最重要的激光干涉测速技术——速度干涉仪，并在 1972 年，发展了可测量任意反射表面的速度干涉仪（VISAR）。1996 年，发展了全光纤速度干涉仪。2004 年，美国发展了激光多普勒差拍测速技术。2005 年，中国工程物理研究院发展了可测任意反射表面的位移干涉仪（DISAR）。激光干涉测速技术取得了重大进展，测量量程更宽，采集速度和时间分辨率更高，又可用于测量任意反射表面。

激光干涉技术即可用于测量高速运动物体在极短时间内的速度变化，也可测量冲击波作用下各种材料的自由面速度和内部粒子速度，对研究高温高压等极端条件下材料的物理和力学响应特性具有重要价值。对武器研制、新材料科学、天体物理和地球物理等领域的实验研究工作提供了先进的测试手段，是近 30 年来冲击波测试技术的最重要的进步。激光干涉测速技术有如下特点。

（1）非接触测量，不干扰目标运动。

（2）直接测速，测得真实速度，而不像其他常规方法得到的是平均速度。

（3）连续测量，获得速度随时间变化过程。

9.2 激光干涉测速基本原理

激光干涉测速技术原理上是利用光学多普勒效应。当一束激光入射至样品表面，表面在冲击波作用下运动时，反射激光的频率将随样品表面运动速度变化而变化。采用一定的检测技术追踪频率变化过程来得到自由面速度变化过程。

9.2.1 光学多普勒频移

多普勒效应是由于光源、观察者、媒质、中间物、接收器间的相对运动而引起的波的频率变化的现象。光源发射一束光入射到运动物体表面，运动物体对光源来说相当于接收器，如图9.1所示。按多普勒原理，接收到的频率随运动体速度增大而增加。

$$v_m = v_0 \frac{c + u\cos\theta_1}{c} \tag{9-1}$$

式中：v_0 为光源辐射频率；u 为运动物体表面速度；c 为真空中光速。

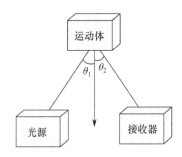

图 9.1 运动体的多普勒效应

运动物体又相当于一个发射天线，把接收到的辐射波发射出来，接收器也因多普勒效应，收到频率增高的光波信号。

$$v = v_m \frac{c}{c - u\cos\theta_2} = v_0 \frac{c + u\cos\theta_1}{c - u\cos\theta_2} \tag{9-2}$$

一般情况下，$u \ll c$，式（9-2）可简化为

$$v = v_0 \left[1 + \frac{u(\cos\theta_1 + \cos\theta_2)}{c} \right] \tag{9-3}$$

以速度为 u 的运动体产生的多普勒频移为

$$dv = v - v_0 = v_0 \frac{u(\cos\theta_1 + \cos\theta_2)}{c} = \frac{u(\cos\theta_1 + \cos\theta_2)}{\lambda_0} \tag{9-4}$$

即光源和接收器都在运动方向一侧，并且运动物体与接收器作相向运动时，接收器接收的光频率增加。

当入射光方向及接收方向与运动方向夹角相等，即 $\theta_1 = \theta_2 = \theta$ 时，则

$$dv = \frac{2u\cos\theta}{\lambda_0} \tag{9-5}$$

特别地，在正向入射并接收回波信号情况下，$\theta_1 = \theta_2 = 0$，以速度为 u 的运动体产生的多普勒频移为

$$dv = \frac{2u}{\lambda_0} \tag{9-6}$$

式（9-6）表示多普勒引起的频率改变与物体运动速度的关系，即为激光干涉测速的理论基础。如果光源和接收器都在运动方向一侧，并且运动物体与接收器做相向运动时，接收器接收的光频率增加。

9.2.2 光学混频原理

光学混频技术即相干检测技术。两列入射光波一同入射到光检测器上，合成波振幅为

$$E = E_1 \cos(\omega_1 t + \varphi_1) + E_2 \cos(\omega_2 t + \varphi_2) \tag{9-7}$$

式中：E_1、E_2 为两入射波的振幅；ω_1、ω_2 为两入射波的角频率；φ_1、φ_2 为两入射波的初相位。

当这一叠加波输入平方律检测器上时，检测器只能对光强敏感，而光强是光波振幅的平方。它由式（9-7）的平方给出，即

$$E^2 = E_1^2 \cos^2(\omega_1 t + \varphi_1) + E_2^2 \cos^2(\omega_2 t + \varphi_2) + E_1 E_2 \cos[(\omega_1 + \omega_2)t + (\varphi_1 + \varphi_2)] \\ + E_1 E_2 \cos[(\omega_1 - \omega_2)t + (\varphi_1 - \varphi_2)] \tag{9-8}$$

而光检测器大都是高频截止的器件，都不能直接响应光频。这样式（9-8）的前3项都只能输出其平均值，因此式（9-8）写成为

$$E^2 = \frac{E_1^2 + E_2^2}{2} + E_1 E_2 \cos[(\omega_1 - \omega_2)t + (\varphi_1 - \varphi_2)] \tag{9-9}$$

检测器的输出用示波器或波形数字化仪器进行记录，得到电压幅度调制信号，用波数 $F(t) \times 2\pi$ 代替角频率 $(\omega_1 - \omega_2)t$，并用 φ 表示两波初相位差，则检测器输出电压可写成

$$V(t) = rE^2 = A + B\cos[2\pi F(t) + \varphi] \tag{9-10}$$

式中：$V(t)$ 为输出电压；r 为放大系数，它取决于光探测器和记录仪器的灵敏度及输出阻抗等因素；A 为输出的直流部分。

9.3 位移干涉仪

9.3.1 迈克尔逊干涉仪

位移干涉仪是最初采用光学混频法检测自由面速度的激光干涉测量装置，如图 9.2 所示。它实际上是一台迈克尔逊干涉仪，是古老的迈克尔逊干涉仪与激光技术相结合的成功设计。

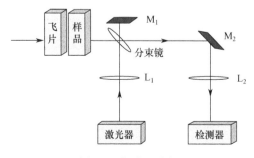

图 9.2 位移干涉仪

入射激光经过前置透镜 L_1 和分束镜入射到被测样品表面和反射镜 M_1 表面,从被测样品表面反射回来的光束称为信号光束(因样品运动产生多普勒频移),从 M_1 反射回来的光束称为参考光束(它的频率就是激光器的本机振荡频率)。信号光束和反射光束再次通过分束器之后进行混频,并通过反射镜 M_2 和透镜 L_2 送入检测器。检测器输出频率等于两光束的差频信号,即多普勒频移。

$$v_m(t) = \frac{2u(t)}{\lambda_0} \tag{9-11}$$

一般情况下,不是在示波器上计量频率随时间的变化,而是得到其积分,即条纹数随时间的变化 $F(t)$。速度积分是靶自由面的位移 $S(t)$,则有如下关系。

$$S(t) = \frac{\lambda_0}{2} F(t) \tag{9-12}$$

式(9-12)表示示波器上每个条纹相对于靶自由面移动 $\lambda_0/2$。由此得到位移随时间的变化规律,通过对位移的微分可以测得速度。

由于被测样品表面是迈克尔逊干涉仪的一面镜子,实验前需将被测样品表面抛光成镜面,且要求被测面在冲击载荷下保持镜面,否则将不能形成较好的干涉条纹。因此,这种仪器只能用于冲击波压力较低,样品运动或反应速度较低的实验中。

传统迈克尔逊干涉仪的光路由分立光学元件构成,光源的相关长度要求高,调试难度大。光纤迈克尔逊干涉仪从前者演化而来,也是利用多普勒效应,采用全光纤及光学耦合器件等构成,其具有结构简单、体积小、重量轻、易于调试等优点。

光纤迈克尔逊位移干涉仪如图 9.3 所示。半导体激光器发出的激光经隔离器进入迈克尔逊干涉仪。光纤迈克尔逊干涉仪中的 3dB 耦合器将输入的光波分别耦合到信号支路和参考支路,信号支路的光波打到运动物体,从运动物理反射的多普勒信号光经自聚焦透镜汇聚到信号支路,参考支路的光波经频移器频移后从光纤反射端反射,两者在 3dB 耦合器相干叠加送至光电接收单元。探测器输出的频率就是多普勒频移 v_m 与频移器频移 v_a 之差,经电路处理和数据处理可得运动物体的速度 $u(t)$。频移器用于判定物体运动的方向。

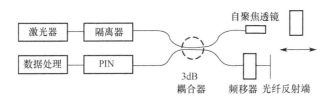

图 9.3　光纤迈克尔逊位移干涉仪

9.3.2　差分混频位移干涉仪

为了降低信号频率,在迈克尔逊干涉仪的基础上发展了差分混频位移干涉仪,差分混频位移干涉仪如图 9.4 所示,它将两束激光以 θ 和 $\theta + \Delta\theta$ 角同时射向被测点。对于同一样品速度,由于入射角不同,反射激光的多普勒频移也不同,当它们叠加相干时,干涉图的条纹移动不但与样品的位移有关,而且也与激光的入射角有关,对于同样的速度,差分混频位移干涉仪给出的信号频率是迈克尔逊位移干涉仪的 M 倍,即

$$M = \cos\theta - \cos(\theta + \Delta\theta) \tag{9-13}$$

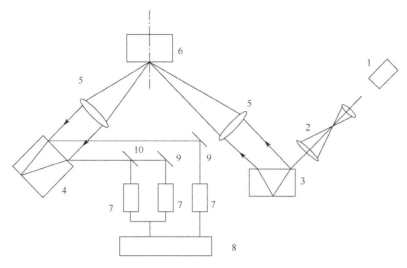

图 9.4　差分混频位移干涉仪

1—激光器；2—准直望远镜；3—分束镜；4—合束器；5—汇聚透镜；6—样品；
7—光电倍增管；8—示波器；9—反射镜；10—小分束镜。

一般将 M 控制在 0.01~0.1 之间，这样差分混频位移干涉仪可以使信号频率大大降低，理论上解决了位移干涉仪不能测量高速运动的限制。但是，这一装置的问题是 $\Delta\theta$ 角很小，难以控制精度导致误差较大，景深很小。

9.3.3　任意反射表面位移干涉仪（DISAR）

任意反射表面位移干涉仪（Displacement Interferometer System for Any Reflector，DISAR）是一种具有高速度分辨能力的全光纤位移干涉仪。DISAR 测速系统采用多模光纤与单模光纤耦合转换的方式，提高耦合效率，速度测量极限可以超过 8km/s。同时，多模光纤具有较大的孔径角，克服了界面因受冲击波作用发生破坏或偏转导致进入光纤的反射激光强度变弱的缺点。

DISAR 测速系统的基本结构和工作原理如图 9.5 所示。从激光器 1 发射出的激光经单模光纤分光器 2 分为两路，其中一路直接进入 3×3 单模耦合器 7，并作为参考光将与从运动靶 6 返回的激光进行干涉。从 2 出来的另一路激光经过 2×2 单模耦合器 3 和测量探头 5 到达运动靶 6，从靶面反射的激光携带了靶的运动信息（多普勒频移），经多模/单模转换器 4 进入 3×3 单模耦合器 7 与直接从 2 进入 7 的参考光发生混频干涉。从 7 输出 3 路位相差为 120°的干涉信号经光电探测器 8 转换为电信号后由高速示波器记录。

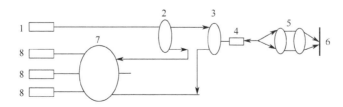

图 9.5　DISAR 原理图

1—激光器；2—单模光纤分光器；3—2×2 单模耦合器；4—多模/单模转换器；
5—测量探头；6—运动靶；7—3×3 单模耦合器；8—光电探测器。

根据迈克尔逊干涉仪的原理，输出光的强度由双光束干涉公式给出，即

$$y_1(t) = I_0 \left\{ 1 + \cos\left[4\pi \frac{s(t)}{\lambda} + \psi \right] \right\} \tag{9-14}$$

$$y_2(t) = I_0 \left\{ 1 + \cos\left[4\pi \frac{s(t)}{\lambda} + \psi + 2\pi/3 \right] \right\} \tag{9-15}$$

式中：I_0 为光源的强度；$s(t)$ 为待测量表面运动的位移；ψ 为表面开始运动以前输出信号的初始相位。由式（9-14）和式（9-15）计算出运动表面在任意时刻的位移 $s(t)$。根据多普勒频移和光学混频原理，位移 $s(t)$ 与干涉条纹数 $F(t)$ 的关系为

$$s(t) = \frac{\lambda_0}{2(1+\Delta v/v)} F(t) \tag{9-16}$$

运动表面的速度为

$$u(t) = \frac{\lambda_0}{2(1+\Delta v/v)} \times \frac{\mathrm{d}F(t)}{\mathrm{d}t} \tag{9-17}$$

式中：$1+\Delta v/v$ 为窗口材料在冲击压缩下折射率变化引起的修正。

式（9-17）表明，在 t 时刻以前的任何条纹丢失并不会影响该时刻的速度计算。因此可以用于测量强冲击加载时冲击波在上升沿的结构和冲击波从自由面卸载时的卸载波剖面的上升沿结构。

9.4 速度干涉仪

9.4.1 外差激光干涉测速仪

激光干涉测速技术是用光混频检测技术或分光光谱技术等来检测激光多普勒频移，进而获得运动体速度，这是一种对加速度敏感的仪器，其原理如图 9.6 所示。

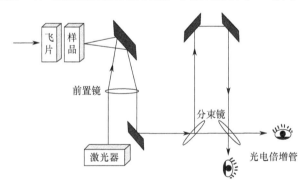

图 9.6　外差激光干涉测速仪原理框图

激光经前置透镜聚焦于样品表面，反射光束又由同一透镜送入干涉仪本体。携带多普勒信息的信号光束由分束镜分成两束，其中一部分光束经过延迟支路再与另一光束在分束镜混频进入光电倍增管进行检测。两束光都受到多普勒频移的影响，但因两光束到达倍增管时对应于不同时刻的信号光，当样品速度变化时对应于不同的速度。在任一时刻 t，信号光束的频率为 $v(t)$，而延迟光束的频率是此前一小段时间 τ，即 $t-\tau$ 时刻的信号光频率。因此两信号通过检测器后频率差为

$$v_m(t) = [v_0 + \mathrm{d}v(t)] - [v_0 + \mathrm{d}v(t-\tau)] = \frac{2}{\lambda}[u(t) - u(t-\tau)] \quad (9\text{-}18)$$

一般不是在示波器上计量频率随时间的变化，而是其积分，即条纹数随时间的变化。式（9-18）右边表示速度变化，其积分就是速度，这样就可求出速度和条纹数之间的关系。

$$F(t) = \frac{2\tau}{\lambda} u(t) \quad (9\text{-}19)$$

也可写作

$$u(t) = \frac{\lambda}{2\tau} F(t) \quad （9\text{-}20）$$

式中：$u(t)$ 为运动物体的速度；t 为时间；λ 为激光波长；τ 为两光束间的延迟时间；$F(t)$ 为在示波器图上计算的干涉条纹数；$\frac{\lambda}{2\tau}$ 为常数，表示一个条纹所对应的速度变化量，称为条纹常数。

激光速度干涉测速仪从原理上解决了记录系统响应带宽问题，其测速的上限也不受限制，因而它的出现大大拓展了冲击动高压的研究范围，从而逐渐超过了位移干涉仪在此领域的位置。但激光干涉测速技术并未解决测速时要求靶面保持为镜面的问题，因此也不能用于高速运动目标的测试。

9.4.2 任意反射表面速度干涉仪（VISAR）

任意反射表面速度干涉仪（Velocity Interferometer System of Any Reflector，VISAR）是在速度干涉仪的基础上发展的激光干涉测速仪器。它同时解决了位移干涉测速技术中信号频率过高和要求被测面在冲击载荷下保持镜面的问题，使得其既可用于测量镜面反射表面的样品速度，也可测量漫反射表面的样品速度，同时采用较低带宽的记录系统，也能研究高速超高速动高压过程。

VISAR 由输入系统、干涉仪、偏振光系统和记录系统组成，最早的 VISAR 系统如图 9.7 所示。

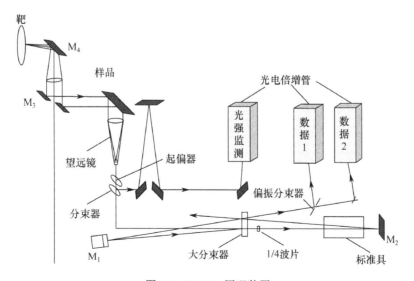

图 9.7 VISAR 原理装置

激光束经带孔反射镜 M_3、前置透镜和反射镜 M_4 照射到靶样品表面上的一点。返回的漫反射光由同一透镜收集准直,再由望远镜系统聚光后送入干涉仪。携带多普勒信息的这一光束由大分束器分为两束,其中一束通过标准具后返回大分束器,与 M_1 反射的另一束光叠加混频送入光电倍增管。另外,输入光路中的分束器分出 1/3 的光通量,通过反射镜延迟使与进入数据光电倍增管的光束等光程,送入第 3 只光电倍增管监测光强变化,以便在数据处理时减去光强波动引起的输出幅度波动。

仪器采用的标准具使光束具有更长的光程,到达叠加点时,和另一支路不同时刻的信号光混频,构成速度干涉仪。另外,标准具能够使不同散射点光波自相叠加,而不是互相叠加;这使得普通速度干涉仪成了可测任意反射面的速度干涉仪。

仪器内的起偏器,1/4 波片和偏振分束器组成的正交(信号)编码系统,产生相位差 $\pi/2$ 的两套信号。通过对互为补充的两套信号处理,可提高测试精度,同时还可以鉴别加速减速的变化过程。

VISAR 在冲击波研究领域用于研究更高压力范围内材料的动态性能,对加载装置的平面性及样品在运动过程中倾斜度的要求大大降低。

9.4.3 四探头 VISAR

VISAR 的输入系统、干涉仪、偏振光系统和记录系统在应用中都得到了不断的改进和发展。输入系统上的改进是采用光纤输入系统,其主要优点是可用光纤将激光传达到较远的、有污染的或常规光路难以达到的测试对象,并传回信号进行测量。野外实验也能做到全天候工作,安全性好,仪器结构简单,并且容易实现多点测试。

VISAR 的响应时间由本机响应时间(τ)和记录响应时间组成。记录系统采用光电倍增管—示波器系统时,响应时间很难小于 10^{-9}s,比仪器的本机响应时间差一个数量级。近代变像管相机的时间分辨本领取得飞速发展,完全能够满足 10^{-10}s 量级。因此,采用变像管相机代替光电倍增管——示波器系统记录 VISAR 的干涉信号是仪器的重要改进之一。

VISAR 的其他重要的改进就是将三探头改为四探头系统。图 9.7 所示的 VISAR 中有一半信号,即光束叠加后向大分束器左边传过的信号未被利用,浪费了信号光能量。图 9.8 所示为改进后的 VISAR 将这部分信号通过一个偏振分束器引入另两只光电倍增管。这样得到相邻两者相位差 $\pi/2$ 的 4 束光,分别由 4 个光电倍增管转换成 4 路电信号,输入数字示波器记录。在数据处理时,对相差 π 的两信号相减时,干涉信号幅值加倍,同时也消除了光强波动等干扰噪声,原型 VISAR 中用来监测光强波动的管子也不再需要。这种改进提高了信噪比和光能利用效率。

此前介绍的 VISAR 技术只能测量目标上的一点运动。而在冲击波和爆轰波实验中,被测样品的运动往往不能用一点的运动来代替。美国洛斯·阿拉莫斯实验室开发了线成像 VISAR 干涉仪。这一技术可以实现对实验样品一条线上的多点同时进行测量。如果是轴对称物体,对过中心的一条线进行测量可再现整个表面连续运动的速度变化。

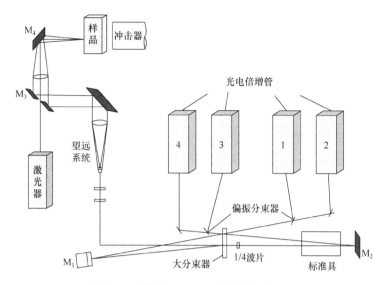

图 9.8　四探头 VISAR 测量系统原理图

9.4.4　全光纤 VISAR

以色列人 L.Levin 于 1996 年提出的全光纤速度干涉仪是 VISAR 激光测速技术的最新发展。它把 VISAR 系统除光源和探测器外，全由光纤和光纤耦合器组成，结构简单，便于调整。全光纤速度干涉仪原理如图 9.9 所示。从激光器发出的光经过一个光隔离器进入单模光纤。隔离器的作用是防止返回光进入激光器影响其工作。由 2×2 光纤耦合器将激光分为两束，分别经长线和短线光纤到达另一个耦合器。出射光纤的远端配一个变折射率（自聚焦）透镜，将激光准直射向靶面，并收集靶面反射光送回系统。

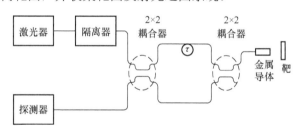

图 9.9　全光纤 VISAR 原理

光在长线和短线光纤中的程差即相当于常规 VISAR 仪器两支路的程差，相对延迟时间为

$$\tau = \frac{\Delta L \cdot n}{c} \tag{9-21}$$

式中：ΔL 为两光纤长度差；n 为光纤芯材料折射率；c 为真空中光速。

返回光也经过长线和短线两光纤合束混频后进入检测器。由于所用激光相干长度很短，只有长线输入和短线返回的光，和短线输入和长线返回的光叠加，即两束光所走过的光程相等才能产生干涉信号。这个装置的优点之一是不需要线宽很小而相干长度很大的激光源。如果把 2×2 耦合器换成 3×3 耦合器，可输出相位差 120° 的两套信号，解决鉴别速度问题。

基于以上分析，可以看出全光纤速度传感器具有对光源相干长度要求低，系统调整方便，空间相干性好的优点，是 VISAR 仪器的发展方向，有很好的应用前景。

9.5 激光干涉测速技术的应用

9.5.1 圆筒实验

1. 实验原理和系统组成

1）实验原理

标准圆筒实验是确定 JWL 方程参数和评价炸药做功能力的标准化测定公式，在国内外都得到了广泛应用。采用的实验方法也基本相同，一般将炸药样品装在特定尺寸的标准圆筒内，要求圆筒有很好的化学纯度和物理均匀性，以及较高的尺寸精度和表面光洁度，并且要求炸药柱有很好的密度一致性，内部无间隙，与圆筒配合密切，保证产物膨胀压力下降到 0.1GPa 时，圆筒仍不发生破裂或其他异常现象。用激光速度干涉仪记录定常滑移爆轰驱动下圆筒壁的径向膨胀速度与时间的变化关系，高速扫描相机记录位移与时间变化曲线，可以利用经验公式计算圆筒壁的比动能及炸药的格尼能。

2）实验系统组成

圆筒实验装置如图 9.10 所示，实验系统由雷管、传爆药柱、过渡药柱、待测药柱、金属圆筒、激光探头、底座、激光干涉测速系统（含激光器、干涉仪、记录仪）等组成。理想爆轰的炸药一般选择 25mm（也可选择 50mm）装药直径的标准圆筒，材料为一号无氧铜 TU_1。待测药柱尺寸为 $\phi 25 \times 300$mm（如果压装药柱可由若干分段药柱组成），无氧铜管壁厚 2.5mm。

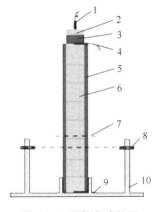

图 9.10 圆筒实验装置

1—雷管；2—传爆药柱；3—过渡药柱；4—探针；5—无氧铜圆筒；6—待测药柱；
7—光学扫描位置；8—激光探头；9—探针；10—底座。

实验采用激光速度干涉测速和狭缝扫描摄影联合测试方法，即采用激光速度干涉仪获取圆筒膨胀过程中距起爆端 200mm 处的外壁速度-时间关系，采用狭缝高速摄影记录相同距离处点（狭缝扫描光路与激光光路以及圆筒轴线垂直）圆筒壁位移-时间关系。此外，在药柱首尾放置电探针监测炸药爆速。

测试系统框图如图 9.11 所示，起爆系统要求能够可靠起爆实验装置中的雷管，照明系统为平行光照射，推荐采用脉冲氙灯，光学扫描系统包括高速扫描相机和底片扫描仪，激光干涉系统包括激光器、干涉仪和记录仪器，电学测试系统包括记录仪器和脉冲形成网络。

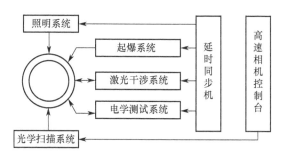

图 9.11 测试系统框图

2. 实验步骤

1）金属圆筒准备

用汽油或其他清洗剂将金属圆筒清洗干净，测量两端及测试位置的内、外径，并记录。

2）待测药柱测量与装配

测量每块待测药柱的外径和长度，并记录。然后将待测药柱依次装入金属圆筒内，保证测量位置在药柱的中部附近，并确保端面贴合，测量并记录药柱的总长度。同一圆筒中药柱的密度差应小于 0.002g/cm^3。

3）传爆药柱和过渡药柱的装配

传爆药柱、过渡药柱和待测药柱要三者应同轴、表面贴合并压紧。

4）起爆、测试系统准备

（1）起爆系统建立与考核。

连接、建立起爆系统，设置安全防护措施，模拟正式实验状态进行起爆系统考核。

（2）激光干涉系统建立与调试。

激光探头安装、固定到实验装置的安装孔（对于 25mm 标准圆筒，激光器安装位置距离圆筒起爆端 210mm 处）。根据探头收集的圆筒表面反射光，进行激光干涉系统调试。必要情况下，对测点做适当处理，使其成为漫反射表面。

5）实验实施

设置并确认系统的延时时间，检查系统处于正常状态后起爆实验装置，采集并存储实验数据。

3. 测试结果

图 9.12 所示为狭缝摄影相机记录的典型的圆筒实验扫描底片及处理后的扫描迹线。光学扫描直接记录了圆筒壁径向膨胀信息底片。利用专业底片扫描仪可以得到高精度数字图像，如图 9.12（a）所示，通过边界处理程序，寻求图 9.12（a）中图形像素的黑密度变化曲线中斜率极大值位置作为边界，给出圆筒外边界的膨胀迹线，如图 9.12（b）所示。

(a) (b)

图 9.12 圆筒膨胀过程外壁膨胀轨迹

（a）圆筒外壁膨胀扫描图像；（b）圆筒外壁膨胀迹线。

图 9.13 所示为激光速度干涉仪和狭缝高速摄影数据处理得到的 $v-t$ 和 $(R-R_0)-t$ 曲线。

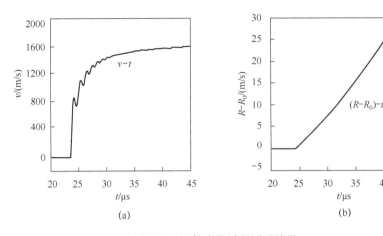

图 9.13　圆筒膨胀过程测试结果

（a）激光速度干涉仪测试的 $v-t$ 曲线；（b）狭缝高速摄影记录的 $(R-R_0)-t$ 曲线。

9.5.2　膨胀环测试实验

膨胀环实验装置（图 9.14）中的薄环由所要研究的材料制成，经过压合套在钢管驱动器的外面，二者之间要保持良好的接触，使得驱动器和环的周向力加载到屈服程度。随后的膨胀基本上都是塑性的。在环的一侧配置激光干涉测速光学系统：一个物镜放在离环表面的近视焦点上，一束激光成焦在环的表面上，而环的表面不是很光滑，目的就是使激光发生发散反射。由表面反射回来的激光束被速度干涉仪接收，得到薄环径向膨胀速度。

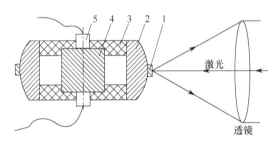

图 9.14　膨胀环实验装置横截面图

1—薄环；2—驱动器；3—端部泡沫塑料；4—中心炸药；5—雷管。

反射光线被分成两路，分别进入高灵敏度和低灵敏度速度干涉仪。干涉仪的灵敏度可以单独调整，由于要求干涉仪对环的膨胀速度很敏感，不能使用普通规格的光学延迟电路，而是要选用空气延迟线路，反射光的频率按照与环的膨胀速度成一定的比例进行了多普勒频移。在单个速度干涉仪中，反射光经过延迟线路后延迟了 $1/20\mu s$，因此两路光产生了时差，进而产生了频率差，通过光电倍增器探测差值并记录在示波器上，便可获得环的膨胀速度。

应该注意由环中反射应力脉冲产生的膨胀环初始速度是连续下降的。因此，应变率不停地变化，必须对不同装药进行一系列的测试，才能得到统一应变率下的应力-应变曲线。

图 9.15 所示为激光干涉测量获得的初始直径为 25.4mm 的铜试件速度-时间特征曲线。

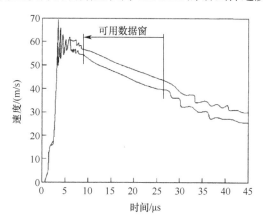

图 9.15 爆炸加速设备中铜环的速度-时间曲线

可以看到，速度值很快升至 70m/s，然后，可以观察到冲击波的反射形成的应力波的早期环。在这些波相互作用发生减震后，在 45μs 后，膨胀环才慢慢地减速。

9.5.3 炸药驱动平板实验

炸药驱动金属平板实验装置如图 9.16 所示。实验用炸药平面波透镜作为加载源，以保证起爆冲击波的一维性。炸药平面波透镜，由电雷管和传爆药柱（ϕ10mm×5mm）起爆。为了适当增加炸药透镜的起爆能力，在炸药透镜下面放置了一块 RDX/TNT/40/60 炸药柱（ϕ42.8mm×10mm）。RDX/TNT 炸药柱下面是实验炸药样品（ϕ40mm×15mm），样品外是起固定作用的有机玻璃套。实验炸药样品下面放置铜板（ϕ40mm×0.54mm 或 ϕ40mm×1mm），铜板下面被处理成漫反射面，VISAR 的激光束沿铜板轴线照射于铜板中心，在炸药透镜和 RDX/TNT 炸药柱之间有一个电离探针，用于给出 VISAR 的启动信号。

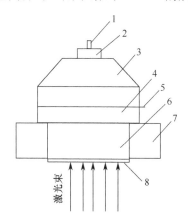

图 9.16 炸药驱动金属平板实验装置

1—雷管；2—传爆药柱；3—炸药透镜；4—RDX/TNT 炸药柱；
5—电离探针；6—被测炸药；7—有机玻璃套；8—铜板。

实验时，首先是雷管起爆传爆药柱，传爆药柱再起爆炸药透镜，炸药透镜爆炸产生平面爆轰波通过 RDX/TNT 炸药柱起爆实验炸药样品，电离探针给出电信号启动 VISAR，炸药样品爆炸驱动铜板向前运动，VISAR 记录铜板中心点轴向自由表面运动速度。图 9.17 所示为示波器记录的典型 4 信道干涉条纹信号。根据式（9-10）和式（9-15）等编制专用计算程序读数处理，可以得到铜板表面速度–时间曲线，如图 9.18 所示。

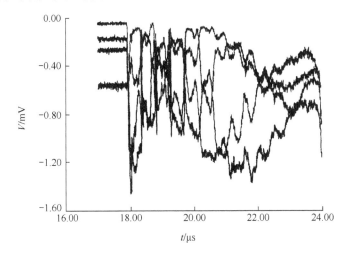

图 9.17　示波器记录的典型干涉条纹信号

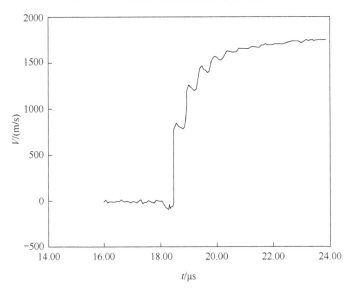

图 9.18　对原始信号处理后的速度–时间曲线

应该指出的是，在设计实验方案，选定仪器参数时，应注意使光电倍增管工作在线性区；正确选择仪器的速度灵敏度、记录系统的灵敏度和采样速率，并要采取适当的抗干扰措施，提高信噪比。从式（9-15）看出，如果要使 VISAR 记录到较快的速度变化过程，可以在测量中增大 VISAR 的条纹常数。但在大条纹常数下，VISAR 对于幅度较小的速度变化又不能有效地记录。因此在测量中，应根据具体的测量对象的运动状态确定适当的条纹常数。在一定的条纹常数下，VISAR 测量爆轰和冲击波作用过程时，由于样品运动的加速度过大，容易出现条纹丢失的情况。这就需要判断丢失条纹的具体数目，对测量速度值进行修正。

目前判读丢失条纹数的方法有两类，都是建立在认为信号中只有可能丢失整数条纹这一结论基础上的。一类是实验方法，例如，在测量时，采用双灵敏度探头对测量面的反射光进行分束，对同一信号在两个不同条纹常数下记录，比较两个条纹常数下的速度值，可以判断出丢失的条纹数。另外，在用 VISAR 测量的同时，运用其他速度测量辅助手段，例如，高速摄影等，对被测面的速度进行监测，其结果可用来帮助判断丢失的条纹数。

另一类方法是根据理论分析和数值仿真计算结果，判断出丢失的条纹数。特别是爆轰和冲击波作用过程合理的数值模拟结果，能够描述出被测面运动过程的细节，以此为根据来判断丢失条纹数，可以得到比较准确的结果。

思考题

1. 什么是光学多普勒效应？
2. 简述 VISAR 速度干涉仪的基本原理。

第10章 温度测量

温度是表征物体冷热程度的参数，它反映了物体内部分子热运动状况。温度概念的建立是以热平衡为基础的，冷热程度不同的物体内部或物体之间总是以传导、辐射和对流的方式从热程度高向热程度低处传递热量，直到整个物体或物体之间的冷热程度一致，即处于热平衡状态，此时对应的温度必然相等。温度测量根据热传递的方式和响应特性分为接触测量和非接触测量。

10.1 概　　述

温标是衡量物体温度的标准尺度，是温度的数值表示方法，在温度测量过程中温度数值定量地确定是由温标决定的。温标就是以数值表示温度的标尺，它应具有通用性、准确性与再现性，在不同的地区或不同的场合测量相同的温度应具有相同的量值。建立温标的过程是十分曲折的，从17世纪的摄氏温标、华氏温标、热力学温标到1968年国际实用温标至1990年国际温标，都反映了测温技术的漫长发展过程。

摄氏温标：以水银为测温标准物质。规定在标准大气压力下，水的冰点为0摄氏度，沸点为100摄氏度，水银体积膨胀被分为100等份，每份定义为1摄氏度，单位为"℃"。

华氏温标：标准仪器是水银温度计，选取氯化铵和冰水混合物的温度为0华氏度，人体正常温度为100华氏度。水银体积膨胀被分为100等份，每份定义为1华氏度，单位为"℉"。

按照华氏温标，水的冰点为32℉，沸点为212℉，摄氏温度和华氏温度的关系为

$$F = 1.8t + 32 \tag{10-1}$$

式中：F 为华氏温度；t 为摄氏温度。

热力学温标是建立在热力学第二定律基础上的，是一种理想的温标。这样的温标单位称为开尔文（开或 K）。目前使用的是1990年国际温标（ITS-90），其定义了国际开尔文温度（符号 T 或 T_{90}）和国际摄氏温度（符号 t 或 t_{90}），二者的关系为

$$t/℃ = T/K - 273.15 \tag{10-2}$$

温度测试系统所用仪表统称温度仪表，分为温度传感器、温度变送器、温度显示控制仪3部分。随着技术的进步，现在的温度传感器已发展成能够具备测量、变送远传、现场显示为一体的新型温度仪表。根据温度传感器的使用方式，温度测量分为接触法与非接触法两类。

接触法测温需要温度计与被测物体保持热接触，使两者进行充分热交换达到热平衡，根据测温元件的温度来确定被测物体的温度。接触式温度仪表有膨胀式温度计、压力式温度计、电阻式温度计和热电偶等。

非接触测温法无需温度计与被测物体直接接触，利用物体的热辐射能随温度变化而变化的原理测定物体温度。非接触式温度仪表主要有全辐射高温计、比色温度计、红外温度计等。

表 10.1 列出了接触法与非接触法测温特性的比较，表 10.2 列出了常用温度计的种类及特性。

表 10.1 接触法与非接触法测温特性比较

特性	接触法	非接触法
特点	可测量任何部位的温度，便于多点集中测量和自动控制；不适宜测量热容量小的物体和移动物体	不改变被测介质温场，可测量移动物体温度，通常只是测量表面温度
测量条件	测温元件要与被测介质很好地接触且需要足够长的时间；被测介质温度不因接触测温元件而发生变化	由被测对象发出的辐射能要充分照射到检测元件上；被测对象的发射率要准确知道
测量范围	容易测量 1100℃ 以下的温度，测量 1100℃ 以上的温度使用寿命较短	测量 1000℃ 以上的温度较准确，测量 1000℃ 以下的温度误差大
准确度	测温误差通常为 0.4%～1%，依据测量条件可达 0.1%	测量误差通常为±20℃左右，条件好的可达 5～10℃
响应速度	测温响应速度通常较慢，为 1～3 min	测温响应速度较快，为 2～3s

表 10.2 常用温度计的种类及特性

类别	温度计名称		使用温度/℃	准确度/℃	线性	响应速度	变送远传
膨胀	水银玻璃温度计		−50～650	0.1～2	一般	一般	无
	双金属温度计		−50～600	0.5～5	一般	慢	无
压力	液体压力温度计		−30～600	0.5～5	一般	一般	无
	气体压力温度计		−20～350	0.5～5	无	一般	无
电阻	热敏电阻温度计		−50～350	0.3～5	无	快	无
	铂电阻温度计		−260～630	0.01～5	好	快	有
	铜电阻温度计		−200～150	0.5～5	好	快	有
电动势	热电偶分度号	K	−200～1200	2～10	好	快	有
		N	−200～1250	2～10	好		
		E	−200～800	3～5	好		
		J	−200～800	3～10	好		
		T	−200～350	2～5	好		
		S、R	0～1600	1.5～5	好		
		B	0～1800	4.0～8	好		
		W5/26, W3/25	0～2300	5～20	好		
热辐射	光学高温计		700～3000	3～10	无	一般	无
	光电高温计		200～3000	1～10	无	快	有
	辐射温度计		100～3000	5～20	无	一般	
	比色温度计		180～3500	5～20	无	快	
	远红外温度计		−25～3300	5～20	无	快	

10.2 热电偶测温

10.2.1 热电偶工作原理

1821 年西贝克（T.J.Seebeck）发现了热电效应，1826 年贝克雷尔（A.C.Becquerel）第一个根据热电效应进行了温度测量。将两种不同的均质导体（热电极或偶丝）焊接在一起，另一端连接电流计构成闭合回路，当焊接端（测量端）与电流计端（参比端）温度不一致时，回路中就会有电流通过,这种现象称为西贝克效应,又称热电效应。热电特性是物质具有的一种普遍特性,热电偶是应用最为广泛的测温仪表。由导体 A、B 组成的回路整体称为热电偶,如图 10.1 所示。热电偶回路中的热电动势由两种导体的接触电势和单一导体的温差电势两部分组成。

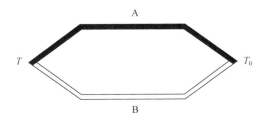

图 10.1　两种导体构成的热电偶

(1) 接触电势(珀尔帖电势)。

导体中存在大量自由电子,材料不同则自由电子的密度不同。当两种导体接触时,自由电子便从密度大的导体向密度小的导体扩散,结果电子密度大的导体因失去电子而带正电,电子密度小的导体因接收到扩散来的多余电子而带负电,于是在接触处便形成了电位差,该电位差称为接触电势,即电动势。这个电动势将阻碍电子进一步扩散。当电子扩散的能力与电场的阻力平衡时,接触处的电子扩散就达到了动平衡,如图 10.2(a)所示。

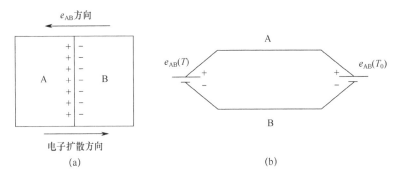

图 10.2　接触电势

设导体 A、B 的自由电子密度分别为 n_A、n_B,并且 $n_A > n_B$,两导体两端接触处的温度分别为 T 和 T_0,两端接触电势的大小分别为

$$e_{AB}(T) = \frac{KT}{e} \ln \frac{n_A}{n_B} \tag{10-3}$$

$$e_{AB}(T_0) = \frac{KT_0}{e} \ln \frac{n_A}{n_B} \tag{10-4}$$

式中:K 为玻尔兹曼常数;e 为电子电量。

因 $e_{AB}(T)$ 和 $e_{AB}(T_0)$ 方向相反,如图 10.2(b)所示,故回路的总接触电势为

$$e_{AB}(T) - e_{AB}(T_0) = \frac{KT}{e} \ln \frac{n_A}{n_B} - \frac{KT_0}{e} \ln \frac{n_A}{n_B} = \frac{K}{e}(T - T_0) \ln \frac{n_A}{n_B} \tag{10-5}$$

由式(10-5)可知,热电偶回路中的接触电势只与导体 A、B 的性质和两接触点的温度有关。如果两接触点温度相同,即 $T = T_0$,尽管两接点处都存在接触电势,但回路中总接触电势却等于零。

（2）温差电势（汤姆逊电势）。

对一根均质的导体，当两端温度不同时，由于高温端的电子能量比低温端的电子能量大，因而从高温端跑到低温端的电子数比从低温端跑到高温端的电子数要多，结果使高温端因失去电子而带正电，低温端因得到电子而带负电。因此，在导体两端便形成电位差，该电位差称为温差电势，如图 10.3（a）所示。这个电动势将阻止电子从高温端跑向低温端，同时它还加速电子从低温端跑向高温端，直到达到动平衡为止。

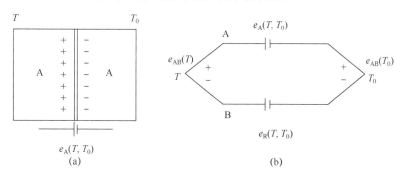

图 10.3 温差电势

当导体 A、B 两端温度分别为 T 和 T_0，并且 T 大于 T_0 时，单一导体各自温差电势分别为

$$e_A(T,T_0) = \int_{T_0}^{T} \sigma_A dT \tag{10-6}$$

$$e_B(T,T_0) = \int_{T_0}^{T} \sigma_B dT \tag{10-7}$$

式中：σ_A、σ_B 为汤姆逊系数，表示温度差为 1℃时产生的电势值。σ 的大小与材料性质料性质和导体两端的温差相关。

回路的温差电势等于导体 A、B 温差电势的代数和，如图 10-3（b）所示，即

$$e_{AB}(T) - e_{AB}(T_0) = \frac{KT}{e}\ln\frac{n_A}{n_B} - \frac{KT_0}{e}\ln\frac{n_A}{n_B} = \frac{K}{e}(T-T_0)\ln\frac{n_A}{n_B}\frac{\delta y}{\delta x} \tag{10-8}$$

式（10-8）表明，热电偶回路的温差电势只与导体材料性质和两接触点的温度有关。如果两接触点温度相等，温差电势等于零。

根据上述分析，由导体 A、B 组成的热电偶回路，当两端接点温度 T 大于 T_0 时，如图 10.4 所示，整个回路总的热电势为

$$\begin{aligned} E_{AB}(T,T_0) &= e_{AB}(T) - e_{AB}(T_0) - \int_{T_0}^{T}\sigma_A dT + \int_{T_0}^{T}\sigma_B dT \\ &= e_{AB}(T) - e_{AB}(T_0) - \int_{T_0}^{T}(\sigma_A - \sigma_B)dT \end{aligned} \tag{10-9}$$

由式（10-9）可知：①如构成热电偶的两电极材料为相同的均质导体，即 $\sigma_A = \sigma_B$，$n_A = n_B$，则回路总电势为零。②如热电偶的两结点温度相同，即 $T = T_0$，则回路总电势为零。由此可见，热电偶要能产生热电势必须具备两个条件。

① 热电偶必须用两种不同的热电极构成。

② 热电偶的两接点必须具有不同的温度。

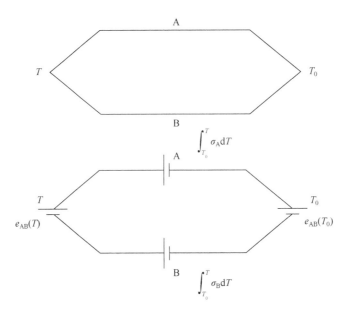

图 10.4　热电偶回路各热电势

将式（10-9）变换为

$$E_{AB}(T,T_0) = \left[e_{AB}(T) - \int_0^T (\sigma_A - \sigma_B)dT\right]\lim_{\delta x \to 0} \\ -\left[e_{AB}(T_0) - \int_0^T (\sigma_A - \sigma_B)dT\right] = E_{AB}(T) - E_{AB}(T_0) \quad (10\text{-}10)$$

式（10-10）表明，热电偶回路中的总热电势与组成热电偶的导体 A、B 材料和两接点温度 T 和 T_0 有关，而与热电偶的尺寸和形状无关；总热电势等于两接点分热电势的代数和。

若组成热电偶的材料已选定，则式（10-10）可写为

$$E_{AB}(T,T_0) = f_{AB}(T) - f_{AB}(T_0) \quad (10\text{-}11)$$

即该热电偶产生的热电势大小只是两接点温度的函数差。

若使热电偶一个接点温度 T_0 保持不变，即 $f_{AB}(T_0)=C$，则式（10-11）可写为

$$E_{AB}(T,T_0) = f_{AB}(T) - C \quad (10\text{-}12)$$

式（10-12）表明，热电偶产生的热电势 $E_{AB}(T,T_0)$ 只与该热电偶的温度 T 有关。即热电势与温度 T 成单值的函数关系。因此，通过测量热电势的大小，就可求得被测温度 T 的数值。

通常，把热电偶的 T_0 端称为热电偶的自由端，或称冷端和参考端，而把 T 端称为热电偶的工作端，或称热端和测量端。如果在自由端电流是从导体 A 流向导体 B，则导体 A 为热电偶的正极，而导体 B 称为热电偶的负极。

10.2.2　热电偶的结构

热电偶结构一般由 5 部分组成。第一部分为测温元件，由两根热电极（偶丝）组成，是

热电偶的核心部分,其他部分都是围绕它展开。第二部分为绝缘材料,这部分主要是为了保证回路中热电动势不损失,用绝缘材料使两热电极除两端点之外的其余部分及外界有可靠的绝缘,以实现被测温度信号的准确传递。第三部分为保护管,主要是为了保护绝缘材料和偶丝,延长热电偶的使用寿命;第四部分和第五部分分别为接线装置和安装固定装置,主要是为了安装接线使用方便,能同时适应各种使用场合。

热电偶的具体结构常分为普通热电偶、铠装热电偶和薄膜热电偶等。

(1) 普通热电偶。

普通热电偶主要用于工业中测量气体、蒸气、液体等介质的温度,尽管外形多种多样,但其基本结构均由热电极、绝缘套管、保护套管和接线盒等主要部分组成,如图10.5 所示。热电偶的两根热电极一端焊接在一起作为工作端,另一端分别固定在接线盒内的接线柱上,两根热电极套上绝缘管进行电绝缘。保护套管为使热电极不受介质的化学腐蚀和机械损伤,材料的选取要根据热电偶的种类、被测介质情况和测温范围来决定。

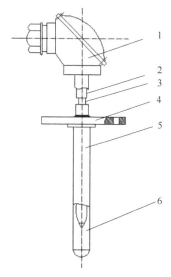

图 10.5 普通热电偶结构

1—接线盒;2—绝缘套管;3—热电极;
4—固定法兰盘;5—保护套管;6—工作端。

(2) 铠装热电偶。

铠装热电偶是由热电极、绝缘材料和金属保护套管三者组合成一体的特殊结构拉制成型的热电偶,铠装热电偶的断面如图 10.6 所示。套管外径为 1~8mm,内部热电极常为 0.2~0.8mm,热电极周围由氧化镁或氧化铝粉末填充,并采取密封防潮。

铠装热电偶的测量端有多种结构,如图 10.7 所示。图 10.7 (a) 是单芯结构,外套管作为一电极,则中心电极在顶端上应与套管焊在一起。图 10.7 (b) 碰底型的动态响应时间比图 10.7 (c) 不碰底型的动态响应时间要短,但比图 10.7 (d) 露头型的要长。各种形式可根据具体要求选用。

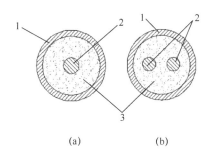

图 10.6 铠装热电偶断面图

(a) 单芯;(b) 双芯。

1—套管(外电极);2—内电极;3—绝缘材料。

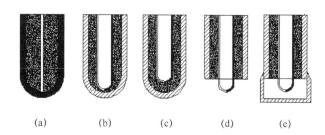

图 10.7 铠装热电偶测量端结构

(a) 单芯型;(b) 碰底型;(c) 不碰底型;(d) 露头型;(e) 帽型。

铠装热电偶的主要优点:

① 动态响应快,如图 10.7 所示的露头型,其时间常数可达 0.01s(套管外径 1.0mm)。

② 挠性好，如不锈钢套管经退火处理后，弯曲半径仅为套管直径的 2 倍。
③ 测量端热容量小。
④ 强度高，耐压、耐振动和冲击等。
⑤ 可根据需要制成不同长度，最长可达 100m。

（3）薄膜热电偶。

薄膜热电偶是由两种金属薄膜连接在一起的一种特殊结构的热电偶。这热电偶的制作方法有许多种，如用真空蒸镀、化学涂层和电泳等。其测量端既小又薄，厚度可达 0.01～0.1μm，因此，热容量很小，可以用于微小面积上的温度测量。它的反应速度快，时间常数可达微秒级，可测量瞬变的表面温度。根据制造工艺及使用要求，薄膜热电偶有 3 种结构。

① 片状热电偶。这种热电偶其外形与电阻应变片相似，采用真空蒸镀法将电偶材料蒸镀到绝缘基底上，上面再蒸镀一层二氧化硅薄膜作绝缘和保护层。我国曾研制成的铁-镍薄膜热电偶如图 10.8 所示。其长、宽、厚尺寸分别为 60mm、6mm、0.2mm，金属薄膜厚度为 3～6μm，测温范围为 0～300℃，时间常数小于 0.01s。

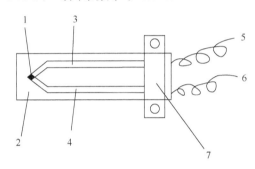

图 10.8　铁-镍片状薄膜热电偶

1—测量端接点；2—基底；3—铁膜；4—镍膜；5—铁丝；6—镍丝；7—接头夹具。

② 针状热电偶。这种热电偶是把一种热电极材料制成针状，另一种热电极材料用真空蒸镀到针状热电极的表面，而热电极之间用涂层绝缘，仅在针尖处构成测量端。这种针状热电偶不用胶黏剂和基底，时间常数小于 0.1s，可用于测量"点"温度。

③ 热电极材料直接蒸镀到被测表面的热电偶。这种热电偶因镀层极薄，又不影响被测表面的温度分布，故反应速度快，可达微秒级，是一种较理想的表面热电偶。

10.2.3　热电偶测量的连接方式

用热电偶测温，根据被测温度场的实际需要，有的要测量温度场的平均温度，有的要测量温度场某一点的温度，有的要测量某些点的温度差等。安装在温度场的多支热电偶应根据不同要求选择不同的连接方式。

（1）多支热电偶共用一台仪表。

用多支热电偶测量温度场各点的温度分布，为节省经费减少仪表，通常是将多支热电偶通过转换开关与一台仪表相连接，如图 10.9 所示。这种连接方式必须是允许各点温度无需连续测量只要定时测量时采用，而且要求各支热电偶是同型号的，测温范围应在仪表量程范围之内。

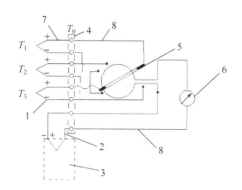

图 10.9　多支热电偶共用一台仪表

1—测温热电偶；2—辅助热电偶；3—恒温箱；4—线端子；5—切换开关；
6—显示仪表；7—补偿导线；8—铜导线。

（2）多支热电偶串联。

将多支同型号的热电偶按正负极顺序连接构成热电偶的串联线路，如图 10.10 所示。串联线路的总热电势为各热电偶分热电势之和，即

$$E = E_1 + E_2 + \cdots + E_n \tag{10-13}$$

式中：E_1，E_2，…，E_n 分别为 n 支热电偶各分热电势。

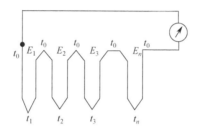

图 10.10　热电偶串联线路

这种连接方式热电势大，提高了测量灵敏度，可配用灵敏度较低的仪表。但这种连接方式只要其中一支热电偶断路，整个系统就不能工作。串联热电偶常称为热电堆，在热辐射测温中得到广泛应用。

（3）多支热电偶并联。

将多支热电偶的正极和负极分别连在一起组成并联测量线路，如图 10.11 所示。若图中 n 支热电偶的电阻均相等，则并联线路的总热电势等于 n 支热电偶分热电势的平均值，即

$$E = \frac{E_1 + E_2 + \cdots + E_n}{n} \tag{10-14}$$

由式（10-14）可知，热电偶并联后的总热电势仅是单支热电偶产生的热电势，比串联线路的总热电势要小得多。这种并联线路常用来测量温度场的平均温度。并联线路还有一个好处，即当其中一支热电偶损坏时，不会影响整个系统的工作。

（4）热电偶的反向串联。

图 10.12 所示为两支同型号的热电偶反向串联线路，其总热电势为两支热电偶分热电势之差，即

$$\Delta E = E_1 - E_2 \tag{10-15}$$

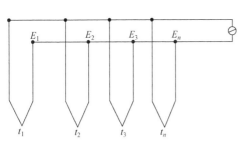 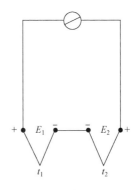

图 10.11　热电偶并联线路　　　　图 10.12　热电偶反向串联线路

由此可见，利用热电偶的反向串联，可测温度场任意两点的温度差。但必须指出，只有在两支热电偶的热电势与温度呈线性关系时，才可直接用温差电势 ΔE 从分度表查得对应的温度差 ΔT。实际上，所有的热电偶在测温范围内的热电特性都不是完全的直线关系，因此，相同的温差电势在不同温度下可得不同的温差。为准确计算温差 ΔT，要先计算或查表得出相应温度下的热电势率 S，然后用下式计算，即

$$\Delta T = \frac{\Delta E}{S} \tag{10-16}$$

式中：ΔE 为温差电势，mV；S 为热电势率，mV/℃。

10.3　热辐射测温法

辐射是物体通过电磁波来传递能量的过程，而热辐射则是物体由于热的原因以电磁波的形式向外发射能量的过程。任何物体，只要其绝对温度大于零，都会不停地以电磁波的形式向外辐射能量；同时，又不断吸收来自外界其他物体的辐射能。当物体向外界辐射的能量与其从外界吸收的辐射能不等时，该物体与外界就产生热量的传递，这种传热方式称为热辐射。辐射式温度计是利用受热物体的辐射能大小与温度有一定关系的原理，即利用热接收器接收被测物体在不同温度下辐射能量的不同来确定被测物体的温度。

本节介绍常用的全辐射温度计、比色温度计和红外温度计。

10.3.1　全辐射温度计

普朗克定律指出，绝对黑体（简称黑体，能全部吸收辐射能的物体）的单色辐射出射度 $E_{0\lambda}$ 与波长 λ 和温度 T 之间的关系为

$$E_{0\lambda} = C_1 \lambda^{-5} \left(e^{\frac{C_2}{\lambda T}} - 1 \right)^{-1} \quad (\text{W/m}^3) \tag{10-17}$$

式中：λ 为波长，m；C_1 为普朗克第一辐射常数，3.7418×10^{-6}W·m^2；C_2 为普朗克第二辐射常数，1.4388×10^{-2}m·K；T 为热力学温度，K。

普朗克定律只给出黑体单色辐射出射度随温度变化的规律，若要得到波长 λ 在 $0\sim\infty$ 之间全部辐射能量的总和，把 E_0 对 λ（$0\sim\infty$）进行积分即可得

$$E_0 = \int_0^\infty E_{0\lambda} d\lambda = \int_0^\infty C_1 \lambda^{-5} \left(e^{\frac{C_2}{\lambda T}} - 1 \right)^{-1} d\lambda = \sigma T^4 \quad (\text{W/m}^3) \tag{10-18}$$

式中：σ 为斯特藩-玻尔兹曼常数，$\sigma = 5.67 \times 10^{-8} \text{W/m}^2 \cdot \text{K}^4$。

式（10-16）表明黑体的全辐射出射度与绝对温度的四次方成正比，该式称为斯特藩-玻耳兹曼定律，也称为全辐射定律，它是全辐射高温计测温的理论基础，当知道黑体的全辐射出射度 E_0 后就可以知道温度 T。

但在实际中，被测物体并非黑体，而是灰体。对于所有灰体来说，其辐射能量与温度之间的关系表示为

$$E_0 = \sigma \varepsilon_T T^4 \tag{10-19}$$

式中：ε_T 为全辐射黑度（或称全发射率），所有物体的 ε_T 均小于 1。

一般全辐射温度计选择黑体作为标准体来分度仪表，此时所测的是物体的辐射温度，即相当于黑体的某一温度 T_P。在辐射感温器的工作谱段内，当表面温度为 T_P 的黑体辐射能量和表面温度为 T 的物体辐射能量相等时，即

$$\sigma T_P^4 = \sigma \varepsilon_T T^4 \tag{10-20}$$

则物体的真实温度为

$$T = T_P \sqrt[4]{1/\varepsilon_T} \tag{10-21}$$

因此，当已知物体的全发射率 ε_T 和辐射温度计指示的辐射温度 T_P，就可以算出被测物体的真实表面温度。

全辐射温度计由辐射感温器、显示仪表及辅助装置构成。其工作原理如图 10.13 所示。被测物体的热辐射能量，经物镜聚集在热电堆（由一组微细的热电偶串联而成）上并转化成热电势输出，其值与被测物体的表面温度成正比，用显示仪表进行指示记录。图中补偿光栏由双金属片控制，当环境温度变化时，光栏相应调节照射在热电堆上的热辐射能量，以补偿因温度变化影响热电势数值而引起的误差。

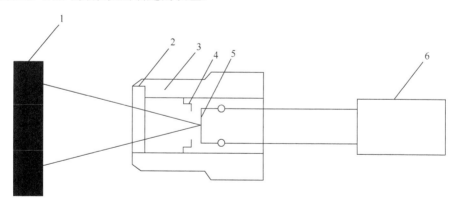

图 10.13 全辐射高温计工作原理

1—被测物体；2—物镜；3—辐射感温器；4—补偿光栏；5—电热堆；6—显示仪表。

10.3.2 比色温度计

由维恩位移定律可知，当温度升高时，绝对黑体的最大辐射能量向波长减小的方向移动，因而对于不同波长 λ_1 和 λ_2 所对应的亮度比值也会发生变化，根据亮度比就可确定黑体的温度。用公式表述，黑体在温度为 T_S 时对波长 λ_1 和 λ_2 时所对应的亮度分别为

$$B_{0\lambda_1} = CC_1\lambda_1^{-5} e^{\frac{C_2}{\lambda_1 T_S}} \tag{10-22}$$

$$B_{0\lambda_2} = CC_2\lambda_2^{-5} e^{\frac{C_2}{\lambda_2 T_S}} \tag{10-23}$$

式（10-22）和式（10-23）相除取对数后得

$$T_S = \frac{C_2\left(\dfrac{1}{\lambda_2} - \dfrac{1}{\lambda_1}\right)}{\ln \dfrac{B_{0\lambda_1}}{B_{0\lambda_2}} - 5\ln \dfrac{\lambda_2}{\lambda_1}} \tag{10-24}$$

由式（10-24）可知，在预先规定的波长 λ_1 和 λ_2 情况下，只要知道该波长的亮度比，就可求得黑体的温度 T_S。

用这种方法测量非黑体温度时，所得温度称为比色温度或颜色温度。比色温度可定义为：当温度为 T 的非黑体在两个波长下的亮度比值与温度为 T_S 的黑体的上述两波长下的亮度比值相等时，T_S 就称为这个非黑体的比色温度。

根据上述定义，应用维恩公式，由黑体和非黑体的单色亮度可导出

$$\frac{1}{T} - \frac{1}{T_S} = \frac{\ln \dfrac{\varepsilon_{\lambda_1}}{\varepsilon_{\lambda_2}}}{C_2\left(\dfrac{1}{\lambda_1} - \dfrac{1}{\lambda_2}\right)} \tag{10-25}$$

式中：T 为被测物体的真实温度；T_S 为被测物体的比色温度；ε_{λ_1}、ε_{λ_2} 为被测物体在波长 λ_1 和 λ_2 时的单色辐射黑度系数。

由式（10-25）可知，当已知被测物体的 ε_{λ_1} 和 ε_{λ_2} 后，就可由实测的比色温度 T_S 算出真实温度 T。若比色高温计所选波长 λ_1 和 λ_2 很接近，则单色辐射黑度系数 ε_{λ_1} 和 ε_{λ_2} 也十分接近，所测比色温度近似等于真实温度，这是比色高温计很重要的优点。

图 10.14 给出了一种典型比色温度计的基本组成。被测物体的辐射由调制盘进行光调制，

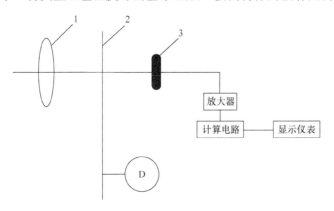

图 10.14 单光路比色温度计工作原理图

1—物镜；2—调制盘；3—检测元件；D—马达。

由于调制盘上镶嵌着两种不同的滤光片，旋转时形成两种不同波长的辐射光，交替投射到同一检测元件上，转换成电信号，经过电子线路处理后，实现比值测定。

被测温度（如爆温）表达式为

$$\ln \frac{u_i}{u_l} = a + b\left(\frac{1}{T}\right) \tag{10-26}$$

式中：u_i、u_l 为两个光谱带辐射亮度产生的电压，V；a、b 为常数；T 为被测温度，K。

每次实验前，用标准温度灯对测温装置进行标定。一般调节稳流器给出一定的电流，对应于此电流值的标准温度灯有一确定的温度值，在 2000~2500℃ 范围内标准温度灯有 6 个分度值，可得到 6 组 T、u_i、u_l 数据。用 $\ln(u_i/u_l)$ 和 $1/T$ 作图可求出式（10-26）中的常数 a、b，由实验时测得的 u_i 和 u_l 即可求出被测温度。

10.3.3 红外测温计

根据普朗克定律确定的物体辐射出射度与波长和温度的关系可知，当温度在 2000K 以下峰值辐射波长已不是可见光而是红外光，测温时需要用红外敏感元件——红外探测器来检测。

红外探测器是红外探测系统的关键元件，大体可分为以下两类。

（1）热探测器。它基于热电效应，即入射辐射与探测器相互作用时引起探测元件的温度变化，进而引起探测器中温度有关的电学性质变化。常用的热探测器有热电堆型、热释电型及热敏电阻型。

（2）光探测器（量子型）。它的工作原理基于光电效应，即入射辐射与探测器相互作用时，激发电子。光探测器的响应时间比热探测器短得多。常用的光探测器有光导型（即光敏电阻型，常用的光敏电阻有 PbS、PbTe 及 HgCdTe 等）及光生伏特型（即光电池）。

红外测温仪的工作原理如图 10.15 所示。被测物体的热辐射线由光学系统聚焦，经光栅盘调制为一定频率的光能，落在热敏电阻探测器上，经电桥转换为交流电压信号，放大后输出显示或记录。光栅盘由两片扇形光栅板组成，一块固定，一块可动，可动板受光栅调制电路控制，并按一定频率正、反向转动，实现开（透光）、关（不透光），使入射线变为一定频率的能量作用在探测器上。表面温度测量范围为 0~600℃，时间常数为 4~10ms。

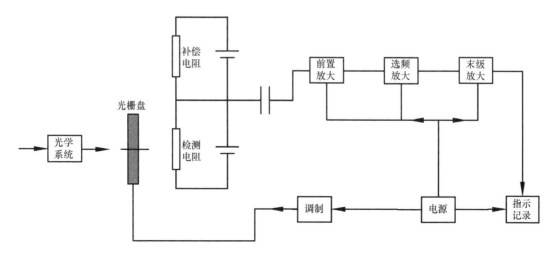

图 10.15　红外测温仪工作原理

10.4 温度测量实例

10.4.1 热电偶测量火箭燃气射流温度分布

火箭燃气射流为发动机内部火药燃烧而产生的高温气体经由喷管以超声速射入静止介质或流动介质的空间中，使气流脱离原来限制它流动的喷管壁面而在大气中复燃的扩散流动。温度分布特征是描述燃气流场的重要参数，是认识实际火箭推进剂的高温、高压燃烧机理及提高火箭发动机性能和效率的关键。

利用热电偶测量火箭燃气射流的温度分布。基于细丝热电偶的总温传感器有体积小、结构简单、测量局部温度准确度高等优点。但在实际中，特别是数据处理时必须注意根据被测流场的特征参数进行必要的修正。

热电偶丝有两种规格，一种是钨铼 5-钨铼，另一种是镍铬-镍硅。前者测量温度范围较高，用于测量射流中心区域的温度，后者测量离射流轴线较远的区域。

实验发动机固定在静止实验台上，传感器则安装在燃气流场中不同位置的可调梳状测试架上。为了保证气流滞止及减小结点辐射损失，热电偶外均采用耐热合金屏蔽罩。热电偶采用环境冷端，冷端节点用相应的补偿导线引出燃气射流作用区，并用绝热材料包覆。

热电偶输出的电压信号采用瞬态波形存储器记录，分辨率为 14 位，采样频率为 10000 点/s，总采样时间为 8s。

发动机燃烧室压力-时间曲线如图 10.16（a）所示，由图 10.16（a）可知发动机的工作过程由 3 个基本阶段组成，即初始峰值段和两个相对稳定段。图 10.16（b）给出了 3 条典型温度-时间历程曲线。

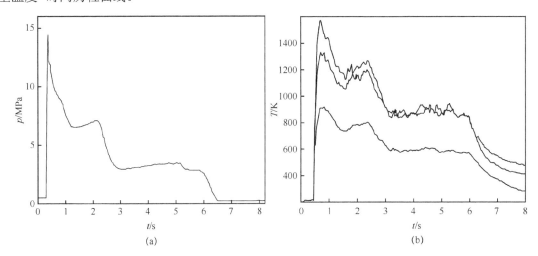

图 10.16　典型实验记录曲线

（a）发动机燃烧室内压力；（b）典型温度-时间历程。

10.4.2 比色法测量燃料空气炸药爆炸温度

燃料空气炸药（FAE）爆炸时伴有压力、温度、电磁波等多种效应。爆炸场温度是燃料空气炸药性能的重要示性指标。采用红外比色辐射高温测量系统，对燃料空气炸药分散爆轰过程中的温度响应进行实时测量。

为了得到准确的温度，应使光探测器的光接收区域全部位于辐射光路形成的区域内，即要求被测目标要充满整个光接收区域，当被测目标不能充满光接收区域时，光接收面积减小，光辐射能量减小，就不能得到正确的温度。采用比色测温技术时，根据目标在两个波段辐射能量的比值确定目标温度，目标在光接收区域上的充满率带来的误差被抵消，通过比色得到的温度与目标的尺寸无关。但在实际应用中，应尽量使被测目标充满光接收区域，这样可以提高系统的信噪比。

燃料空气炸药爆炸过程温度测试系统如图 10.17 所示。该测温系统由被测目标、凸透镜、合成双色传感器、信号放大输出电路、高速数据采集系统组成。系统采用硅、锗两种光探测器，工作波长分别为 1.06μm 和 1.55μm，组成双色传感器。量程范围为 700～2500℃，响应时间 2μs。

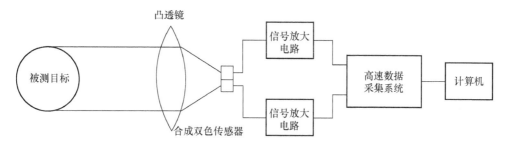

图 10.17　燃料空气炸药爆炸过程温度测试系统组成

在测试系统中，光的辐射能量转换成电流信号，在量程范围内，其电流大小与被测目标辐射能量成正比。为了精确确定光接收元件的工作波长及电流放大系数，用高温黑体炉对红外测温系统进行标定。合成探测器的电流输出比随温度的变化曲线如图 10.18 所示。有标定结果可得出温度随亮度比变化的拟合曲线，该曲线可用于将实验得到的电流比值数据转换为温度数据。

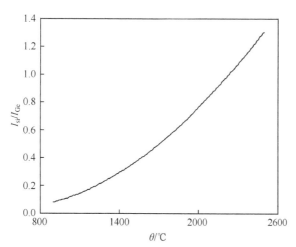

图 10.18　硅、锗合成光探测器的输出电流比值随温度的变化曲线

采用该测试系统，对以固态铝粉、液态碳氢燃料以及高能炸药、敏化剂等组成的燃料空气炸药爆炸过程中的温度响应进行了测试研究。测试现场布置如图 10.19 所示，燃料空气炸药云雾为近似圆柱形，圆柱直径 20m，高度 3m，测温仪距云雾中心 L=100m，测点与云雾中

心的距离为 H=5m,测点距地面高度 2m。测温仪的距离系数为 250∶1,即目标与测温仪间的距离 L 与最小可测目标直径 D 的关系满足:$L∶D$ 为 250∶1。实验中,L=100m,最小可测目标直径 D=0.4m。测温仪测得的是图中光路形成的扇形区域(红外视场)内所有物质的最高辐射温度。在该光路上,除燃料空气炸药爆轰产物外,没有其他高温物质,因此,测温仪得到的就是燃料空气炸药爆炸时的最高辐射温度。

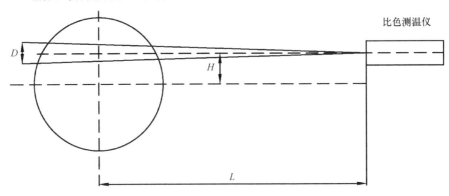

图 10.19 燃料空气炸药爆炸温度测试现场布置图

燃料空气炸药爆炸作用时,硅、锗探测器输出的时间历程曲线如图 10.20 所示。由图 10.20 可见,不同波长的光探测器输出信号同时出现一个上升沿迅速达到最大值,随后光探测器输出缓慢下降,下降过程持续时间大于 0.5s。通过对图 10.20 不同探测器输出能量比转化为温度数据,如图 10.21 所示。

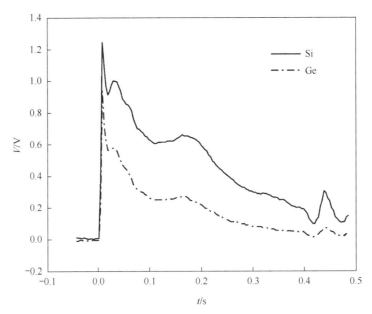

图 10.20 燃料空气炸药爆炸光探测器输出曲线

如图 10.21 所示,在云雾区内距离云雾中心 5m、距离地面 2m 处,最高辐射温度约为 2050℃,在 0.5s 时的温度约为 1200℃,高温持续时间大于 0.5s。

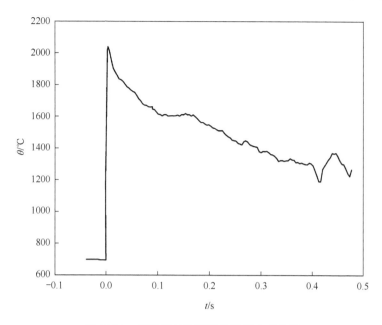

图 10.21　燃料空气炸药爆炸温度响应曲线

思考题

1. 试述热电偶测温的基本原理。
2. 辐射式温度计有何特点，试比较红外测温仪与全辐射温度计的异同点。

第 11 章 虚拟实验测试技术

11.1 概 述

近年来，随着计算机、软件和网络等先进技术的发展和相互交叉融合，测试需求的多样化和复杂化，使得在实验测试领域出现了一种基于计算机和仿真软件平台进行的非实物性实验——虚拟测试（Virtual Testing）。国内外诸多高校、科研院所及其他远程教育机构已得到广泛研究和应用。虚拟实验可为高危险、极端环境、不可逆和高成本高消耗等实验方面提供高效且直观的解决途径。

11.2 虚拟实验技术分类及其特点

虚拟实验按照不同应用领域可大体分为 3 类虚拟实验技术：基于虚拟仪器、基于虚拟现实、基于软件仿真。其中基于虚拟仪器和基于软件仿真的虚拟实验技术在爆炸测试领域中有着广泛的应用。前者为爆炸测试提供了硬件条件，后者为爆炸测试提供了软件支撑。

"虚拟仪器"（Virtual Instrumentation，VI）是现代计算机技术同仪器技术深层次结合产生的全新概念的仪器，是对传统仪器概念的重大突破，是现代测试系统的代表形式。

虚拟仪器一般由计算机、虚拟仪器软件、硬件接口模块等组成。硬件接口模块主要完成来自传感器及其调理电路的被测输入信号的采集、放大、模数转换。根据采用不同总线及其相应的 I/O 接口硬件设备，如利用 PC 总线的数据采集卡（DAQ）、GPIB 总线仪器、VXI 总线仪器模块、串口总线仪器等，主要构成如图 11.1 所示。VI 系统均通过应用软件将仪器硬件与通用计算机结合，其中 PC-DAQ 测量系统是构成 VI 的基本方式，也是最廉价方式。这些应用软件主要包括：集成的开发环境、与仪器硬件的高级接口和 VI 的用户界面。研究者根据自身需要，利用计算机丰富的软件和硬件资源，可以设计自己的仪器系统，从而大大突破传统仪器在数据的处理、表达、传递和储存等方面的限制，满足多样化的应用需求。

虚拟仪器一般基于 LabVIEW（Laboratory Virtual Instrument Engineering Workbench）的开发环境。LabVIEW 是美国国家仪器公司（NI）在 1986 年推出的一种基于图形编程语言（G 语言）的开发环境，其功能十分强大，包括数值函数运算、数据采集、信号处理、输入/输出控制、信号生产、图像的获取、处理和传输等。LabVIEW 采用框图程序实现程序代码的功能，将传统仪器的某些硬件乃至整个仪器都被计算机软件所代替，进而开发出"虚拟仪器程序"。该程序包括 3 个部分：前面板、框图程序、图标/接线端口。前面板用于模拟真实仪器的前面板；框图程序则是利用图形语言对前面板上的控件对象（控制量和指示量）进行控制；图标/接线端口则用于把 LabVIEW 程序定义成一个子程序，从而实现模块化编程。

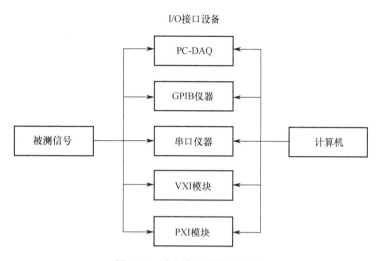

图 11.1 虚拟仪器的构成方式

"虚拟现实"(Virtual Reality,VR)综合了多维信息空间技术,通过采用数据手套、头盔显示器等新型交互设备构造出用来体验或感知虚拟境界的一种计算机软、硬件环境,实验者使用这些高级设备以及自然的技能(如身体运动等)向计算机发出不同指令,并得到环境对用户视觉、听觉等多种感官的实时反馈。VR 为人们探索宏观世界和微观世界中由于种种原因不便于直接观察事物的运动变化规律,提供了极大的便利。其最重要的 3 个特征包括交互性(Interaction)、沉浸性(Immersion)和构想性(Imagination),即"3I"特征,如图 11.2 所示。

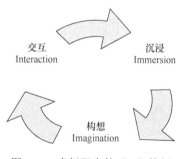

图 11.2 虚拟现实的"3I"特征

虚拟实验(Virtual Experiment),也称为"软件仿真",由一系列仿真引擎模块组成,通过对实验数据的建模和数学求解对实验过程、实验结果进行计算模拟。其所有的实验仪器和材料均通过各种数值仿真软件实现,其中实验仪器主要以 PC 机或工作站为平台,不需要额外的硬件系统来支撑。

仿真软件一般由多用途型工程软件包组成,其计算过程遵循系统的守恒控制方程、反应材料特性的本构方程和状态方程以及初始条件和边界条件描述等内容。其主要优点是可以忽略研究对象几何尺寸上的任何限制,且可以考虑高度非线性。它的缺点是处理从简单和特定的问题到复杂和一般性问题的过程中通常需要很多的数据,以达到计算结果的准确性。

随着计算机应用和软件技术的发展,目前涉及爆炸冲击虚拟仿真领域的常用商用软件有很多,如 ANSYS/AUTODYN、ANSYS/LS-DYNA 等。基于 LS-DYNA 软件仿真平台计算得到的聚能战斗部射流成型及其侵彻靶板过程,如图 11.3 所示。

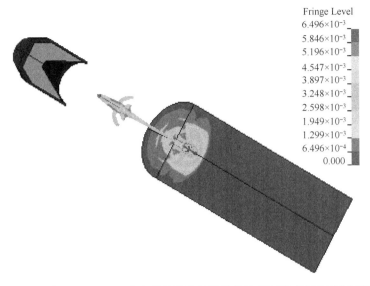

图 11.3　基于 LS-DYNA 仿真软件平台的聚能战斗部射流成型及侵彻过程

软件仿真作为一种综合应用计算力学、计算数学、信息科学等相关科学和技术的综合工程技术，是支持工程技术人员进行创新研究和创新设计的重要工具与手段。它对教学、科研、设计、生产、管理、决策等部门都有很大的应用价值。仿真软件工具的出现为爆炸与冲击问题等高速瞬态现象的研究提供了一种新的解决途径。

11.3　爆炸虚拟实验技术

11.3.1　爆炸虚拟实验特点

爆炸虚拟实验本身可以看作一种基本实验。如模拟弹体的侵彻或炸药爆炸过程以及各种非线性波的相互作用等力学问题，实质上是求解含有很多线性和非线性偏微分方程、积分方程以及代数方程等耦合方程组。因此，虚拟实验测试技术伴随着计算技术的发展而产生，逐渐成为爆炸测试技术的重要组成部分，已经与理论分析、实物实验仪器成为科学技术探索研究的 3 个相互依存、不可缺少的手段。

爆炸虚拟实验技术通过先进的仿真软件对爆炸过程进行数值模拟计算，可细致深刻且可重复地观测到作用过程及结果。爆炸虚拟实验代替实物实验，该方法具有以下特点。

（1）直观性。

爆炸过程的瞬变特性使研究者只能直观地看到实验前后或部分中间状态，即便运用先进的实验设备，也只能测量到有限信息量的某一个物理参数，而通过仿真软件的虚拟实验可以得到整个爆炸过程任意时刻、任意位置的多个物理参数，通过仿真可视化环境使得整个实验过程具有直观特性。

（2）周期短。

爆炸实验的准备周期一般较长，涉及药剂制备、零件机械加工、模具制作等过程。气候条件对实验也有影响，各种实验仪器准备安装和调试，实验后现场的清理等因素都会增加研究周期。而虚拟实验是在计算机上采用软件进行的，只需要建立正确的计算模型就可以进行计算，一些初始参数（初速、初始压力等）很容易以初始条件和边界条件的方式施加。采用先进的并行处理还可以提高计算速度,更缩短计算时间。

(3)经济性。

爆炸实验具有消耗性,这不仅是指被测试件的消耗,还包括传感器等测试元件的损耗和一次性使用,有些大型实验的成本十分昂贵。而虚拟实验平台(计算机软、硬件)一次搭建,可以重复使用,不断进行性能升级。因而,虚拟实验可有效节约成本。

(4)交互性。

借助友好的可视化界面,提高虚拟实验过程的交互性,可以在虚拟实验进行的过程中干预实验或中止实验,提高计算效率、修正计算模型或查看中间过程结果。

爆炸虚拟实验分析流程及虚拟实验与实物实验的关系,如图 11.4 所示。通过虚拟实验方案制订、实验模型计算、实验过程及结果分析,特别是在方案论证阶段,虚拟实验结果可为多种方案优选提供对比依据,以减少实验数量;同时,结合实物实验来验证虚拟实验的物理模型和计算模型的正确性,可进一步提高计算精度。

图 11.4　爆炸虚拟实验分析流程及虚拟实验与实物实验的关系

某侵彻弹丸侵彻钢板的实物实验与虚拟实验对比,如图 11.5 所示。从回收的弹丸变形情况及靶板正、背面穿孔情况与虚拟仿真实验结果对比来看,虚拟实验和实物实验两者一致性较好。

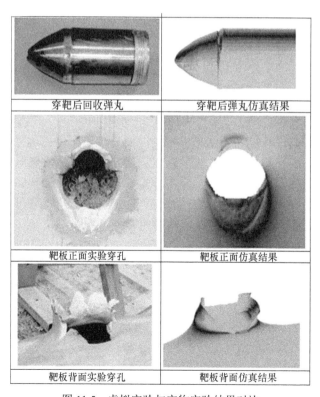

图 11.5　虚拟实验与实物实验结果对比

在实验前先进行虚拟实验就能事先获得预测结果,这对保证实物实验测试成功非常有效。例如,空气中爆炸冲击波超压场测试实验,虚拟实验结果可对采用的传感器的采样频率、量程、记录长度的选择提供有利的指导。虚拟实验同时也对爆炸实验的危险性进行预测,事先采取有效的防护措施。

11.3.2 爆炸虚拟实验原理

爆炸虚拟实验的平台主要由计算机硬件系统和软件两部分组成。计算机可以是 PC 机或工作站,也可以是具有高性能计算能力的超级计算机。软件包括前后处理和仿真计算主程序,包含有拉格朗日(Lagrange)、欧拉(Euler)、任意拉格朗日–欧拉(ALE)、无网格(SPH)和拉格朗日–欧拉耦合等不同的计算方法,同时具有多种材料模型,用户可针对爆炸模型选择合理的计算方法和材料模型,一些软件还建有材料模型数据库供用户直接选用。

虚拟实验有 3 个步骤,即前处理、求解计算和后处理,其原理如图 11.6 所示。其中可视化技术和数据库是虚拟实验的两个支撑平台,可视化技术使得前后处理更简单,在求解过程中直观地观测实验过程,提供良好的人机交互环境,能对模型进行实时人为干预。

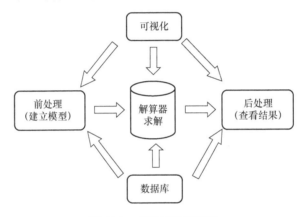

图 11.6　虚拟实验原理图

(1)前处理(建模)。

不同的仿真软件的建模环境和方法略有不同。前处理主要包括实体模型的离散化,选用材料模型,定义边界条件和初始条件,设置控制选项,其中包括求解时间,时间步长控制,输出变量类型和间隔时间等。有些结构复杂的虚拟实验可采用三维实体建模和专业网格生成软件来完成前处理的主要工作,实现 CAD 模型和 CAE 模型的无缝连接,提高对复杂问题的模拟能力。飞机撞击混凝土靶实验模型和虚拟建模模型,如图 11.7 所示。

实物实验

数值模拟模型

图 11.7　飞机撞击混凝土靶

(2) 求解计算。

求解计算是将前处理建立的计算模型按照预先选定的计算方法进行数值计算的过程，是虚拟实验的核心。对于连续介质的非线性动力学分析问题，动力学系统可由质量守恒方程、动量守恒方程、能量守恒方程以及反映材料特性的状态方程和本构方程以及初始条件和边界条件描述。基本方程形式如下：

质量守恒：
$$\rho = \frac{\rho_0 V_0}{V} = \frac{m}{V} \tag{11-1}$$

动量守恒：
$$\begin{cases} \rho\ddot{x} = \dfrac{\partial \sigma_{xx}}{\partial x} + \dfrac{\partial \sigma_{xy}}{\partial y} + \dfrac{\partial \sigma_{xz}}{\partial z} \\ \rho\ddot{y} = \dfrac{\partial \sigma_{yx}}{\partial x} + \dfrac{\partial \sigma_{yy}}{\partial y} + \dfrac{\partial \sigma_{yz}}{\partial z} \\ \rho\ddot{z} = \dfrac{\partial \sigma_{zx}}{\partial x} + \dfrac{\partial \sigma_{zy}}{\partial y} + \dfrac{\partial \sigma_{zz}}{\partial z} \end{cases} \tag{11-2}$$

能量守恒：
$$\dot{e} = \frac{1}{\rho}(\sigma_{xx}\dot{\varepsilon}_{xx} + \sigma_{yy}\dot{\varepsilon}_{yy} + \sigma_{zz}\dot{\varepsilon}_{zz} + 2\sigma_{xy}\dot{\varepsilon}_{xy} + \sigma_{yz}\dot{\varepsilon}_{yz} + \sigma_{zx}\dot{\varepsilon}_{zx}) \tag{11-3}$$

状态方程：
$$p = f(\rho, e) \tag{11-4}$$

本构方程：
$$\sigma_{ij} = f(\varepsilon_{ij}, \dot{\varepsilon}_{xx}, e, T, D) \tag{11-5}$$

适用的主要算法有 Lagrange、Euler、ALE、SPH 几种。Lagrange 算法的计算循环过程，如图 11.8 所示。

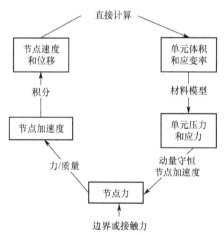

图 11.8 Lagrange 算法计算循环过程

在爆炸仿真中炸药的状态方程可采用 JWL（Jones-Wilkins-Lee）状态方程，空气采用理想气体（Idea-gas）状态方程。

炸药 JWL 状态方程为
$$p = C_1\left(1 - \frac{\omega}{r_1 V}\right)\exp(-r_1 V) + C_2\left(1 - \frac{\omega}{r_2 V}\right)\exp(-r_2 V) + \frac{\omega e}{V} \tag{11-6}$$

式中：C_1，C_2，r_1，r_2，ω 均为常数；e 为炸药内能。

空气理想气体状态方程为
$$p = (\gamma - 1)\rho e + p_{\text{shift}} \tag{11-7}$$

式中：γ 为多方指数；p_{shift} 为初始压力。

（3）后处理（查看结果及分析）。

后处理相当于实物实验测试后的数据读取和处理，可以得到测试参量（如应力、应变、速度、加速度和压力等数据）随时间的变化历程曲线，还可以进行切片处理、生成图片和动画等进一步处理。

11.4 典型爆炸虚拟实验应用案例分析

以下针对冲击波超压传播、破片飞散、聚能射流毁伤元成型及侵彻 3 类常见的爆炸冲击问题，通过实物实验和虚拟实验进行案例分析。

11.4.1 空气中爆炸冲击波超压传播测试

炸药爆轰时冲击波在空气中的传播过程是爆炸测试实验中一类常见问题。其中冲击波在距爆心不同位置处的传播时间和峰值超压为主要实验测试内容。

采用 AUTODYN 虚拟仿真软件计算得到的 1kg TNT 药柱在空气中爆炸的冲击波超压与实测入射超压曲线对比，如图 11.9 所示。可以得到距爆心 7m、9.5m、12m 处的冲击波超压的仿真计算结果与实测入射超压曲线在超压峰值、作用时间等参数一致性较好。

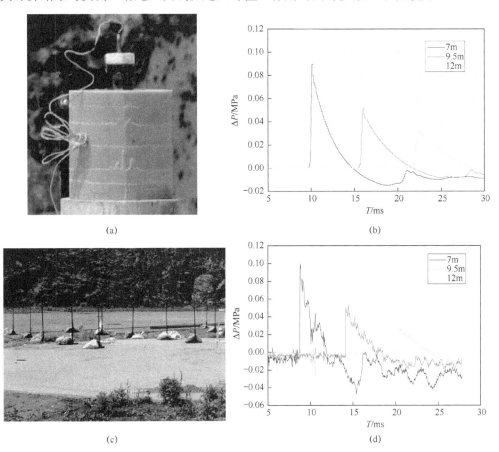

图 11.9 空气中爆炸冲击波超压仿真与实验对比

（a）TNT 药柱；（b）冲击波超压仿真计算结果；（c）测试现场；（d）冲击波超压实测结果。

11.4.2 破片飞散测试

破片战斗部在炸药爆炸驱动作用下壳体或预制破片膨胀向外飞散，利用破片的高速碰击、引燃或引爆作用目标。其运动过程中不同时刻壳体膨胀、碎裂的破片尺寸为主要研究测试内容。

通过 AUTODYN 虚拟实验得到某破片战斗部在 $t_1=25\mu s$、$t_2=50\mu s$ 两个典型时刻的壳体膨胀与实测 X 光结果对比，如图 11.10 所示，可以看出虚拟实验得到壳体膨胀轮廓与 X 光实测的壳体膨胀轮廓吻合较好。

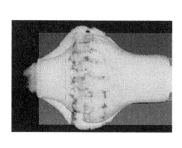
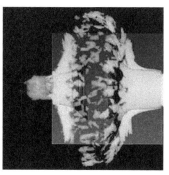

$t_1=25\mu s$　　　　　　　　　$t_2=50\mu s$

图 11.10　典型时刻下的虚拟实验结果与实测 X 光照片

11.4.3 聚能射流成型及侵彻测试

聚能射流是由聚能装药结构中药型罩部件受爆轰波压力挤压驱动作用，并在轴线闭合所形成的，其具备高能量密度、准确的方向性、大局部破坏能力等直接有效的特点，在攻击装甲、混凝土以及地质防御工事和武器车辆等方面表现十分突出。

以口径为 62mm 的某聚能装药战斗部模拟结构为测试分析对象，该弹结构主要由装药、药型罩、壳体、压环组成，装药采用底部中心点起爆方式，如图 11.11 所示。

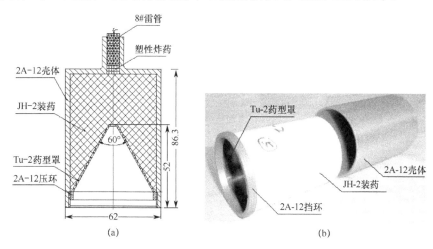

图 11.11　62mm 聚能装药结构及战斗部模拟装置

（1）聚能射流毁伤元成型的虚拟实验与实物实验测试对比。

考虑模型的对称性，采用 AUTODYN 虚拟仿真软件建立二维 1/2 模型，如图 11.12 所示。装药及壳体、空气域以及靶板均建立 Euler 网格模型，外边界设置流出边界，对称边界设置对称面约束，采用全 Euler 计算方法对射流毁伤元成型程进行虚拟仿真计算。

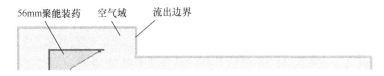

图 11.12　基于 AUTODYN 的 56mm 聚能射流成型虚拟实验模型

通过 AUTODYN-2D 虚拟实验仿真计算得到的典型时刻（25μs、40μs）射流成型形状对比，如图 11.13 所示。

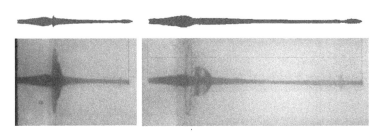

图 11.13　典型时刻虚拟仿真计算（上）与实物脉冲 X 光实验（下）射流形状对比

由图 11.13 对比结果可以看出，采用 AUTODYN-2D 虚拟实验仿真计算得到的射流形状与实物脉冲 X 光实验拍摄的射流形状、射流长度一致性较好。

（2）聚能射流毁伤元侵彻的虚拟实验与实物实验测试对比。

聚能射流侵彻实验靶板规格为 ϕ100mm×300mm 的圆柱形 45#钢锭，炸高为 200mm，建立二维 1/2 聚能射流侵彻靶板虚拟实验仿真模型，如图 11.14 所示，其中装药、空气域与靶板均为 Euler 网格，外边界设置流出边界，对称边界设置对称面约束。

图 11.14　基于 AUTODYN 的 62mm 聚能射流侵彻虚拟实验模型

通过虚拟实验仿真计算，得到的射流侵彻钢锭后的孔形结果与静破甲实物实验时的钢锭剖切后孔形对比，如图 11.15 所示。

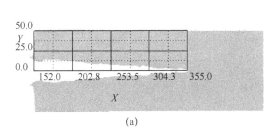

(a)

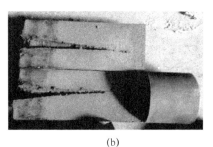

(b)

图 11.15　侵彻虚拟仿真计算与实物静破甲实验的孔形对比

由图 11.15 可以看出，采用 AUTODYN 虚拟实验得到的钢锭破坏孔形对比可以发现，靶板破孔形状和破孔深度一致性均较好。

11.4.4 室内爆炸冲击波传播与绕射虚拟实验

炸药装药在一室内房间中部爆炸的虚拟实验仿真计算模型，如图 11.16 所示。考虑模型的对称性，采用 AUTODYN 仿真软件仅建立 1/4 模型。墙体采用 Lagrange 网格模型，墙体上布设 9 个冲击波超压测试点。炸药和空气域采用 Euler 模型，选用 Lagrange/ Euler 耦合计算方法对炸药爆炸过程进行仿真计算。

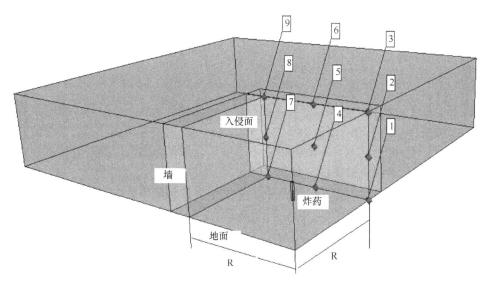

图 11.16 房间内爆虚拟实验示意图

图 11.17 所示为炸药爆炸后某时刻的数值模拟矢量图，图 11.18 所示为 1～3 观测点的冲击波超压-时间历程曲线，图 11.19 所示为不同测试点的冲击波超压直方图。

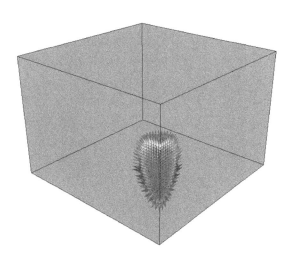

图 11.17 炸药爆炸后某时刻的数值模拟矢量图

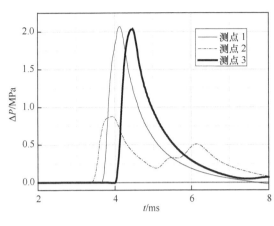 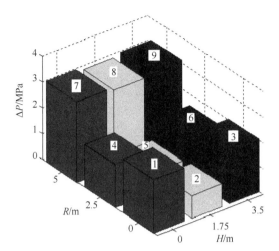

图 11.18 不同测点冲击波超压-时间曲线　　图 11.19 不同测点冲击波超压直方图

从图 11.19 可以看出，炸药在房间内爆炸后，靠近地面（1、4、7 号观测点）和侵入面（3、6、9 号观测点）的冲击波超压值要大于中部（2、5、8 号观测点）的冲击波超压值；房间对角一侧（7、8、9 号观测点）的超压值显著高于其他测点的超压值，这显然与密闭空间内冲击波在边界面的多次反射叠加有关。

根据虚拟实验获得的预测结果，对实物实验中不同位置传感器的量程设置提供了有效依据，确保实物实验获得可靠数据。

思考题

1. 虚拟测试技术有哪些特点？
2. 简述虚拟实验的原理。

第 12 章 爆炸测试技术实验

12.1 雷管输出压力测试实验

12.1.1 实验目的

掌握锰铜压阻法测雷管输出压力原理，熟悉测试系统配置、传感器封装、实验试件安装、系统调试、压力信号的记录与分析等操作流程。

12.1.2 实验原理

利用锰铜材料在动态高压作用下的压阻效应，也就是利用从实验得到的 $p-\Delta R/R_0$ 关系确定压力值，测量雷管端部输出压力。雷管端部输出压力的大小不仅与雷管自身的性能及结构相关，而且与被作用材料的动态力学性质相关。本实验测量雷管爆炸后端部的耦合作用，耦合到有机玻璃中的冲击波压力。由于这个耦合冲击波的波形是非平面的，因此当利用片状锰铜压阻计测量它时，压力模拟信号中不仅包含了压阻效应，而且包含了拉伸效应，记录波形呈马鞍形，如图 12.1 所示。

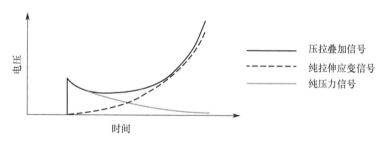

图 12.1 雷管爆炸作用下锰铜压阻传感器输出波形意图

图中电压-时间关系和压阻计的相对电阻变化相关。压阻计的相对电阻变化为

$$\frac{\Delta R}{R_0} = \left(\frac{\Delta R}{R_0}\right)p + \left(\frac{\Delta R}{R_0}\right)w \tag{12-1}$$

式中：$\left(\dfrac{\Delta R}{R_0}\right)p$ 为压力作用下产生的电阻变化；$\left(\dfrac{\Delta R}{R_0}\right)w$ 为横向拉伸（应变）效应产生的电阻变化。

冲击波峰值附近，由于非平面位移产生的横向应变效应很小，$\left(\dfrac{\Delta R}{R_0}\right)w$ 项可以忽略，冲击波头的相对电阻变化近似为

$$\frac{\Delta R}{R_0} = \left(\frac{\Delta R}{R_0}\right)p \tag{12-2}$$

当利用脉冲恒流源向传感器供电时，有

$$\frac{\Delta R}{R_0} = \frac{I \Delta R}{I R_0} = \frac{\Delta V}{V_0} \tag{12-3}$$

相对电阻增量变成相对电压增量，从实验得到的 $p - \Delta R / R_0$ 关系变成 $p - \Delta V / V_0$ 关系。因此在实验中只需要判读到 $\Delta V / V_0$ 就可以算出冲击波压力 p。另外，有机玻璃中的冲击波压力峰值随距耦合界面纵向距离增加而减少。在本次实验中，传感器耦合界面距离由指导教师规定，可在 1～5 mm 范围内选择。

H 型锰铜压阻传感器结构如图 5.5（a）所示。

12.1.3 实验准备

（1）实验用原材料、试件、工具和仪器。

① 一片 H 形锰铜压阻传感器。
② 一个 LD-1 雷管或 8# 雷管（由实验指导教师任选）。
③ 一个小型爆炸容器。
④ 一块方形有机玻璃片，宽约 2cm，厚约 1～5mm。
⑤ 一块有机玻璃承压块，$\phi 25 \sim 30$，厚 20～30mm。
⑥ 有机玻璃套，外径 $\phi 15 \sim 20$，内径 $\phi 6.5 \sim 7$，厚 15～20mm。
⑦ 502 胶，单股导线，高强度漆包线，焊锡，松香，无水酒精，棉纱和生胶带。
⑧ 镊子，活扳手，小剪刀，电烙铁及其支架等。
⑨ 两头带 Q9 插头的导线 4 根，长约 0.5m。
⑩ 4 通道脉冲恒流源一台，脉冲变压器一个。
⑪ 采样速率≥100MS/s 数字存储示波器一台。

（2）传感器封装。

① 用无水酒精棉纱轻擦有机玻璃试件和小型爆炸容器，特别要清理好接线柱。

② 把 H 型锰铜压阻计放在有机玻璃承压块上，使其敏感部分的中心与有机玻璃块中心重合，滴上一滴 502 胶，小心地放上方形的有机玻璃块，并轻轻向下加压，使 502 胶向四周扩散，2min 后可卸压。如果加压时有横向错动的现象，会使敏感元件偏离中心。

③ 在方形有机玻璃块上粘接有机玻璃套时，应尽可能保证有机玻璃套的轴线对准传感器敏感部分的中心，使得雷管装入有机玻璃套时，雷管底部中心正好与敏感元件中心在同一轴线上。为此，找准有机玻璃套的位置之后，用手按住有机玻璃套，再滴 1～2 滴 502 胶，等待 1～2min 后放手。

（3）试件安装。

试件安装如图 12.2 所示。

安装操作步骤如下：

① 剪开传感器的 4 条引线，把它们分别焊到图 12.2 所示的两对接线柱上。焊接时注意先将温度适当的烙铁头沾上焊锡（液态），再接触一下松香，趁冒烟时迅速把烙铁头放在引线焊点处，尽量增加烙铁头与焊点的接触面，靠热传导将引线和接线柱上的焊锡熔化。2～3s 后拿开烙铁头，才能使凝固后的焊点又圆又光滑。

② 焊两根长约 10cm 的单股导线在引爆接线柱上。

③ 若用 8#雷管做实验，还需焊一对触发探针。触发探针用 $\phi 0.1\sim 0.2$ 的高强度漆包线制作。

④ 雷管安装。

雷管安装要特别注意安全，操作前务必先清除静电，确保试件、雷管和操作人员是同电位。将雷管插入有机玻璃套中，并把雷管与焊接在接线柱上的起爆线接好。

⑤ 检查接线柱上各条接线是否正确，小型爆炸容器基座上的○形圈是否完好，然后在○形圈上涂少许黄油，盖上爆炸容器的上罩。在罩顶部小孔拧上裹有生胶带的 M5 的螺钉，以保证实验后爆炸产物不致外泄。

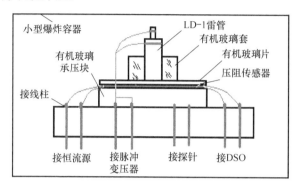

图 12.2 压阻法测 LD-1 雷管输出能力实验装配示意图

（4）实验系统连接。

图 12.3 所示为压阻法测雷管输出能力的两种实验系统配置，学生可根据被测雷管品种，按相应的图示，用 4 根电缆把脉冲恒流源、爆炸容器和 DSO 连接起来，但起爆电缆在系统调试好之前务必断开。

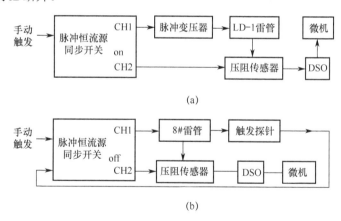

图 12.3 雷管输出能力实验框图

（a）锰铜压阻法测 LD-1 雷管输出能力测试系统框图；（b）锰铜压阻法测 8#雷管输出能力测试系统框图。

12.1.4 实验步骤

（1）系统调试。

① 一定要在雷管爆炸起爆 Q9 座空接的情况下，才允许打开 DSO 和脉冲恒流源的电源开关。

② 通电 5~10min 后，脉冲恒流源达到恒定电流。按脉冲恒流源"RAED"钮，绿色指示灯亮；再按手动触发按钮，绿色指示灯灭，表示恒流源有电流输出。

③ 在 DSO 中调用"LD1"面板设置程序，待显示屏上有"Sequence Running"及"Read"指示灯亮时，表明面板设置已完成。当恒流源向 H 型压阻传感器输出电流时，DSO 可以采集到一个阶跃信号，且"Read"指示灯灭，表示测试系统正常，然后按"Prog"键，DSO 显示屏上重新出现"Sequence Running"，且"Read"指示灯亮，仪器就准备好了，等待实验。

（2）雷管输出压力测试。

① 起爆与记录。

用电缆接通起爆回路，检查 DSO 是否处在 Read 状态。如果一切正常，就可按恒流源触发按钮，爆炸容器中发出微弱的爆炸声，DSO 显示如图 12.1 所示的雷管端部输出压力记录波形，表明实验成功。

② 记录数据的判读。

利用 DSO 的光标判读 ΔV、V_0 以及其他特征时间，并填写实验记录。

12.1.5 实验记录

记录实验主要信息，实验数据填入表 12.1，并据此完成实验报告。

雷管类型_____，实验日期_____，实验人姓名_____
恒流源：CH1____CH2____CH3____CH4____触发 1____触发 2____同步开关_____
TEK2430A：CH1____mV/div，CH2____mV/div，扫描速度_____μs/div，触发电平
____mV，+/-____，触发位置_____，耦合条件_____

表 12.1 压阻法测雷管输出能力实验记录表

序号	基线到恒流幅值 V_0/mV	恒流到峰值 ΔV/mV	触发到信号时间/μs	信号上升时间/ns	$\Delta V/V = \Delta R/R$	p/GPa	文件名	备注

标定后的计算公式为

$$P = 40.4\left(\frac{\Delta R}{R}\right) + 0.075 \quad （5.07\sim19\text{GPa}）$$

$$P = -2.2 + 52.6\left(\frac{\Delta R}{R}\right) - 15.9\left(\frac{\Delta R}{R}\right)^2 \quad （19\sim35.6\text{GPa}）$$

12.2 脉冲 X 射线辐射摄影技术实验

12.2.1 实验目的

（1）了解脉冲 X 光摄影系统操作方法，暗室技术及严格的技安措施。

（2）通过用脉冲 X 射线摄影系统拍摄典型试件爆炸过程的实验，熟悉脉冲 X 光摄影技术的原理及测试方法。

（3）掌握 X 光照片的图像数据处理方法。

12.2.2 实验原理

脉冲 X 光辐射摄影是采用脉冲 X 光作为光源,利用 X 射线的穿透特性,极短的曝光时间来拍摄高速运动过程。系统具有两个脉冲高压发生器。当物体爆炸后,触发外线路随即产生脉冲触发信号,致使具有不同延时的两个"延时发生器"分别工作;经触发放大器、触发变压器至高压发生器按预置时间相应放电,产生 X 射线,射线穿透爆炸物,将物体内部运动过程中密度的变化在 X 底片上感光,从而获得所需的动态照片。图 12.4 所示是实验现场布局示意图。

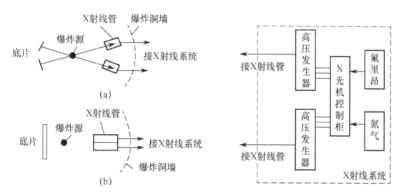

图 12.4 实验现场布局图

(a) X 光交叉摄影;(b) X 光平行摄影。

本实验采用的 Scandiflash AB 450kV 型脉冲 X 射线摄影系统是一种高速辐射摄影系统,广泛用于弹道学、爆炸力学等领域中的高速运动现象研究。

(1) 主要技术性能。

输出电压:	150~450kV
输出峰值电流:	10kA
曝光时间(脉冲宽度):	20ns
射线管:	抽真空可更换阳极式
控制方式:	计算机软件/手动触发/外触发
1m 处每簇脉冲 X 射线剂量:	20 毫伦/脉冲
X 射线源焦点直径:	1mm
穿透能力:	穿透钢板厚度 2.5cm/距 X 射线源 2.5m

(2) 系统方框图及原理。

本系统由两个与控制设备、辅助设备相连接的脉冲高压发生器组成,可对某一"现象"拍摄两个不同时刻的动态照片,图 12.5 所示为测试系统框图,系统主体部分是脉冲高压发生器,采用改进的 Marx 脉冲发生器线路原理,利用储能网络并联充电。当触发信号经触发放大器、触发变压器输入后,储能组件内的触发火花球隙击穿,整个网络由并联充电变为串联放电,产生高压脉冲输至 X 射线管。至此,X 射线管产生曝光时间极短的 X 射线。射线经被测物透射至底片夹,部分射线激活增感屏的荧光物质发出可见光,使 X 底片感光增强;由于透过被测物体的射线强度有所差异,相应在底片上曝光程度也不同,从而拍摄出物体反应或运动的动态像。

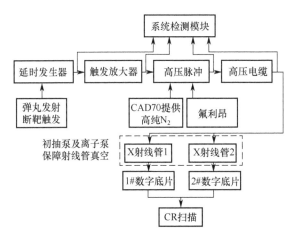

图 12.5 Scandiflash AB 450kV 型脉冲 X 射线摄影系统工作原理框图

氮气调节器用来调节高压发生器内的气体压力,以便高压储能组件在充电时有良好绝缘环境不导致"自串"。氟利昂调节器用以调节 X 射线管室内气压,提高管室内介质的绝缘性,防止高压放电时沿管外壁"爬电"。

该系统的触发控制系统由 DG 1000E 型延迟时间发生器、TA600 型触发放大器为该系统的触发控制系统。通过软件或控制柜设置界面预置两个不同的延迟时间,触发放大器接收并放大来自延迟时间发生器的输出脉冲,从而达到按测试要求拍摄两张不同时刻的动态图像。

电源及隔离电阻提供脉冲高压发生器充电的电源与限流电阻。系统中还设置安全报警装置和应急 PDU 开关,其包括 X 射线系统控制柜门;高压安全锁;X 射线控制室防护门;爆炸实验场警铃等装置的连接电路,只有上述各部分装置连接设置正确无误时,该系统方能接通高压,并正常运转。外触发线路是一个辅助设备,其作用是当被测物体上的探针靶接通时立即产生高压脉冲,进而触发 X 射线系统工作。

本系统配用"脉冲测时仪",是用以记录各发生器相继放电的时间间隔。实测中,可精确记录整个系统的延迟时间,以便进行精确的数据处理。

本实验采用 X 射线数字成像板进行图像记录,并用通过 CR 35NDT 扫描系统扫描成像。其原理是通过脉冲 X 摄像使数字成像板曝光,成像板中 IP 荧光层存储拍摄物的 X 射线图像信息,实验图像可由 CR 35NDT 激光束扫描触发形成可见光信号,经光电倍增管捕捉和计算机 A/D 数据处理,形成高质量的数字图像。

(3) X 射线图像数据处理。

① 放大系数 K。由于被摄物体与底片在不同的距离,因此拍摄图像比被测物大,为了确定物像的放大系数,通常在试件安置好后拍摄静止像,拍摄静止像后,测量被测试件底片上的尺寸,与实际尺寸相比即可得到测试物像放大系数。当被拍摄物体不规则不便于测量时,可采用在被测物体下方布置两枚定间距的钢球或定规格尺寸的铅板,通过确定图像上钢球测量间距和实际钢球间距的比值来确定放大系数。

$$K = \frac{D_{底片}}{D_{物}} \tag{12-4}$$

式中:$D_{物}$ 为被测试件实际尺寸,mm;$D_{底片}$ 为被测试件在底片上的尺寸,mm。

也可用位置测量法计算,即

$$K = \frac{a+b}{a} \tag{12-5}$$

式中：a 为 X 射线源与物体间距离，mm；b 为物体与底片间距离，mm。

② 数据处理。扫描数字成像板获得 X 光拍摄图像，根据测试要求，测量图像中拍摄对象的位置参数 $L_1, L_2, \cdots$ 等，再利用已知参数，计算拍摄对象的平均速度，即

$$\overline{V} = \frac{L_2 - L_1}{(t_2 - t_1) \cdot K} \tag{12-6}$$

式中：$\overline{V}$ 为拍摄对象的平均速度，m/s；L_1, L_2 为 X 光图像上被测点距离原点的距离，mm；t_1, t_2 为 X 光拍摄的时间，ms。

必须指出，当采用并行拍摄时，由于两 X 光射线管中心不在同一点上，因此在拍摄的底片上，两个时刻将存在视角差，数据处理时，应根据实际情况进行处理。

12.2.3　实验准备

（1）实验所用仪器及设备：

① 摄影系统：Scandiflash AB 450kV 型脉冲 X 光摄影系统。

② 气体系统：CAD70 型空气压缩干燥系统和氟利昂气瓶。

③ 扫描系统：CR 35NDT 成像板扫描系统及控制电脑。

④ 成像系统：X 光成像板及其暗盒。

⑤ 触发系统：外触发同轴电缆。

⑥ 防护系统：X 射线镜头防护装置及成像板防护装置等。

⑦ 被测及激发系统：爆炸试件及起爆系列。

⑧ 辅助器具：钢球、测量器材等。

（2）爆炸现场布置。

① 确定被测爆炸试件和成像板支撑架位置，并按照试件药量及破片威力设置射线管镜头防护和成像板防护。

② 在工作室内先将 X 光数字成像板放入暗盒内，然后将其插入成像板防护装置内，再将防护装置挂置在支撑架上。

③ 用万用表分别检查外触发同轴电缆、起爆线等是否连接正确，并确保起爆线二道安全闸刀置于短路状态。

④ 将漆包线做的断靶探针粘于雷管聚凹穴，并检查探针安装正确无误。

⑤ 安装试件，注意试件位置应在图 11.4 所示两射线交叉点处（平行摄影时则放置在某一位置），放置高度根据成像板和 X 射线出光口高度而定。

⑥ 测量并记录试件垂心距成像板和距 X 射线管的水平距离等参数。

⑦ 在试件下方特定位置安放一定间距的两颗钢球，作为高度定位基准和辅助判断放大比。

⑧ 连接外触发同轴电缆及探针线，安装雷管。

⑨ 关闭爆炸洞防护门及排气道，解脱第一道保险闸。

（3）仪器室设备准备。

① 接通 Scandiflash AB 450kV 型摄影系统电源，确保仪器室室内干燥，温度在 20～30℃间。

② 确定好交叉或平行摄影方式，提前将射线管抽真空。

③ 打开空气压缩干燥系统开关和氟利昂气瓶阀门，确保氟利昂气体压力不超过 400kPa，以保障脉冲发生器供气正常。

④ 确保供电和供气正常后，关闭铅防护门，辐射警示灯亮起，非操作人员不得进入。

12.2.4 实验步骤

① 根据被测爆炸试件的药量和成像板防护厚度，设置主通道的系统加压值，其余各通道加压值随之变更，系统内气体压力也随系统加压值自动匹配完成。

② 根据测试要求，预置好出光时间。

③ 确认好拍摄通道和拍摄方式后，逐个通道确认设置，脉冲发生器中的氮气和氟利昂气体压力值分别按照匹配压力值进行微调，系统反馈回气体压力值应于匹配值相近。

④ 系统设置完毕后，插入控制柜安全钥匙，打开 PDU 电源，控制柜电源红灯亮起后。通过计算机软件正式控制加压，系统电压值徐徐升压到达设置电压值时，射线管电流读数缓缓下降并趋近于零。

⑤ 当软件界面待触发按钮"READY"变为绿色时，可通过界面软件触发或系统手动触发，拍摄静止像。

⑥ 关闭 PDU 电源，操作员迅速检查各通道状态和参数，确认无误后开始动态像拍摄准备。

⑦ 起爆人员解除第二道保险，起爆线接入起爆器，拉响实验场区警报，警戒人员回应警戒情况。

⑧ 一切就绪后，设备操作人员按步骤①重复加压。

⑨ 当界面待触发按钮"READY"变为绿色时，实验指挥人员立即发出"起爆"命令，起爆人员引爆被测爆炸试件。

⑩ 系统按预置时间分别先后产生两次射线，控制软件界面上显示各通道实际延迟出光时间。

⑪ 记录实际延迟时间，记录加压、电压等各个原始参数。

⑫ 仪器复原，两保险闸均短路，10min 后进入爆炸现场，取回成像板暗盒，取出数字成像板进行扫描、存储、分析。

⑬ 实验结束后，关闭氟利昂气体阀门、空气压缩干燥系统、扫描系统、控制柜等电源，撤回外触发同轴电缆及起爆线。

12.2.5 实验记录

记录实验主要信息，实验数据填入表 12.2，并据此完成实验报告。

实验日期_____ 实验人姓名_____

试件名称_____ 试件号_____

仪器参数_____

摄影方式_____ 通道/射线管号_____

通道加压（kV）_____

氮气压力（kPa）_____ 氟利昂（kPa）_____

表 12.2 压阻法测雷管输出能力实验记录表

序号	预置时间 $T_1/\mu s$	实测时间 $t_1/\mu s$	预置时间 $T_2/\mu s$	实测时间 $t_2/\mu s$	X 光源距试件距离 a/mm	试件中心距底片距离 b/mm	钢球布置间距/mm	备注

12.3 压电压力传感器动态标定实验

12.3.1 实验目的

掌握压电法测试技术，熟悉压电压力传感器动态标定的系统配置、系统调试，模拟信号和时间间隔信号的分析与处理等操作流程。

12.3.2 实验原理

自由场压电压力传感器广泛用来测定冲击波压力及其波后压力随时间变化的历史，图 12.6 所示为一种型号的自由场压电压力传感器。

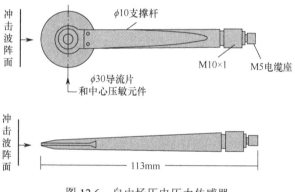

图 12.6 自由场压电压力传感器

冲击波掠过传感器导流片及其中心的压电敏感元件工作面时，敏感元件会因压电晶体受冲击压力的作用发生形变，并伴有极化或去极化现象，使晶体表面产生电荷。人们把压电压力传感器的输出电荷 $q(t)$ 与作用在压电敏感元件表面的平均超压 $\Delta P(t)$ 之比定义为压电压力传感器的电荷灵敏度 S_q，即

$$S_q = \frac{q(t)}{\Delta P(t)} \tag{12-7}$$

当传感器的灵敏度 S_q 已知时，测量受压传感器的输出电荷 $q(t)$，就可以确定冲击波超压 $\Delta P(t)$。如果将已知压力作用于传感器表面，测量传感器的输出电荷就可以计算它的电荷灵敏度，称为动态标定。激波管作传感器的动态标定是最常用的方法之一，其实验系统配置如图 12.7 所示。

实验系统中包含空气激波管、DSO、数字电容表、计时传感器、被标定传感器、阻抗变换器、微分电路、气压表、减压阀和压缩空气瓶等。由 DSO-CH1、阻抗变换器、被标定的传感器和数字电容表组成电荷测量系统；而 DSO-CH2、计时传感器和微分电路组成冲击波超压测量系统。

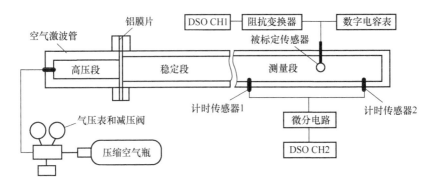

图 12.7　激波管标定压电压力传感器系统配置示意图

电荷测量系统直接测量的是电压 $U(t)$，而电荷量计算为

$$q(t) = C_0 U(t) \tag{12-8}$$

式中：C_0 为被标定传感器电容、电缆电容和阻抗变换器输入电容之和。当无阻抗变换器时，要加上 DSO 输入电容。C_0 值用数字电容表或数字万用表测出。

冲击波超压 ΔP 测量系统测量的是冲击波经过一定距离 Δx 的时间间隔 Δt，算出冲击波速度后，再利用冲击波关系计算出相应的超压 ΔP。

激波管是产生冲击波的设备，由三节内径约 90mm 的无缝钢管组成，全长约 3.5m。铝膜片把整个激波管分成高压段和低压段两部分。在低压室的测量段放置待标定的压电压力传感器和计时传感器。标定时，向高压段内充压缩空气。当压力超过铝膜片强度极限时，膜片突然破裂，这时在激波管内形成两类波：向高压段传入稀疏波，而向低压段传播压缩波，压缩波行进一段距离后形成一个比较稳定的冲击波，冲击波经激波管稳定段进入测量段，先经过第一计时传感器，再经待标定的压电压力传感器和第二计时传感器，最后到达激波管尾部。两个计时传感器之间的距离 Δx 为 500mm，冲击波通过这段距离的时间间隔 Δt 是直接测量到的，因而得到两个计时传感器中点的平均冲击波速度为

$$D = \Delta x / \Delta t \tag{12-9}$$

式中：Δx 为两个计时传感器之间的距离；Δt 为冲击波通过两个计时传感器的时间间隔。

再用理想气体的冲击波关系计算冲击波超压 ΔP，即

$$\Delta P = P - P_0 = \frac{7}{6}(M^2 - 1) P_0 \tag{12-10}$$

式中：P 为冲击波压力，MPa；P_0 为低压段的初始压力，一般情况下 $P_0 = 0.101325$ MPa；M 为冲击波的马赫数，$M = D/c$，c 为标定时低压段的初始声速，m/s。

最后，电荷灵敏度为

$$S_q = C_0 U / \left[\frac{7}{6}(M^2 - 1) \times 0.101325 \right] \quad (\text{nC/MPa}) \tag{12-11}$$

12.3.3　实验准备

（1）原材料准备。

① 带 $\phi 20$ 套管的自由场压电压力传感器 2 支。

② TEK2430A 或 2440 数字存储示波器（DSO）一台，长引线的接线板一个。

③ 4 位半数字万用表一块。

④ 两头带 M5 电缆头的低噪电缆一根，长 1～2m。
⑤ 接地电缆线一根，长 6～10m。
⑥ M5-Q9 变换头一个。
⑦ Q9 三通一个。
⑧ 测电容专用电缆一根。
⑨ 并接在一根带 Q9 头电缆上的测速传感器（内装微分电路）两支。
⑩ 计算器、记号笔、剪刀、专用扳手和膜片样圈各一个。

（2）膜片准备。

按膜片样圈外径大小把厚 0.1～0.2mm 的铝箔剪成外径接近 90mm 的圆片，共 8～10 片。

12.3.4　实验步骤

（1）安装膜片。

卸开激波管上安装膜片的带把套圈，取出使用过的铝膜片（已破），换上剪好的铝箔，夹在橡皮圈和钢圈之间。注意将橡皮圈放在高压段一侧，钢圈放在低压段一侧，再上紧带把套圈。

（2）装传感器。

① 首先卸下传感器套管，把低噪电缆的一个 M5 头拧到传感器 M5 电缆座上，低噪电缆的另一头从套管中穿过，再穿过激波管标定口上的空心螺纹压圈，接在 M5-Q9 变换头上；变换头经三通再接 DSO CH1 输入端口；三通的另一端连接测电容的专用电缆。

② 把传感器插入激波管标定口，使敏感元件部分的轴线平行于冲击波阵面，拧紧的空心螺纹压圈，调整传感器杆的高度，用定位螺钉固定，使敏感部分处在激波管的中心轴上。

（3）接地线。

把 6～10m 长的接地电缆线的一端插入 DSO 的接地口，另一端接实验室地线。

（4）DSO 调试。

接通 TEK2430A 或 TEK2440 的电源，按一下"Prog"钮，调用专用面板设置程序，DSO 显示屏上出现"Sequence Running"，且前面板上"Read"指示灯亮，表明 DSO 面板设置正常。

（5）DSO 入口接线。

CH1 输入口接三通，三通的一端与被测传感器及其低噪电缆联接，另一端与测电容专用短电缆联接；CH2 输入口联接测速传感器及其电缆。

（6）测电容。

将 4 位半数字万用表选择开关调到电容档，把测电容专用电缆的开放端的两极插入该万用表的电容插口，测量并联在被测传感器上的等效电容值。读完电容值后，务必将数字万用表关闭，或将测电容专用电缆线开放端拔出，离开万用表。

（7）检查与送气。

再检查一次面板设置显示及"Read"指示灯是否点亮，确定无误后，打开给激波管送气的高压气瓶阀门，等听到破膜声时，立即快速关闭高压阀门。DSO 显示屏上呈现与图 12.8 所示的类似波形。

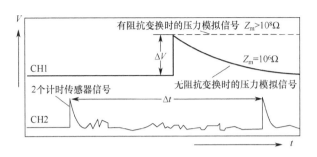

图 12.8 激波管标定压电压力传感器典型记录曲线（示意图）

（8）判读。

利用 DSO 的光标测量压力模拟信号峰值 V，以及两个计时信号峰值之间的时间间隔 Δt，将所测数据填入附表中。

（9）重复实验。

再换上新的铝膜，按 DSO 上 "Prog" 键，"Read" 指示灯亮后，打开高压气阀，又一次破膜，判读 DSO 新的记录曲线上的 V 和 Δt。如此继续，共做三次。如果三次实验结果基本一致，就可结束实验，把所有仪器复位。

12.3.5　实验记录

记录实验主要信息，实验数据填入表 12.3，并据此完成实验报告。

实验日期_____实验人姓名_____激波管型号_____

记录仪器_____CH1_____mV/div，CH2_____mV/div，_____ms/div，触发电平_____mV，电容表型号_____，测速计间距 $\Delta x =$____m，气温____℃，声速 $c =$____m/s，冲击波速度 $D =$____m/s，冲击波马赫数 $M =$____。

表 12.3　激波管标定压电压力传感器电荷灵敏度记录表

序号	传感器号	带电缆传感器电容 C_0 / nF	峰值电压 U/V	时间间隔 Δt / ms	电荷灵敏度 S_p/(nC/MPa)

12.4　爆炸冲击波超压测试实验

12.4.1　实验目的

（1）掌握冲击波超压测试系统组成与工作原理。
（2）掌握冲击波超压的数据处理方法。

12.4.2　实验原理

爆炸冲击波超压测试系统主要由压电传感器、电荷放大器、数据采集仪等组成，如图 12.9 所示。在实验弹表面缠绕漆包线（断靶），装药起爆后提供触发信号，数据采集仪接收到该触发信号后开始工作。当冲击波掠过压电传感器的敏感端面时，其晶体沿着冲击波作用力的方向发生变化，在晶体表面呈现电荷，该电荷经电荷放大器放大并以电压信号形式输至数据采集仪。

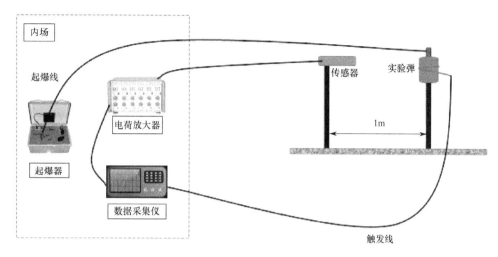

图 12.9 实验现场布置示意图

实验前设定电荷放大器灵敏度倍数和电荷放大器输出增益,实验后记录输出电压峰值,并计算冲击波超压值,即

$$\Delta P(t) = U(t)/(S_Q G) \qquad (12\text{-}12)$$

式中:$U(t)$ 为记录仪上测得的电压值,mV;S_Q 为电荷放大器灵敏度倍数;G 为电荷放大器输出增益;$\Delta P(t)$ 为冲击波超压值,MPa。

12.4.3 实验准备

(1)设备器材。
① 压电传感器(型号 CY-YD-202)。
② 电荷放大器(型号 YE5864A)。
③ 数据采集仪(型号 PCI-506112)。
(2)药柱准备。
在装配工房称量并记录药柱类型、尺寸、质量等参数。
(3)外场场地准备。
图 12.10 所示为现场布置示意图,实验用药柱放置在 1m 高支架上,距离药柱爆心 0.5m 和 1m 处分别放置 1 个传感器。

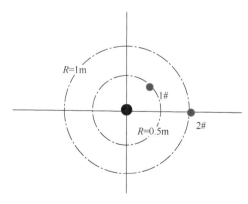

图 12.10 传感器布置示意图

12.4.4 实验步骤

① 连接内外场仪器。
② 电荷放大器参数设置，根据传感器资料卡参考灵敏度数值，在电荷放大器上进行相应设置，并记录电荷放大器灵敏度倍数 S_Q 和电荷放大器输出增益 G。
③ 数据采集仪参数设置，采样频率 1~2MHz，触发采集负延时 128K。
④ 开展实验前预测试工作，轻轻敲击传感器头，并采用手动触发方式采集数据，查看记录效果，确保实验测试系统正常。
⑤ 外场人员撤离，连接雷管。
⑥ 引爆雷管，存储实验波形曲线，记录仪上测得的电压值 $U(t)$。

12.4.5 实验记录

记录实验主要信息，实验数据填入表 12.4，并据此完成实验报告。
实验日期_____实验人姓名_____实验气象条件_____
药柱类型_____药柱质量_____g 药柱直径_____mm，药柱高度_____mm
传感器型号_____电荷放大器型号_____记录仪器型号_____

表 12.4 空气中爆炸冲击波超压测试实验记录表

序号	传感器号	电荷灵敏度 S_q/(nC/MPa)	灵敏度倍数 S_Q	电荷放大器输出增益 G	峰值电压 U/mV	冲击波超压值 ΔP/MPa

12.5 破片速度计衰减系数测量实验

12.5.1 实验目的

（1）掌握弹道枪驱动破片测速系统组成与工作原理。
（2）掌握破片速度与衰减系数的数据处理方法。

12.5.2 实验原理

实验系统主要由弹道枪、测速靶、计时仪、靶板等组成。图 12.11 所示为实验现场布置示意图，测速靶分别安装在距离枪口不同距离处，间距为 x_i ($i=1,2,3$)。其中靶 1 为启动靶，破片依次穿过测速靶 1~靶 4 击中靶板，计时仪分别记录破片穿过靶 1~靶 4 的时间 t_i ($i=0,1,2,3$)。

（1）高速破片加载系统。
该系统主要由弹道枪、枪座（架）和弹壳、弹托组成，弹道枪和弹壳、弹托用来对一定形状的破片进行加速，使破片获得一定的速度，枪座（架）用来固定弹道枪。弹道枪的口径主要有以下 3 种：7.62mm，12.7mm，14.5mm，弹壳和弹托的尺寸与弹道枪相匹配。

（2）破片速度测试系统。
该系统主要由计时靶和测时仪组成，计时靶给出测时仪"启动"和"停止"信号，由测时仪来记录时间。计时靶有很多种，常用的主要有通断靶、天幕靶和电磁靶。测时仪也有很多种，并可根据需要设置多个通道。

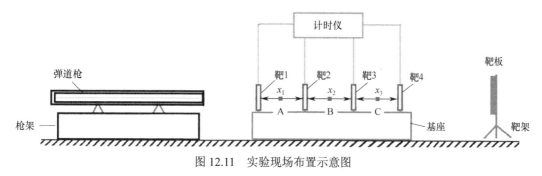

图 12.11 实验现场布置示意图

（3）靶板。

靶板安装在靶架上，用来防护破片碰撞靶板后反弹对环境造成破坏。

根据实验中测得的数据可得到两靶间的平均速度，将其近似为靶间中点 A、B、C 点的瞬时速度 v_i ($i=1,2,3$)，即

$$v_i = \frac{x_i}{t_i - t_{i-1}} \quad (12\text{-}13)$$

根据上述测量、计算的一系列值，采用最小二乘法原理，可求得破片初速 v_0 和衰减系数 α 为

$$\begin{aligned}
\ln v_0 &= \frac{\sum r_i^2 \sum \ln v_i - \sum r_i \sum r_i \ln v_i}{n\sum r_i^2 - \left(\sum r_i\right)^2} \\
\alpha &= \frac{\sum r_i \sum \ln v_i - n\sum r_i \ln v_i}{n\sum r_i^2 - \left(\sum r_i\right)^2}
\end{aligned} \quad (12\text{-}14)$$

式中：r_i ($i=1,2,3$) 为两靶间中点至炮口的距离；本实验中 $n=3$。

12.5.3 实验准备

（1）原材料准备。

① 破片、弹托若干。

② 12.7mm 弹道枪 1 把。

③ HG202 测试仪一台。

④ 4 位半数字万用表一块。

⑤ 铝箔若干。

⑥ 靶架 5 具，靶板 1 块。

（2）铝箔靶准备。

铝箔靶根据靶架大小进行制作。

12.5.4 实验步骤

① 准备弹道枪，调整其位置与角度，枪身保持水平，弹道与测速靶垂直。

② 布置测速靶，第一个测速靶的位置应位于火药后效区之外，记录各靶的位置。

③ 测时仪线路与各靶连接，接通前试测通靶效果，调试测量档位。
④ 准备药筒及火药，按照预定的装药量称好火药，装填在药筒中。
⑤ 对球形破片进行编号和测量称重，记录测量数据。
⑥ 将球形破片塞入药筒前端，构成组合体，然后从弹道枪药室尾部放入枪膛。
⑦ 人员撤离实验场，下达发射命令，拉发弹道枪，发射球形破片。
⑧ 用枪栓锁住弹道枪保险，退出空药筒。
⑨ 记录测时仪数据。

12.5.5 实验记录

记录实验主要信息和实验数据，计算破片初速和衰减系数填入表 12.5，并据此完成实验报告。

实验日期：_____ 实验人姓名：_____ 气象条件：_____
弹道枪口径：_____ 装药量：_____ 粒子质量：_____
测时仪名称：_____ 计时靶类型：_____ 靶板材料、厚度：_____

表 12.5　破片初速计算参数表

项目	$i=1$	$i=2$	$i=3$
X_i/m			
$t_i/\mu s\sqrt{a^2+b^2}$			
$v_i/(\text{m/s})$			
r_i/m			

12.6　导爆索和导爆管爆速测量实验

12.6.1　实验目的

（1）了解测时仪器的使用方法、探针的结构、光纤和光电转换原理、爆轰波的特性等。
（2）掌握电探针和光纤测时和测速的工作原理。

12.6.2　实验原理

速度和作用时间是高能量、快速反应物质的重要参数，它决定着做功元件的特性和功能。与时间有关的变量有燃烧转爆轰时间、瞬发度、爆速、破片速度、延期时间等。

测量爆速需要两个触发信号，一个是开始计时信号，另一个是停止计时信号，两个信号之间仪器记录的是所求的时间间隔。当做功元件燃烧、爆炸时，会伴随出现一些声、光、热、压力等物理效应，如巨响、冲击波、破片、压力突变、光亮、辐射、气体电离等，这些现象在很短的时间内产生并消失。本实验的计时信号取自爆炸时的气体电离或产生的强光照射，通过电探针或光纤记录的时间间隔和与其对应的位置间距，可以计算出样品的爆速。

图 12.12（a）所示是用电探针法测量导爆索的爆速。导爆索固定在雷管上，当雷管爆炸时，引爆导爆索中的炸药，爆轰波沿着导爆索从一端传播到另一端。若将两个电探针按照测好的间距插入导爆索的药芯部位，当爆轰波传播到探针位置时，在探针端面产生高温高压反应区，爆炸产物以离子状态存在，使电极两端导通，通过脉冲形成网络，产生一个阶跃脉冲

信号，使示波器记录下信号波形和相应的时间。两探针之间记录的时间间隔，就是导爆索在一定距离内传爆所用时间，根据时间和距离，可求得爆速。

测时仪器可以是示波器、测爆仪或计时仪等，它们可以准确地记录两个探针间爆轰波传播的时间。脉冲发生器通过电容充放电向计时仪输出脉冲信号，其充电时间为 500μs。雷管是由引火头和纸雷管两部分组成，起爆电压为 12V。

图 12.12（b）所示是用光纤法测量塑料导爆管的爆速。将放电电极插入导爆管起爆端，在高电压的作用下，两电极间产生放电火花，点燃导爆管内的炸药。导爆管放在金属套管模具中，在模具的后半部分，等间距钻有定位孔和光纤孔。定位孔的目的是排除周围光对光纤的影响，使多个光纤的受光位置保持一致。光纤插在光纤孔内固定。当爆轰波沿导爆管内壁传播时，使光纤依次受光。光纤把光信号传递给多路光纤测速仪，测速仪将光信号转换成电脉冲信号显示在示波器上，通过示波器可以读出光纤间的时间间隔，从而计算出爆速。

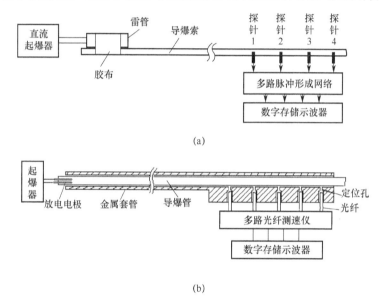

图 12.12　光纤法测爆速原理
（a）电探针法测爆速原理；（b）光纤测爆速原理。

电探针和光纤的安装位置最好在导爆索和导爆管的末端，其目的是尽量远离起爆段以保证测试点处的爆轰波速稳定。

12.6.3　实验准备

（1）导爆索测试设备。
① 测时仪器主要包括以下几项。
　爆速测试仪：测时精度不大于 1μs。
　计时仪：计时精度不大于 1μs。
　存储示波器：响应频率 100MHz 以上，4 通道。
② 脉冲形成网络：多通道，响应时间小于 1μs。
③ 雷管：引火头和 ϕ8mm 纸壳火雷管。
④ 导爆索：ϕ4.5mm 普通导爆索。

⑤ 探针：ϕ0.1mm×300mm 漆包线。
⑥ 起爆电源：12V 直流稳压电源。
⑦ 万用表、胶布、压块等。
(2) 导爆管测试设备。
① 脉冲起爆器 1 台，放电电压峰值大于 1kV，放电时间常数毫秒数量级。
② 放电电极由注射针管和漆包线制成，漆包线是芯极，注射针管室外电极。
③ 金属套管装置：光纤定位孔间隔 50mm，孔精度 0.1mm。
④ 多路光纤测速仪：测时精度不低于 100ns，8 通道。
⑤ 光纤：ϕ400μm，长 3m。
⑥ 数字存储示波器：响应频率 100MHz 以上，4 通道。
⑦ 普通塑料导爆管，装药量 18mg/m，长度不小于 0.5m。

12.6.4　实验步骤

(1) 导爆索爆速实验。

① 准备雷管。先将引火头管脚短路，安装在火雷管纸壳内并用胶布固定住，然后放在安全地方。

② 取 200mm 长导爆索，在导爆索上，从末端算起，用笔确定 4 个电探针的安装位置，每个探针间的距离是 30mm。

③ 用ϕ0.1mm 漆包线做成丝式电探针 4 个，长为 300mm，在端口处剪齐，另一端用砂纸打磨掉漆皮，作引线端。用尖头击针在导爆索上钻 4 个孔，把探针插到和药面接触的位置。用万用表测量探针的两个引出端，看探针是否短路。如果不短路，则在探针和导爆索接触的地方用胶布或环氧树脂胶，把探针固定在导爆索上，然后用胶布再缠一道，注意应使探针敏感部位先接触爆轰波，其导线后接触。

④ 调试各类测试仪器，无问题后接好线。数字示波器时基采样选为 5μs/格，电压 2V/格。探针和脉冲形成网络连接。

⑤ 将雷管捆绑在导爆索上，放入防爆箱内，将探针线接好。第一个探针 1（离雷管最近的）应对应示波器的触发通道，其他探针依次与示波器其他通道对应。

⑥ 人体放电后，打开短路的引火头脚线，与起爆器连接。

⑦ 关闭防爆箱门，从起爆引线两端测引火头是否导通，如不导通，需要重新换引火头。

⑧ 一切正常后，起爆。记录实验结果。

(2) 导爆管爆速实验。

① 将光纤的两个端面用利刀切平，用光源照射光纤一端，光纤的另一端应有较强的光传出，否则需检查光纤是否有断裂和头部损伤。

② 将光纤固定在金属套筒的光纤孔内，光纤轴心与定位孔轴心重合，光纤端面顶住孔底，然后用胶布等固定光纤。

③ 调整仪器初始值，光纤、脉冲发生器、示波器连线。

④ 测量放电电极是否打火花，如果不打火花，在砂纸上打磨针头上的两个电极，直到正常放电为止。将针头插入导爆管内，再将导爆管按图 12.11（b）所示方式穿到金属套内。

⑤ 将金属套和样品等放入防爆箱内，引出放电电极引线、光纤光路，关闭防爆箱门。

⑥ 接通光路，放电电极和起爆器连接。一切正常后，起爆。

⑦ 保存好实验记录原始数据。

12.6.5 实验记录

记录实验主要信息，实验数据填入表 12.6，并据此完成实验报告。

实验日期_____实验人姓名_____
实验样品名称_____样品规格或型号_____
仪器型号、指标_____
示波器数据：CH1_____mV/div，CH2_____mV/div，CH3_____mV/div，CH4_____mV/div
　　　　　　扫描速率_____μs/div，触发电平_____mV
探针（或光纤）参数_____间距_____

表 12.6 导爆索或导爆管爆速测试实验记录表

序号	DSO1 通道/μs	DSO2 通道/μs	DSO3 通道/μs	DSO4 通道/μs	平均时间/μs	平均爆速/（mm/μs）	备注

12.7 爆炸冲击波反射及绕射虚拟实验

12.7.1 实验目的

采用 AUTODYN 动力学仿真软件对爆轰波在空气中的传过程进行虚拟实验，直观地了解爆轰波遇到障碍物的反射及绕射的传播规律，为实物实验传感器参数的选取提供指导。

12.7.2 实验原理

利用 AUTODYN 非线性动力学软件中的多物质欧拉、拉格朗日耦合算法计算裸装药在空气中爆炸传播，模拟遇障碍物的反射与绕射传播情况，在障碍物前、后典型位置设置观测点记录爆轰波压力历程，得到爆轰波的入射、反射、绕射等传播规律。

实验中采用球形 TNT 裸装药在空气中爆炸传播，障碍物为一定厚度和高度钢板。如图 12.13 所示（单位：mm）。

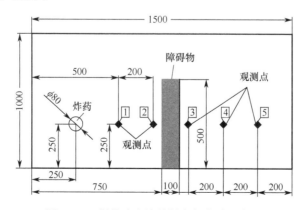

图 12.13 爆炸冲击波传播虚拟实验示意图

12.7.3　实验步骤

（1）创建二维模型。
（2）从材料库中选取空气、障碍物和炸药的材料模型。
（3）分别构建障碍物拉格朗日网格模型，构建空气欧拉网格模型，在空气区构建 TNT 裸装药模型。
（4）设置球形裸装药中心为起爆点。
（5）添加观测点记录冲击波压力历程。
（6）设置计算控制参数并运行。

12.7.4　实验记录

（1）观测爆炸冲击波的地面反射及绕射现象并将计算结果填入表 12.7。

表 12.7　测试结果记录表

观测点	1	2	3	4	5
冲击波到达时间					
超压峰值					

（2）绘出入射、反射的典型波形曲线。
（3）回归超压-距离衰减曲线。
（4）撰写实验报告。

思考题

1．对于脉冲 X 摄影实验，如何提高底片的清晰度？
2．对于爆炸冲击波超压实验，影响测试精度的因素有哪些？
3．对于破片速度和衰减系数测定实验，影响测试精度的因素有哪些？
4．对于导爆索和导爆管爆速测量实验，
（1）探针对导爆索中的药剂性能有什么要求？
（2）影响测时精度的因素有哪些？
（3）在实验过程中应注意哪些安全事项？
5．对于爆炸冲击波反射及绕射虚拟实验，如何提高计算精度？

参 考 文 献

[1] 黄正平. 爆炸与冲击过程测试技术[M]. 北京：北京理工大学出版社，1994.
[2] 李国新. 火工品试验与测试技术[M]. 北京：北京理工大学出版社，1998.
[3] 李国新. 安全检测技术[M]. 北京：北京理工大学出版社，1992.
[4] 黄正平. 爆炸与冲击电测技术[M]. 北京：国防工业出版社，2006.
[5] 刘世平. 弹丸速度测量与数据处理[M]. 北京：兵器工业出版社，1994.
[6] 张挺. 爆炸冲击波测量技术[M]. 北京：国防工业出版社，1984.
[7] 裴思行. 兵器测试技术[M]. 北京：兵器工业出版社，1994.
[8] 北京工业学院八系.爆炸及其作用[M]. 北京：国防工业出版社，1979.
[9] 周生国. 机械工程测试技术[M]. 北京：北京理工大学出版社，1993.
[10] 胡绍楼. 激光干涉测速技术[M]. 北京：国防工业出版社，2001.
[11] 袁希光. 传感器技术手册[M]. 北京：国防工业出版社，1986.
[12] 刘君华，申中如，郭福田. 现代测试技术与系统集成[M]. 北京：电子工业出版社，2005.
[13] 费业泰. 误差理论与数据处理[M]. 5 版. 北京：机械工业出版社，2004.
[14] 赫晓剑. 动态测试技术与应用[M]. 2 版. 北京：电子工业出版社，2013.
[15] 聂小燕. 一种全光纤速度传感器的研究[D]. 成都：电子科技大学，2006.
[16] 蔡邵佳. 激光干涉测速技术及其应用[D]. 北京：北京理工大学，2006.3.
[17] 裘伟廷. 基于LabVIEW的虚拟仪器和虚拟实验[J]. 现代科学仪器，2002（3）：20-23．
[18] 郭天太，周晓军，朱根兴. 虚拟测试技术概念辨析[J]. 机床与液压，2003（5）：3-5.
[19] 杜春慧，操建华，左丹英，等. 聚偏氟乙烯的多晶型及结晶行为的研究进展[J]. 功能材料，2004, 3325-3329.
[20] 范育辉. 柴油发动机缸盖、缸套温度场测试系统研究[D]. 太原：中北大学，2009.
[21] 黄长艺，等. 机械制造中的测试技术[M]. 北京：机械工业出版社，1981.
[22] 陈毅强. 低频压电加速度传感器的噪声特性及信号处理方法研究[D]. 秦皇岛：燕山大学，2016.
[23] 彭杰纲. 传感器原理及应用[M]. 北京：电子工业出版社，2012.
[24] 杨清梅，孙建民. 传感技术及应用[M]. 北京：清华大学出版社，2014.
[25] 张文栋. 存储测试系统的设计理论及其应用[M]. 北京：高等教育出版社，2002.
[26] 张文栋. 弹道数据采集与存储测试系统[D]. 太原：太原机械学院，1986.
[27] 孔德仁. 兵器动态参量测试技术[M]. 北京：北京理工大学出版社，2013.
[28] 汪诗林，吴泉源. 开展虚拟实验系统的研究和应用[J]. 计算机工程与科学，2000，（2）：33-35.
[29] 单美贤，李艺. 虚拟实验原理与教学应用[M]. 北京：教育科学出版社，2005.
[30] 蔡红霞，胡小梅，俞涛. 虚拟仿真原理与应用[M]. 上海：上海大学出版社，2010.
[31] 刘文苗. 虚拟实验的模型要素研究[D]. 吉林：吉林大学，2011.
[32] 朱敏，朱焱. 虚拟实验与物理课程教学[M]. 南京：东南大学出版社，2008.
[33] 翁继东. 全光纤速度干涉技术及其在冲击波物理中的应用[D]. 长沙：国防科技大学，2004.
[34] 门建兵，蒋建伟，王树有. 爆炸冲击数值模拟技术基础[M]. 北京：北京理工大学出版社，2015.
[35] Young C, et al . Shock waves and the mechanical properties of Solids[M]. Syracuse University Press, 1971.

[36] Wentorf R H. Advances in High-Pressure Research[J]. Academic Press, 1974, (4):51-57.

[37] Josef H. The dynamics of explosion and use[M]. Elsevier Scientific Publishing Company, 1979.

[38] Minshall S. Properties of elastic and plastic waves determined by pin contractors and crystals[J]. J. Appl. Phys., 1955, 26: 463.

[39] Jameson R L. Electrical measurements in detonating pentlite and composition B[J]. BRL Memorandum Report No. 1317, Aberdeem poving ground, Md. 1961.

[40] Bernstein D, Godfrey C, et al. Reseach on manganin pressure transducers. In behaviour of dense media under high dynamic pressures[M]. Gordon and Breech, New York, USA, 1968: 461-468.

[41] Amnartpluk S, Phongcharoenpanich C, Kosulvit S, et al. A power divider using linear electric probes coupling inside conducting cylindrical cavity[J]. Proceedings of the 2003 IEEE international symposium on circuits and systems, 2003, (3): III-419-III-422.

[42] Hrabovsky M, Kopecky V. Visualization of structure of boundary layer between thermal plasma jet and ambient air by moving electric probes[J]. IEEE transactions on plasma science, 2005, 33(2): 420-421.

[43] Chartagnac P F. Determination of mean and deviatoric stresses in shock - loaded solids[J]. J. Appl. Phys, 1982, 53:948-953.

[44] Belt D, Mankowski J, Neuber A, et al. A flux compression generator non-eplosive test bed for explosive opening switches[C]. Conference record of the 2006 twenty - seventh international power modulator symposium, 2006: 456-459.

[45] Plooster M N. Blast effects from cylindrical explosive charge:experimental measurements[J]. ADA121863,1982.

[46] Zaitsev V M, Pokhil P F, Shvedov K K. The electromagnetic method for the measurement of velocities of detonation products[M]. Dokl, Akad.Nauk. SSSR, 1960:132.

[47] Price D. The detonation velocity-loading density relation for selected explosives and mixtures of explosives[J]. ADA121975, 1982.

[48] Moxnes J F, Prytz A K, et al. Experimental and numerical study of the fragmentation of expanding warhead casings by using different numerical codes and solution techniques[J].Defence Technology, 2014:161-176.

[49] Jidong Weng, Hua Tan, Xiang Wang, et al. Optical-fiber interferometer for velocity measurements with picosecond resolution[J]. Appl. Phys. Lett., 2006, 89:111101.

[50] Scandiflash A B. Instruction Manual Scandiflash Model 300/450 /600 flash X-ray System [Z]. Uppsala: Scandiflash AB, 1989.